# 多维尺度下的城市主义和城市规划

## ——北美城市规划研究最新进展

吴维平　李东泉　迈克尔·希巴德　叶裕民　张磊　等编译

中国建筑工业出版社

**图书在版编目（CIP）数据**

多维尺度下的城市主义和城市规划——北美城市规划研究最新进展/吴维平等编译. —北京：中国建筑工业出版社，2011.12
ISBN 978-7-112-13713-8

Ⅰ.①多… Ⅱ.①吴… Ⅲ.①城市规划－研究－北美洲 Ⅳ.①TU984.71

中国版本图书馆CIP数据核字（2011）第215231号

对应于城市这一复杂系统，城市规划学科呈现出多维度的发展趋势，中国的城市规划正在经历从偏重技术到更综合、多学科以及更偏重政策性的转型，但是也普遍面临规划研究薄弱的困境。本书从近年出版的*Journal of Planning Education and Research*（《规划教育与研究》）学刊中选择了涉及规划理论、规划教育、城市设计、可持续发展、土地利用、交通、社区规划等多个领域的9篇文章进行翻译。这些文章的研究目标与结果清晰，分析有深度，方法适用并严谨，对从事规划研究的学者具有很好的借鉴意义；而且各篇文章在其领域具有原创性和有意义的贡献，对中国规划的借鉴价值将读者引领至一个更高的思想层次，并带来更开阔的视野；除此之外，每篇文章详尽的参考文献，包含其领域的优秀阅读书目，适合相关领域的学者师生拓展阅读范围。

* * *

责任编辑：焦 扬
责任校对：张 颖 姜小莲

**多维尺度下的城市主义和城市规划**
**——北美城市规划研究最新进展**
吴维平 李东泉 迈克尔·希巴德 叶裕民 张磊 等编译
*
中国建筑工业出版社出版、发行（北京西郊百万庄）
各地新华书店、建筑书店经销
北京嘉泰利德公司制版
北京中科印刷有限公司印刷
*
开本：880×1230毫米 1/16 印张：$8^1/_2$ 字数：268千字
2011年11月第一版 2011年11月第一次印刷
定价：**32.00**元
ISBN 978-7-112-13713-8
(21286)

Contents

# 目 录

# Introduction
# 前　言

在过去20年里，城市与区域规划界最令人兴奋的发展成就之一是形成了一个国际学术圈。这本书就是此发展成就的具体体现，是为中国读者准备的介绍美国最新规划研究成果的论文集。同时，它也是中国人民大学城市规划与管理系的师生，与《规划教育与研究》学刊（JPER）编辑部的合作成果。我们希望通过这一成果，交流和分享最新的规划研究和规划教育动态。

规划全球化的一个最明显的表现是学者定期参加各种学术会议。全世界至少有十个全国性的或区域性的规划院校联合会，每年或者每两年举行一次学术会议，让学者们展示他们的研究工作。其中的四个组织——欧洲规划院校联合会（AESOP）、亚洲规划院校联合会（APSA）、澳大利亚与新西兰规划院校联合会（ANZAPS）以及美国规划院校联合会（ACSP）——于2001年在上海共同举办了第一届世界规划院校大会（WPSC）。第一届世界规划院校大会（WPSC）让全国性的或者区域性的规划院校联合会结成全球规划教育网络（GPEAN）。除此之外，GPEAN也推动WPSC保持延续性，将每5年在轮值国召开一次大会。全球学术交流的精神体现在世界规划院校大会的举行，也体现在全国以及区域性的学术会议的举行上，这种精神促成了本书的产生。

2009年，ACSP前主席兼前JPER主编迈克尔·希巴德（Michael Hibbard）教授在北京参加一次会议时，中国人民大学城市规划与管理系系主任叶裕民教授邀请他参观该系。接下来，希巴德教授邀请人民大学的叶教授等人参加在华盛顿举办的2009年ACSP年会。

在ACSP年会上，叶教授提议，选择翻译

One of the most exciting developments in urban and regional planning over the past two decades has been the emergence of a truly global scholarly enterprise.This volume is a case in point.It makes a selection of important research published recently in the U.S.readily available to a Chinese audience.It is the product of a collaboration between the Department of Urban Planning and Management at Renmin University and the editors of the *Journal of Planning Education and Research*（*JPER*）, a major English language scholarly journal in the field of urban and regional planning.Such an endeavor, we hope, will help the exchange of knowledge and sharing of emerging perspectives in planning research and education.

One of the most visible signs of the globalization of planning scholarship is the regular participation of researchers at various academic conferences.There are at least ten national and regional associations of planning schools around the world that hold annual or biennial scholarly meetings where researchers present their work.Four of these associations–the Association of European Schools of Planning（AESOP）, the Asian Planning Schools Association（APSA）, the Australian and New Zealand Association of Planning Schools（ANZAPS）, and the（U.S.）Association of Collegiate Schools of Planning（ACSP）– came together to create the first World Planning Schools Congress（WPSC）, which met in Shanghai in 2001.The first WPSC saw the development of the Global Planning Education Association Network（GPEAN）, a network of nine national and regional associations of planning schools.Among other things, GPEAN has taken on responsibility for continuing the WPSCs, which are held every five years in rotating locations.The spirit of scholarly cross-fertilization and exchange embodied in the WPSCs as well as the conferences of the national and regional associations led to the development of this volume.

When then-ACSP President and former *JPER* editor Professor Michael Hibbard was in Beijing for a conference in 2009, Professor Ye Yu-min, Head of the Renmin University Department of Urban Planning and Management invited him to visit her department.As a follow-up, Professor Hibbard invited Professor Ye and others from Renmin to participate in the 2009 ACSP

ACSP 的学术期刊 JPER 中的部分文章并编撰出版。JPER 是国际公认的优秀的城市与区域规划学刊。ACSP 的组委会、JPER 的编辑以及出版社（Sage Publications），欣然同意了叶教授的提议。他们认为，将 JPER 用中文介绍给中国读者对 ACSP 和 JPER 都是一件好事，通过不断扩大规划领域的对话，它将进一步加强全球的规划学术交流。

翻译 JPER 的精选文章给中国规划界的学者和专业人士有三个目的：第一，当然也是最重要的，把文章翻译成中文，使更多的人能够接触到这些研究成果；第二，这些文章所涉及的话题，可以让中国读者了解北美对规划问题的定义与解决方式；第三，这些文章中运用了不同的方法，中国读者可以了解北美的学者是如何进行规划研究的。

ACSP 和中国人民大学共同组成了本书编委会，包括：塔夫斯大学的吴维平教授，她也是现任的 JPER 编辑；中国人民大学的李东泉副教授；俄勒冈大学的迈克尔 · 希巴德教授。在翻译工作开始前，包括吴维平、希巴德教授，以及来自华盛顿大学的沈青教授和伦敦大学院的吴缚龙教授组成的小组，汇总了 JPER 自 2005 年以来出版的所有文章，从中选出 17 篇。选择这些文章完全从质量出发，不考虑主题和作者。然后，中国人民大学的李东泉副教授及她的同事秦波和张磊老师，确定其中 9 篇作为本辑编译的对象。

翻译工作也同样分两步进行。首先，由人民大学城市规划与管理系的师生完成文章的翻译，他们是：李东泉、秦波、张磊、郐艳丽、郑国、杨丽雅、唐杰、李慧、李文倩、邵然、宋清越、魏登宇、缪媛、韩珂子、杨蕾、王婷琳等。然后由精通汉、英语的 ACSP 规划学者对文章进行了校对，他们是芝加哥伊利诺伊大学的张庭伟，佛罗里达大西洋大学的李雁梅，弗吉尼亚理工大学的张洋，北卡罗来纳大学的宋彦，以及吴缚龙。最后由吴维平教授进行了核对。

这些文章涵盖不同的规划主题，文章的作者均是国际知名的规划学者，可以说，这本论文集非常好地反映了北美社会关于“什么是规划”（“what counts as planning”）的范围。

第一篇文章的作者是美国著名的规划理论家 Susan Fainstein。Fainstein 教授写这篇文章时

conference, held in the Washington, D.C.suburb of Crystal City.

At the ACSP conference, Professor Ye proposed the idea of a book of translated articles chosen from recent issues of ACSP's scholarly journal. *JPER* is internationally recognized as one of the leading journals in urban and regional planning.For example, it is rated in the highest rank（A+）in its field by the Australian Research Council's ERA（Excellence in Research for Australia）initiative.The ACSP governing board, the *JPER* editors, and the publisher, Sage Publications, all enthusiastically supported Professor Ye's proposal.They understood that exposing *JPER* to a Chinese audience in their own language would be good for ACSP, would strengthen the *Journal*, and would advance the larger agenda of globalizing planning knowledge by broadening the dialogue about the field of planning.

The publication of selected *JPER* articles in Chinese serves at least three purposes for the intended audience of Chinese planning scholars and professionals.First and most immediately of course, by translating articles into Chinese, research is made available to people who might not otherwise have access to it.Second, by including articles on a range of topics, Chinese readers can gain a sense of the way in which the field of planning is conceptualized in North America.And third, by reading articles that use a variety of research methods, Chinese readers can gain a sense of how North American scholars investigate planning issues.

ACSP and Renmin jointly appointed an editorial team to organize the volume: Professor Wu Weiping of Tufts University, who is the current *JPER* co-editor; Professor Li Dongquan of Renmin; and Professor Michael Hibbard of the University of Oregon.To begin the process, a group including Wu, Hibbard, Professor Shen Qing from the University of Washington, and Professor Wu Fulong from University College London reviewed all articles published in *JPER* from 2005 forward.Using only criteria of quality–without considering subject matter or authorship–the group nominated seventeen articles.These were forwarded to Professor Li for further consideration by Renmin.She and her colleagues, Professors Qin Bo and Zhang Lei, made the final selection of the nine articles contained in this volume.

Translation of the articles was also a two-step process.Initial translations were prepared by scholars at Renmin, faculty and graduate students in the Department of Urban Planning and Management: Li Dongquan, Qin Bo, Zhang Lei, Gui Yanli, Zheng Guo, Yang Liya, Tang Jie, Li Hui, Li Wenqian, Shao Ran, Song Qingyue, Wei Dengyu, Han Kezi, Miao Yuan, Yang Lei, and Wang Tinglin.The translations were reviewed by ACSP representatives who are fluent in both languages: Zhang Tingwei of the University of Illinois at Chicago, Li Yanmei of Florida Atlantic University, Zhang Yang of Virginia Tech, Song Yan of the University of North Carolina, and Wu Fulong.They were then checked by Wu Weiping.

The result is a nice mix of articles on a variety of planning topics by a group of internationally distinguished planning scholars.It reflects very well

还在哥伦比亚大学，而她现执教于哈佛大学。在《规划理论与城市》一文中，她继续检验着近年来的研究兴趣，这就是城市理论与规划理论的关联。她认为，从学术上将这两者分开是很难的。她的理由包括：①对规划的辩解，源于对城市发展的设想，而不是简单的处理方法；②要制定有效的规划，需要基于对规划所影响的领域——城市的理解；③利用规划来创建公平的城市，需要有实质性的基准框架。

接下来的两篇关于城市设计的文章，都是由从印度来美国读博士并已经在美国大学工作的学者完成。Ajay Garde 在洛杉矶大学欧文分校，Vikas Mehta 在南佛罗里达大学。在《城市设计创新与城市形态》中，Garde 教授基于理论与实证两方面的文献，提出如何创新城市设计以影响城市形态的理论。他指出有两种类型的创新，一种叫做"负向变化"，如门卫社区、特意设计出来的公共空间、购物中心等，另一种叫做"综合范式"，如花园城市、新城市主义等，并检验了它们对城市形态的影响，以及对公共政策的启示。他的文章首先展示了负向变化如何导致了不受欢迎的城市形态，然后描述了综合范式如何成为特定时期城市发展问题及城市形态转型的应对方案。这些范式将培育共同的愿景，并对城市形态产生积极影响；但他同时指出，城市开发的现实削弱了综合范式的影响。

Mehta 教授的文章，《充满生机活力的街道》采取的是实证方法。他观察到从事规划设计的学者更多地认为街道是一种社会空间，而不仅仅是一种通道。同时他发现，关于社会行为和街道环境特征之间关系的研究，往往倾向于将物质环境特征和土地利用研究相分离，因此没有强调街道及其社会活动的行为模式和物质环境特征之间的相互关系。他的文章研究了人们对社区商业街道环境特征的行为反应。他运用结构化和半结构化的观察，研究了发生在波士顿三个社区的商业街上的固定静止行为、徘徊休憩活动和社交活动。他发现，人们认为街道的社交、土地利用以及环境特征具有同样重要的地位。商业活动提供的座位区、公共机构提供的座位区、社区化商业、个性化临街设计和人行道的宽度尤其决定了商业街休憩和社交活动的特征和模式。

the range of "what counts as planning" in the North American context.

The first article, appropriately, is by the distinguished American planning theorist, Susan Fainstein.Professor Fainstein was at Columbia University when she wrote this paper, but has since moved on to Harvard University.In "Planning Theory and the City" she continues her examination of what has been one of her central interests in recent years, the connections between urban theory and planning theory.She argues that the distinction between the two is not intellectually viable.Her reasons include: (1) the historical roots and justification for planning, which depends on a vision of the city rather than simply a method of arriving at prescription; (2) the dependence of effective planning on its context, which means that planning activity needs to be rooted in an understanding of the field in which it is operating; and (3) the objective of planning as conscious creation of the just city, which requires a substantive normative framework.

The following two articles address aspects of urban design.Both are by Indian researchers who came to the U.S.for PhD training and are now working at American universities–Ajay Garde at the University of California, Irvine, and Vikas Mehta at the University of South Florida. In "Innovations in Urban design and Urban Form," Professor Garde draws on the literature, both theoretical and empirical, to develop a theory of how innovations in urban design influence urban form.He posits two types of innovations, "degenerative variations" such as gated communities, invented public places, and shopping malls, and "integrative paradigms" such as the Garden City and New Urbanism, and examines their impact on urban form and then discusses the implications for public policy.His article begins with a presentation of how degenerative variations collectively generate an undesirable urban form.He then illustrates how integrative paradigms are conceived as a response to the problems of development of a particular period and the transformation of urban form.These paradigms are expected to nurture a collective vision and have a positive impact on urban form.However, he argues, they are undermined by the realities of development.

Professor Mehta's article, "Lovely Streets: Determining Environmental Characteristics to Support Social Behavior," takes an empirical approach. He observes that planning and design scholars have increasingly advocated for thinking of the street as a social space, rather than just a channel for movement.He notes that studies addressing the relationships between social behavior and environmental quality of the street tend to separate the study of physical features from land uses and hence do not address the interrelationships between behavioral patterns and physical features of the street and its sociability.His article examines the behavioral responses of people to the environmental quality of neighborhood commercial streets. He uses structured and semi-structured observations to study stationary, lingering, and social activities on three neighborhood commercial streets

接下来，John Gaber 谈到了一个对规划教授来说很重要的教学问题，这就是使用流行的计算机模拟游戏——模拟城市，作为一种教学工具。Gaber 教授现为阿肯色大学教授，是多篇关于规划教育的文章和书籍的作者，特别是规划教育的方法方面。在这篇《将模拟城市游戏作为一种教学工具》的文章中，Gaber 教授指出已经有研究清楚地揭示了计算机模拟教学的利与弊；然后，他通过利用“模拟城市”这款游戏，提供一种动态的决策环境，让学生实现以下学习目标：①系统思考；②解决问题的能力；③掌握规划专业领域的“技能”。同时，他也指出“模拟城市”有内在的缺点，使它不可能成为适用所有学生的“万能”教学工具。因此，在文章的结论部分讨论了哪类学生更适合使用“模拟城市”。

之后是关于环境与可持续发展的文章。发表《可持续的城市形态——类型、模式与理念》这篇文章时，作者 Yosef Rafeq Jabareen 还在麻省理工学院，现在他已经回到以色列的 Technion 大学。他在文章中明确了可持续的城市形态及其设计理念，并讨论了何种城市形态更具可持续性。运用主题分析法，他对可持续发展和环境规划的文献进行分析，确定了七个与可持续城市形态紧密相关的设计理念：紧凑、可持续的交通、密度、土地混合利用、多样性、被动式太阳能设计、绿化。同时，他发现了四种可持续的城市形态：新传统式发展、遏制城市蔓延、紧凑城市、生态城市。最后，他提出了一个帮助规划师衡量不同城市形态可持续性的矩阵。

Andrejs Skaburskis 是一位在加拿大皇后大学工作的原波兰籍学者。他的《新城市主义与城市蔓延》以北美规划中最主要的议题之一——城市形态和城市蔓延为主题，提出了一种新的评价城市开发对城市形态和城市蔓延的影响的方法。文章以多伦多郊区的新城市主义社区康奈尔作为研究案例，发现该社区的开发确实提高了多伦多城市郊区的密度，但与多伦多传统郊区密度相比，该社区密度增加得并不明显，这主要是因为大多数住在较高密度住宅类型的家庭最终还会选择搬到独立式住宅中。若采用新城市主义发展模式来代替传统的郊区发展模式，新城市主义住宅建设项目中独立式住宅比例必须比康奈尔

in Boston.He finds that people are equally concerned with the social, land use, and physical aspects of the street.Seating provided by businesses, seating provided by the public authorities, businesses that are community places, personalized street fronts, and sidewalk width particularly contribute to stationary and social activities on neighborhood commercial streets.

Next, John Gaber takes up a pedagogical topic that is important to planning professors, the use of the popular computer simulation game, *SimCity*, as a teaching tool.Professor Gaber, currently at the University of Arkansas, is the author of numerous articles and books on aspects of planning pedagogy, especially the teaching of planning methods, including the standard text, *Qualitative Analysis for Planning and Public Policy*.In this article, “*SimCity* as a Pedagogical Tool, ” Professor Gaber shows how *SimCity* can be used by instructors to achieve some of their decision-based learning objectives.He points to research that clearly shows attainable and unattainable teaching outcomes using computer simulations. He then shows that *SimCity* provides a dynamic decision-making environment in which students can learn such things as：(1) systems thinking, (2) problem-solving skills, and (3) “craft” in the planning profession.And he shows that *SimCity* has inherent weaknesses that prevent it from being a one-size-fits-all teaching tool for all students and concludes with a discussion of which types of students do better with SimCity.

Turning to matters of the environment and sustainability, Yosef Rafeq Jabareen–who was at the Massachusetts Institute of Technology when this article was published and has now moved on to the Technion (Israel)–assesses “Sustainable Urban Forms：Their Typologies, Models, and Concepts.” He identifies sustainable urban forms and their design concepts, raising the question of whether certain urban forms contribute more than others to sustainability.He uses a thematic analysis to review the literature on sustainable development and environmental planning.His analysis identifies seven design concepts related to sustainable urban forms：compactness, sustainable transport, density, mixed land uses, diversity, passive solar design, and greening.He finds four types of sustainable urban forms：neo-traditional development, urban containment, the compact city, and the eco-city.Finally, he proposes a “Matrix of Sustainable Urban Form, ” to help planners in assessing the contribution of different urban forms to sustainability.

Andrejs Skaburskis, a Polish scholar working at Queen’s University (Canada) has taken on one of the major issues in North American planning, urban form and sprawl.“New Urbanism and Sprawl” presents an approach that has not been previously used for assessing claims regarding a development’s impact on urban form and sprawl.His case study of the new urbanist community of Cornell in suburban Toronto finds that new urbanist development increases suburban densities, but not by nearly as much as would be inferred by analysis that simply compares the density of the development

社区中的独立式住宅比例高很多。他的结论是，新城市主义发展模式可以通过吸引住户搬入并定居占地面积较小的独立式住宅的方式，达到减缓城市蔓延的目的。

《PPP 模式应用于城市公共交通设施发展的启示》的作者 Matti Siemiatycki，分别在加拿大和英国取得学位，同时也分别在这两个国家开展学术研究工作。他的文章以加拿大温哥华为例。他发现，不论是右翼还是左翼，加拿大政府在实施大型交通基础设施建设项目时，广泛采用了贯穿于规划、建设、运营、转让等各个环节的公私合作关系模式，即 PPP 模式。该模式的支持者认为，在公共基础设施建设中引入竞争和市场机制能使决策更具责任感，带来更多的技术创新，同时能削减潜在的建设成本，而高昂的建设成本往往是交通项目失败的重要原因。但本文作者的研究成果却跟这种观点不同。通过研究案例，他发现，加拿大温哥华的一项新型快速轨道交通建设项目，PPP 公私合作模式的实施既没有带来预期中的技术创新也没有带来规划建设成本的削减。

加利福尼亚大学洛杉矶分校的 David Mason 和加利福尼亚大学欧文分校的 Victoria Beard 带来了完全不同的主题——社区发展的参与途径。在《墨西哥瓦哈卡州的社区规划与扶贫》一文中，他们通过案例研究，对分权、自下而上的发展规划的批评进行回应。他们构建了一个理论框架，用来分析社区规划和贫困的关系。这一框架基于集体行动、社会资本和社会运动的研究贡献，确定了一系列影响社区扶贫能力的变量。文章进而运用这个框架，分析了墨西哥瓦哈卡州的三个社区个案。这三个社区均面临自给性农业下降、大量移民外出以及运用侨汇来资助社区规划项目的情况。文章分析了每个社区减轻贫困的能力，认为，只有有强烈的集体行动能力的社区，才能有独立于政府的规划能力，进而逐步采取措施解决贫困问题的结构根源。文章的研究成果对公认的协作式规划的可行性提出质疑，并认为在广泛的社会政治背景下，应该对不同形式的社区规划的优势和局限性进行更加细致的理解。

最后一篇文章《城市与区域规划中的艺术和文化：文献回顾与研究展望》的作者 Ann

with that of the surrounding conventional suburbs.He reports that most households living in the higher-density building types plan to eventually move to detached houses.If new urbanism，as it is expressed in the planning and design of Cornell，is to be a generalizable substitute for conventional suburban development，its projects will have to have a much larger proportion of single-family detached houses than that of Cornell.He concludes that new urbanists can best help reduce city spread by inducing households to move to and then to stay in single-family detached houses on smaller lots.

Matti Siemiatycki did graduate work in both Canada and the U.K.and has held academic positions in both countries.His article on the “Implications of Private-Public Partnerships on the Development of Urban Public Transit Infrastructure” is a case study of Vancouver（Canada）.He starts by observing that design-build-operate-transfer-style private-public partnerships have been gaining in popularity both with left-wing and with right-wing governments as a means of effectively delivering large-scale transportation infrastructure projects. He says that proponents claim that introducing competition and market forces into the procurement of public infrastructure can make decision making more accountable and transparent，contribute to greater technological innovation，and reduce the potential for construction-cost escalations that consistently plague transportation projects.His research contradicts that view.He finds that in the case of a new rapid-rail development in Vancouver，the private-public-partnership method of project delivery was largely incongruent with increased accountability while it also failed to drive technological innovation or limit cost escalations during the planning process.

David Mason of UCLA and Victoria Beard of the University of California，Irvine，take on an entirely different topic-participatory approaches to community development.In “Community-Based Planning and Poverty Alleviation in Oaxaca，Mexico，” they offer a case study responding to recent critiques of decentralized，“bottom-up” approaches to development planning.They develop a theoretical framework for analyzing the relationship between community-based planning and poverty reduction. Building on the social science research on collective action，social capital，and social movements，their framework identifies a series of variables that are theorized to affect a community’s capacity to alleviate poverty.They use the framework to analyze three community-level case studies in Oaxaca（Mexico）. All three communities are characterized by a decline in subsistence agriculture，increasing out-migration，and the use of remittances to finance community-based planning projects. They document each community’s capacity to alleviate the material manifestations of poverty and conclude that only the community with the strongest capacity for community-level collective action was capable of planning independent of the state，and was thus in a position to take incipient steps toward addressing poverty’s structural causes.The findings call into question the often assumed desirability of collaborative

Makusen，是美国区域经济发展的领衔人物，一直关注艺术和文化在经济发展中的角色，这篇文章是她与她的同事 Anne Gadwa 合作完成的。文章首先谈到人们对创意城市和文化经济在各类城市和区域范围内到底起什么作用的知识的缺乏。之后她们回顾了将艺术与文化作为城市和区域发展对策的研究进展，探索了相关规范，审视了其因果关系的证据，并分析了文化规划中的利益相关者、政府部门分割及公民参与。她们使用两类策略——特定文化产业区和旅游导向的文化投资——来说明研究如何能更好地指导实践。最后她们指出，在指导城市文化发展上，研究者应仔细审视和分辨各种策略的影响、风险和机会成本，以及相关的投资、税收和支出模式，以免社区和政府错过了发展"创意城市"的机会。

此外，也希望读者注意到这 9 篇文章的作者和主题的多样性。在所有 11 位作者中，有 6 位是美国土生土长的学者。另外 5 位非美国本土学者中，有 2 位现在在美国工作；有 3 位的文章做的是美国的案例研究，另外 2 位研究的既不是美国的案例，也不是他们祖国的案例。在美国土生土长的学者中，也有 2 位写的是非美国的案例。再次重申，我们没有特意从多样性的角度来选择文章，这些文章完全是根据质量确定的。但这一多样性的事实却充分证明了在城市与区域规划界，一个全球化的学术圈的存在。当然，所有的作者都来自北美，他们的主题也是关于这个地区的。JPER 也欢迎来自世界其他地区的学者探讨他们所在地区的议题。

最后，除了上面已经提到的人名，我们还要特别感谢中国人民大学公共管理学院院长董克用，ACSP 主席 Cheryl Contant，副主席 Charles Connerly，以及 Sage 出版社的社会科学编辑 Leah Fargotstein，他们的支持使本书得以顺利出版。同时，我们也对最早提出翻译文献建议的 Richard LeGates 教授表示感谢。

吴维平
李东泉
迈克尔 · 希巴德

planning and support the need for a more nuanced understanding of the strengths and limitations of distinct forms of community-based planning interpreted within broader socio-political contexts.

Finally, Ann Makusen, one of the leading American scholars in regional economic development, has been researching the emerging role of arts and culture in economic development.Along with her colleague, Anne Gadwa, she has summed up the current situation in "Arts and Culture in Urban and Regional Planning: A Review and Research Agenda." They start with the premise that knowledge is lacking about what works at various urban and regional scales with respect to the creative city and cultural economy.They review the state of knowledge about arts and culture as an urban or regional development tool, exploring norms, reviewing evidence for causal relationships, and analyzing stakeholders, bureaucratic fragmentation, and citizen participation in cultural planning.They use two strategies–designated cultural districts and tourist-targeted cultural investments–to illustrate how better research would inform implementation.They conclude that researchers need to examine and clarify the impacts, risks, and opportunity costs of various strategies and the investments and revenue and expenditure patterns associated with each, so that communities and governments avoid squandering "creative city" opportunities.

It is significant to note the diversity of authorship and subject matter in these nine articles.Six of the eleven authors and co-authors have their roots in the U.S., and five do not.Two of the five non-U.S.authors are currently based in the U.S., and three of them write about U.S.cases.Another two of the non-U.S.authors write about non-U.S.cases outside their country of origin.And two of the American co-authors write about a non-U.S.case. There was no deliberate attempt to select a diverse set of articles-again, they were selected only on the basis of quality.The fact of their diversity is strong evidence of the globalization of scholarship in urban and regional planning.While all of the authors are from North America and the topics are about planning in that region, *JPER* regularly publishes and welcomes work by scholars from other world regions and about emerging issues there.

To conclude, in addition to those people already mentioned, we want to acknowledge the help of Dong Keyong, Dean of the School of Public Administration at Renmin, Cheryl Contant, ACSP President; Charles Connerly, ACSP Vice President and President Elect; and Leah Fargotstein, Editor for Social Science Journals at Sage Publications.Their support was crucial to the completion of this volume. We also thank Professor Richard LeGates for initially suggesting the idea of a translation project.

Wu Weiping
Li Dongquan
Michael Hibbard

Planning Theory and the City

# 规划理论与城市

Susan S.Fainstein 文

郑国 张磊 缪媛 译

【摘要】从学识上而言，将城市理论和规划理论截然分开是有问题的，这主要基于以下三方面的原因：(1) 规划的历史根源及其正当性来自于对城市的认知，而不在于实现规定目标的方法；(2) 有效的规划必须基于其特定的环境背景，也即，规划实践需要基于对规划运行环境的理解；(3) 要实现通过规划来创建正义城市这个目标，必须有一个坚实的规范框架。

【关键词】规划理论；规划过程；正义城市；沟通理性

城市和区域规划课程通常分为两部分，一部分重在规划过程（规划理论、规划方法），另一部分则重在与前者没有必然联系的环境背景（城市和区域结构、城市历史）及规划对象（如再开发政策、环境政策等）。两者在课程设置上的割裂导致了两者在学术上的割裂，由此也导致了许多规划理论关于"规划师做什么"的讨论既与规划师所处的社会空间的制约没有关系，又对规划师们试图干预的对象没有直接关系。

我在本文中提出：如此狭义地定义规划理论，导致了规划在理论上的薄弱，其根源在于将规划过程孤立于规划背景和规划结果之外。由此，我认为规划理论应该能够回答如下问题：(1) 在怎样的条件下，人类的主动行为可以为所有市民创造一个更加美好的城市？(2) 我们应怎样解释和评价迄今为止已经存在的典型规划带来的后果？解答这些问题需要分析规划师自身的角色和策略，也需要探讨规划师工作的客观环境，以及在此环境中对美好城市的理解。

在我进一步论述之前，先提出三点声明：第一，我所提出的"城市规划理论孤立"的观点是泛指的，并不针对所有规划理论课程和所有规划理论家[1]。我提出这一观点，是基于在2002年美国城市规划院校联合会（ACSP）一个有多人参加的圆桌会议上讨论的问题：规划理论和城市理论应该分开吗[2]？圆桌会议是从"规划理论已经逐渐将规划的客体排除在外了"这个前提开始的，这一观点似乎对于演讲者和听众都是毫无异议的。关于这个问题，Robert Beauregard早在1990年就提到了：（规划）理论家越来越专注于研究脱离社会背景和规划实践的抽象过程……很少有人关注实实在在的城市。第二，我所列出的两个规划领域的关键问题反映了我的价值导向——规划的目的应该是创建公正的城市。后面我会阐释这个观点，但事实上我知道这个观点不一定被所有的读者所认同或追求。第三，为了方便起见[3]，当我用"城市"这个词的时候也泛指区域，以及城市规划所关心的任何空间单元。

我所说的漠视城市的规划理论家，主要是指那些目前仍然专注于为规划实践制定规范性法则的人，以及那些试图为规划师描绘技术战略的前辈们，这些人可以在规划的理性模型、运筹学或各种有限理性的学派中发现。当前这些理论家关注的重点是联系性规划和规划师的角色，理性模型的理论家首先关注方法论及其局限。但同时，确实已经有一些基于经验主义的规划理论在关注规划师的同时也关注他们的规划对象。这里可以列举一些，最早的是Meyerson和Banfield的著作《政治、规划和公共利益》(Politics, Planning, and the Public Interest, 1955)，随后是Alan Altshuler的《城市规划过程》(The City Planning Process, 1965)，Francine Rabinovitz的《城市政治和规划》(City Politics and Planning, 1969)，Peter Hall的《城

作者简介：

Susan S.Fainstein 曾任哥伦比亚大学城市规划系教授和代理系主任，获2004年美国规划院校联合会杰出规划教育家荣誉称号，2005年秋季后她转任哈佛大学城市规划教授。

译者简介：

郑国，中国人民大学城市规划与管理系副教授，主要研究方向为城市规划、开发区规划与管理；

张磊，中国人民大学城市规划与管理系讲师，主要研究方向为城市规划实施管理、历史街区保护和低收入者住区更新与改造；

缪媛，中国人民大学公共管理学院城市规划与管理系硕士研究生。

本文原载于 *Journal of Planning Education and Research*, 2005, Vol.25 (2): 121–130。

市规划大灾难》(Great Planning Disasters, 1980), James Scott的《看似一个国家》(Seeing Like a State, 1998), 我自己的书《城市建设者》(The City Builders, 2001), 还有近年Bent Flyvbjerg的《理性和力量》(Rationality and Power, 1998)。我们由此可以看到一批稳定增加的著作, 关注规划师怎样塑造城市形态、政治和经济力量对规划的制约以及规划决策的分配效应等问题。但是这些著作(可能除了《理性和力量》一书)通常不被当作规划理论著作和规划理论教材, 这是由于因循省事, 也因为那些认为规划师就是调停者的学者们自认的对规划理论的定义[4]。

将城市理论和规划理论截然分开有学理上的问题, 我在本文中会详细阐述我的理由, 主要包括:(1)规划的历史渊源和规划的正当性;(2)有效的规划必须基于它的环境背景;(3)城市规划的目标是创造一个公正的城市。

## 1. 规划的历史渊源和规划的正当性

当追溯城市规划的历史渊源, 人们经常会问的一个问题不是"规划理论应该是城市的吗", 而是"规划理论为什么不再是城市的"。规划发展的推动力来自于对工业城市的批判以及基于启蒙的设计法则对城市进行再造的渴望。无论是像霍华德田园城市模型那样对城市绿地的关注, 还是像奥斯曼的巴黎改建和伯纳姆的城市美化运动那样对现有城市的再开发, 城市规划都在致力于创造理想的实体。虽然城市规划一直是这么做的, 但这并没有反映出理想城市的构想过程。它暗含的理论观点是关于理想城市的特点, 而不是人们怎么形成理想城市的概念。人们理所当然地认为城市规划的功能就是把一个有目的地选择的开发模式施加在城市上, 而选择这个开发模式的方法却无人去追究。相反, 一个好的规划通常被认为既符合大众利益, 又是由专家所指导的。

诚然, 在20世纪上半叶, 一些人(比如美国的进步改革家)就关注并致力于革除政府的偏向和腐败, 成功地推动了独立的规划委员会的建立。这次运动是将公共政策决策与政治分离的努力的一部分, 它认为:政治和行政管理可以截然区分, 而专家们可以不带私心地制定公共政策。它体现了一个后来在理性规划模式中进一步阐明的观点, 即总体目标可以通过民主政治程序预先设定, 而达到那些目标的手段和运用这些手段的过程, 当然会被那些无私的官员所采用(Dror 1968; Faludi 1973)。从某种意义上讲, 正是这个假定促成了近年来规划理论向联系性规划的转向, 这一点我在后面还会提及。

将规划理论聚焦于规划师的工作方法, 始于卡尔(Karl Mannheim)1935年的著作《重建时代的人与社会》(Man and Society in an Age of Reconstruction)[5]的影响。这本书为以后的规划理论, 即:由专家在公众选出的民意代表引导下进行民主规划的过程打下了哲学基础。Mannheim的抱负超出了"城市"规划——受到自由主义改革理想的鼓舞, 他预想了国家可以干预经济和社会发展规划。他认为, 如果规划机构受到议会的控制, 那么规划机构就可以运用技术专长来解决社会问题而不会影响自由:

新的官僚机构为人类社会事务带来了一个新的客观性。机构的程序有助于决策中立化, 抑制投桃报李、裙带关系、个人控制等倾向。在某些有利的情形下, 这个客观性可能会变得很强大, 以至于阶级意识因素(它依旧呈现在由统治阶级认定的官僚机构中)几乎能完全被对公正和正义的愿望所取代(Mannheim, 1935/1940, 323页)。

在接受公正的专长的角色以及对规划目标进行立法控制时, Mannheim(1935/1940)为第二次世界大战后的学院派规划师的发展方向奠定了基础:

物质规划的课题从技艺活动……转向明确的科学活动。在这样的科学活动中, 大量精确的信息被储存和处理, 规划师能够设计出非常敏感的引导和控制系统……作为过程的规划取代了旧式的总体规划或蓝图式规划(这些规划假定规划目标从开始起就不会变化)……这种规划程序是独立于所规划的对象的(Hall 1996, 327, 329页)。

在促使城市规划由一门设计为主的职业向社会科学转型的过程中, 芝加哥大学和宾夕法尼亚大学的理论学者及其追随者们因提出理性模式和检验政策的方法而著名(Sarbib, 1983)。他们把公众意见的参与纳入到目标设定的过程中, 然后专家们就可以用现代统计和经济分析的方法获得一个决策。显然, 认同理性模式的规划专家完全忽视了Mannheim在关于知识社会学的评论中对实证主义的颠覆性的抨击。在对后现代主义/后结构主义批判的惊人预示中, Mannheim阐述道:

对于每个参与讨论的人来说, 由于每个人认识讨论对象的参照物和视角不同, 因此他们对讨论对象的理解或多或少都存在差异, 其结果是每个人对别人对于讨论对象的理解起码部分是模糊的……然而,(这种方法)并不意味着在讨论中不存在对与错的标准。这样的标准事实上是存在的，只是这样的标准很难完全明确地表达，而需根据特定的环境……不同视角的利益和感知能力取决于其产生的背景和与之相关的社会条件(Mannheim，1936，281，283，284 页)。

当运用到城市规划，Mannheim 对普遍主义进行了批评，他认为预言家关于过去的事情在新的历史背景下会完全再现的假设是错误的，同时他也摒弃了价值观中立的方法论。因此，理性模型中“用成本—收益方法以定量分析来选择决策”的那些假设就站不住脚，相反，通过原因分析和比较分析而不是形式上的理性方法就值得推荐。就对理性的这一认识而言，Mannheim 显然是 Habermas 的先驱，他与当代联系性规划理论家的不同之处在于他希望由受过教育的精英在自己的“理性反思”(reasoned reflection) 框架里代表社会进行规划。他的观点在 Giddens (1990) 的著作中得到了呼应。Giddens 在解释人们为何信任专家意见，以及他对自反性（关于知识在社会中输入输出的循环过程）的描述中都提出：知识既不是相对主义的，也不是实证主义的，而是关系主义的（或者可以说，辩证主义的）。

如果不是在实践中，至少在规划的理论阐述及其实践的合法性中，理性模式关于专家知识的假设脱离了特定的社会背景，由此导致在 20 世纪 60 ~ 70 年代社会运动中对规划的批评 (Fainstein and Fainstein 1974；Castells 1977，1983；Davidoff 1965/2003)[6]。这些批评指向规划过程和结果两方面。尽管规划师对被选举的官员只应负一定的间接责任，但人们依然会因规划没有征询直接受到规划方案影响的市民的意见而批评规划师们不民主[7]。

在高速公路建设、住房开发、城市更新等领域，反对意见并非针对城市的总体目标和交通的改善，而是关于公共工程项目对相关社区的具体影响。在受到规划控制影响时，这些社区应该参与规划细节的制定。在民主的理论模型中，公众的愿望通过选举出的民意代表来表达，但公众本身并不参与细节讨论，这在实际的规划官僚机构运作过程中显得毫无价值 (Fainstein and Fainstein 1982)。但如果批评是关于当时政府如何行使程序，那么这些批评最关心的是规划项目对城市带来的影响。因此，Jane Jacobs (1961) 称之为劫掠城市，Herbert Gans (1968) 则分析了城市更新对动迁者的影响。

受到当时所有社会科学都转向批判性理论的影响，第一个规划理论会议中最主要的议题集中于规划的影响、在政治经济学框架内分析内在原因与规划项目的关系以及城市转型问题[8]。尽管很多文章责备规划师，认为他们对破坏社区的公共政策负有直接责任，但事实上规划师在城市更新和高速公路修建等项目中并不是主要权力者。将规划师同与其紧密相关的政治力量分离开来，导致了不恰当地扩大规划师的重要性，并误导了人们对社区破坏原因的认识。或许应该有一个规划理论会议来专门讨论这个问题。

在一些以其他学科的优势角度来审视规划的学者看来，规划师的工作方式仅仅起着调解作用。因此，更加宽泛的政治经济学文献是从总体力量和制约的框架中来审视规划。在美国，对城市再开发的讨论中首先关注的是城市政体 (Fainstein and Fainstein，1986；Stone，1976，1989)；在西欧，政府官员与主要经济集团形成的同盟被认为是大型公共项目开发的主要推动力量 (Harloe，1977；Pickvance，1976；Castells，1977)。

那些超越单纯批评而提出规划新战略的著作，主要和城市转型有关，影响久远的是简·雅各布斯 (Jane Jacobs) 的《美国大城市的死与生》(Death and Life of Great American Cities，1963)，它的价值并不在于对城市管治新形式的建议，而在于对如何使城市为它的居民服务这一问题的关注。她主张规划师应该学习其他成功城市的发展过程，而不建议规划师仅仅去征询当地居民的需要——因为很多居民并不了解其他城市发展的模式。与此相似，当把焦点集中于规划师应当扮演的角色时，无论是 Paul Davidoff (1965/2003) 的倡导性规划还是 Norman Krumholz (1982) 对公平规划的捍卫，都将规划产生的结果和实现规划目标的路径作为评价规划师角色的重点。Davidoff 自己基于理想都市的愿景，引领了一个向少数民族开放郊区的运动。Krumholz (1999/2003，228) 企图推动诸如限制在中心城区投资等一些极少采用的政策，这些政策是基于他关于公正分配的概念：“所谓公平，就是有责任的地方政府把优先权用于促进本来极少有选择机会的那些克里夫兰居民以更多的选择。”[9] 对于 Davidoff 和 Krumholz，参与式民主 (participatory democracy) 或协商式民主 (deliberative democracy) 都不是他们的首要目标，他们的首要目标是社会包容性——这种包容性不一定是在讨论做什么时必须包括所有人，而是在获取城市利益时必须包括所有人。

即使城市更新和高速公路项目中的政治过程

是造成不公平结果的重要原因，但改变这个过程并不是民众批评的唯一目标，他们更希望城市建设项目能有一个不同的最终结果的范式。这一时期的城市抗议活动不但要求强化社区控制，而且也要求公平的利益分配、停止大动迁、城市设计中增加人文关怀而不是当时风行的大型项目的具象设计（Altshuler and Luberoff，2003）。更多的市民参与对影响城市发展是有益的，但仅仅将关注点从为穷人修建的高层住宅，或为富人的更多奢华的开发，或建造准郊区中心地段的商业设施转移是同样迂腐的，因为真正需要的是对城市的不同的远见。它应该促进不同人群的相互交流，应该为低收入人群提供更好的住房，获得工作与娱乐的机会，并且不会把投资优先用于中心区为商业利益所用，而不是用于社区改善项目。

因而，正如19世纪对工业城市种种严重城市问题的反感激发了现代城市规划运动的诞生一样，对此时城市形态的厌恶和对未来城市的理想化向往成为改革的动力。改革运动从两方面对当时盛行的理性和准理性模式进行了批判：首先，它是一个误导的过程；其次，由此产生的城市是无人喜欢的。改革者所需要的城市规划理论，是通过政治经济学来分析城市不公平的根源，同时在规划中提倡民主参与。

## 2. 规划的文脉

在1970年代，新马克思主义者强调：制约了规划潜在功能的是社会结构基础，这些制约使规划难以改变支持资本拥有者的社会现状（Castells 1977；Harvey 1978；Fainstein and Fainstein 1979）。毫无疑问，这个结论令进步规划师沮丧，因为他们当时正提倡社区组织的工作，而不仅仅为城市政府和开发商工作。对于这个矛盾的一个回应是为城市规划实现再分配功能设计道路（Mier，1993；Clavel，1986；Hartman，2002）。从规划理论的角度而言，问题在于尽管这些努力是基于规范性立场的，但它们的理论前提却是不清晰的。换句话说，虽然采取了典范的补救措施，但是没有说清并证实它们的价值前提，也没有深入分析根本策略及其条件，而这些条件可以使预想结果得以实现（Fainstein，1999；Sayer and Storper，1997）。

其后，更多的理论回应是探讨以民主形式对抗结构力量的途径（Throgmorton and Eckstein 2003）。这个理论回应和其他学科（特别是哲学和文化研究）的发展相随，关注沟通，如分析修辞文脉中的谈话内容（解构）、"认知的方式"、"讲故事"以及听众对演说者的开放性。其逻辑是：人们和行动的过程一致，而可能和自己的最佳利益不一致，因为沟通可能产生失真的效果；因此，通过向权力讲述事实及利用多种形式的讨论，使所有利益相关者加入到交谈的过程中，就可能获得更公正的结果（Forester 1989）。对于马克思来说，只有通过经济结构转变才能产生公正的结果。而对于沟通主义者来说，公正是改变沟通的结果。但是他们从来没有解释在特定的权力背景下，除了具有讲述事实的权力外，沟通怎么能够获得改变。如果强者在开放式沟通中丧失了优势地位，他们很可能封杀那些令他们不愉快的事实，或者让讲事实的人边缘化。社会力量拥有控制及建立沟通渠道的能力，因此极难仅仅通过声音来对抗。

沟通规划理论家与进步政治经济学家都对理性模式的有效性以及与之相关联的效率优先持怀疑态度。在很多方面，他们批评的内容来自于Mannheim（1935/1940）对实证主义的批判。这些理论家认为手段和结果是互为构成的，因而无法像理性模式建议的那样可以彻底分开（Healey 1993，1997）。但是，令人奇怪的是，他们接受了这个观点，却不愿考虑结果，仅仅关注规划师的沟通角色而不是关注应该做些什么，或关注规划运作的大环境。因此，Judith Innes（1996）将新泽西州规划看作是建立共识过程的产物，并没有对规划实施和规划质量进行评估，也没有对规划未能达到预期目标的原因进行讨论。相反，Bent Flyvbjerg（1998）则"告诫那些忽视冲突和权力的理想主义者"。在他以奥尔堡规划为案例的研究中，他着重阐释了一个以可持续发展为目标，也具有协商过程的规划为何失败。他关注的是那些影响规划机构编制规划项目的力量，以及规划的实际作用，而不是规划的修辞[10]。

Forester（2000）在讨论Flyvbjerg（1998）的书时[11]指出，消除权力的影响不可能像打发出租车那样容易。更恰当的是Chantal Mouffe（1999，752页）所主张的：

> 批判"协商式民主"的关键是需要承认权力和对抗力的大小，以及两者互相影响的特征。由于假设存在着一个没有权力和对抗力，并且能够实现理性协商的公共领域，这个民主政治的模式就否认了冲突在政治学中的中心角色，以及它在形成集体认同中的关键角色。

沟通式途径的天真之处在于回避了系统扭曲

的原因，以及它对“理智必胜”的信念（Neuman 2000）。正如Flyvbjerg（1998）所指出的，很多被当作理智的东西其实只是被权威宣扬并再三重复而看起来合理化的东西。沟通主义者在讨论如何克服结构障碍而实现民主过程时，促进了开放式交流制度的建立。在这方面他们与Mannheim类似（1935/1940），他关于公正官僚结构的观点也是建立在制度分析之上的。但是如果没有能够证明制度转型结果的实质性成果，他们的观点不可能引发大家广泛的热情。

在交流中每个人的意见都应该被尊重，所有人的地位应该平等的理想是一个有力的论据，但它不够充分，也不足以解决民主的传统难题，包括如何在一个大型而多元分化的社会里确保各个利益群体的代表性、防止煽动群众、避免象征性的公众参与、防止强势群体控制议题、保护弱势群体利益等。在政治理论中关于这些问题的争论是无休止的，而且这些问题也远未得到解决。沟通式规划（Communicative Planning）理论因其人性本善的前提假设而试图绕过这些传统难题，并且不认为（基于宽容精神的）建立共识过程中存在的障碍，是源于那些必须分析的社会背景[12]：

无论我们是讨论管治、治理还是变革性规划，规划与国家空间政策的关系赋予了规划实践的特殊性。城市／空间／环境／社区规划的实践通过不断变化的外部条件与政府相关，与政府在空间管理中的权力和资源调配相关。忽视文脉的理论很可能失去规划解释的能力（Huxley and Yiftachel 2000，339页）。

对于规划来说，其文脉就是城市的权力结构。理解这个文脉的一种途径是分析规划的结果，并将其与公正城市所应有的结果进行比较。

在Healey（2003，110页）最近一篇对协作性规划重新定义的文章中，她反驳了我提出的规划师应该按照公正城市的标准来评估规划实践的观点。她主张：

“好”和“公正”这些概念本身是通过知识和权力的关系建构起来的……（但）阐述价值观和实现手段的过程是重要的。换句话说，实质和过程是共建的，并非两个分开的领域。此外，过程不应该被仅仅看作是达到实质结果的手段，过程本身也会产生结果。参与治理过程，也会重塑参与者的自我意识。

我对她的观点表示赞同，因此问题就成为应该强调什么。在我看来，参与式规划经常被批评为退化到“清谈俱乐部”是因为它过分强调过程的缘故。Healey（2003）正确地指出：公正城市是社会建构，出于话语讨论，从一个不同层面对于政策是否促进公正进行分析而获得（参见Fischer 1980，2003）。目标不是既有的、通过意愿选择的方式而被“发现”的，但也不是在临时性的交互过程中再造的（Lindblom 1990；Giddens1990）。当正义或公平根据不同条件而呈现出不同形式时，公平和正义的理想就超越了特殊性（Nussbaum 2000）。

在政治学中始终有一个争论，有些人认为政治是一个过程，另一些人则认为政治关注谁、在何时、如何以及得到什么（Lasswell 1936）。后者的“如何得到”指的是过程，而“得到什么”意指利益分配，它同样有价值，也同等重要。如果像Healey所言（2003），结果和过程是相互交织在一起的，那么两者就不能分开，城市规划理论就应同时关注两者。这里，“得到什么”对于城市规划师来说就是Henri Lefebvre（1991，参见Purcell 2003）所说的“城市的权利”，这一概念提出了谁是城市的主人这一问题，它不是在个体控制资产的意义上，而是在群体能力的集体意义上：每个社会集团获得就业和文化、具有体面的住房和宜人的环境、获得满意的教育、保证个人安全和参与城市治理等方面的能力。如何达到这些目标，涉及在特定环境中采取恰当策略的问题。但界定“得到什么”并非像Healey所说是没有疑问的。事实上，当她断言“一个包容性的协作性过程，并不需要担心过程公正或结果公正”（115页），已经表明她知道公正的意义是独立于具体环境的。

在《政治作为一种职业》（Politics as a Vocation）一书中，Max Weber（1919/1958）区分了绝对手段的伦理和绝对结果的伦理。绝对手段的伦理是自由的多数主义，它强调宽容，要求通过协商和平地解决冲突。绝对结果的伦理则以总体目标为最高准则，即使为此不得不违反一些程序上的准则。Weber认为这样的情况虽然很少，但有时候是必要的。在城市规划里，为了实现公正城市，有时候需要采取一些计谋来绕过包含性程序。许多在朝着福利国家发展过程中取得的进步（包括初期的德国社会保障制度和英国的国民医疗服务体系）均来源于专制政治或官僚政治的决策，尽管也由于从广大背景来看建设一个更公平社会的外部压力（Flora and Heidenheimer，1981）。再看与城市规划更近的领域，经济适用房的开发、为弱势人群配套社区设施、防止有害废弃物导致的环境污染等，有可能是来自于协商式民主，但也有可能是来自法庭判决。

Beauregard（2003，73页）认为：为了实现一个可持续的城市，即环境优美、经济发达和社会公正三者得以并重，"城市必须以市民共同关注的方式进行管治"。在这样的构想里，管治只是达成可持续发展这一目标的手段，而其本身则并非目的。一旦将可持续性或者社会公正这样的目标设定后，就应该把目标以及达成目标的策略进行理论化。Scott Campbell（2003）关于在环境保护、经济增长和社会公正三者间进行博弈并寻求一个解决三者矛盾的理论框架的文章就是这种理论研究的一个典范。

在本文和我的其他著作中，我提出公正城市是规划最恰当的目标（Fainstein 1997，1999，2000）。我的理证方法应列入Rawlsian传统的范围内：如果一个人不知道自己这一生最终会达到社会等级的哪个阶层，那么社会公正是他们都会选择的价值观（"无知之幕"）（Rawls，1971）。Harvey（1992）认为社会公正是一个受到广泛支持的价值观，有利于动员大众运动，一组纪念他开创性著作《社会公正和城市》（Social Justice and the City）的文章一开始就提出"社会公正的理想是任何民主社会的基石，在这样的民主社会里，市民可以踊跃参与自由、宽容和包容的政治社区"（Merrifield and Swyngedouw 1997，1页）。这组文章的目的是将社会公正的概念引入当代城市。这不同于罗尔斯（Rawls）的普世者模式，而是假定公正概念是引入的，而且对公正城市概念的理论化意味着对特殊城市环境中的公正概念的理论化。

奇怪的是，为何这种讨论没有成为规划理论的规范，而规划理论却总是为规划师的角色定位所困扰？毕竟政治理论考察的是管治的结果，而不是政治家的活动；法律理论考察的是法律，而不是律师；经济学理论考察的是经济活动，而不是经济学家。

或许这仅仅是语义学的问题。没有规划理论家会否认将城市发展进行理论化的重要性，即使他们以其他身份工作也同样这么认为。但是把城市理论从规划理论课程和规划理论著作中排除出去，导致了对两者认识的分裂，进一步导致了对于规划及规划工作环境关系的错误认识。

## 3. 我们需要什么样的理论？

正如本文开始所指出的，规划理论需要思考在怎样的环境下人类的主动活动才能为所有市民创造出一个更好的城市（区域／国家／世界）。解决这样的问题需要不断关注规划过程和规划结果的交互作用，也需要探求这个美好城市的特性、它特定的历史、发展阶段和城市文脉，以及发展战略和达成目标的障碍。这些研究反过来又会推动对城市过去发展历程的分析，对经济基础、社会结构（阶层、性别和种族）、思想和管治等相互关系的分析，对城市形态和社会结构形成过程中政策作用的分析，对权力关系如何影响政策制定的分析，以及对可能的有弹性的权力结构的探索。对结构所具有的力量认可，并不意味着对结构产生方式的忽视（Giddens 1984；Healey 2003），或者假定结构是不能改变的。与此同时，也承认结构是不会轻易改变，而偏见为动员所利用（Schattschneider 1960），则是不变的集体行为。

即使仅仅作为一个策略，关注理想城市的特征并对在此之前的城市进行批评，比起赞美一个特定的规划过程更有可能动员民主参与，并产生公众压力。行动取决于具有创新精神的活动；新的城市学家已经唤起了公众对规划的广泛兴趣，因为他们有一些东西可以向公众推荐——关于美好社区的特殊见解，以及如何来建设这个美好社区。一方面，在规划一个新社区的实际程序中，他们除了在政策制定中有象征性的公众参与以外，在其他各个方面事实上将公众参与排除在外；另一方面，他们已经鼓励了一批"精明增长"的支持者，这些人在地方规划会议中饱含激情地参与到他们以前不感兴趣的规划过程中。

如果正义城市成为规划理论的目标，那么我们应怎么去推动理论发展？Leonie Sandercock在其《迈向世界之城》（Towards Cosmopolis，1997）一书中提出了一个战略。她定义的公正城市也是具有社会包容性的城市，其不同之处在于对不同意见不仅仅包容，还应是承认和尊敬的。她因而提出要联结"规划理论和其他理论话题，特别是围绕边缘化、个性、差异性的争论和围绕城市社会公正的争论，因为这些争论替规划师很难听到其声音的团体赋予了权力"（110页）。John Friedmann在《城市的前途》（The Prospect of cities，2002，104页）中指出需要一个乌托邦式的图景，并把它和批评理论联系起来：

乌托邦思想有两个分不开的时刻：批评和建设性的预见。批评是关于我们当前所处的一些情形：例如不公平、压迫、生态破坏……对于不公正现象的道德义愤意味着我们具有公正的心，尽管可能难以清楚地表达……如果不公正将成为正确的……我们就需要乌托邦思想的形象以引导我们向着更公正的世界迈一小步。

Maarten Hajer（1995）在其分析环境可持续发展的目标怎样逐渐深入社会各界的书中，描绘了联盟政治、话语和关注结果三者之间的交织关系。Hajer 的重点在于话语问题，并将此放在"不同的发展途径"的框架内。

在我写的《我们能够造就我们所需要的城市吗？》(Can We Make the Cities We Want?) 一文中，我提出阿姆斯特丹就是一个现实版的乌托邦（当然，它并不是），至少对盎格鲁血统的美国城市来说提供了一个可能实现的范例(Fainstein，1999)[13]。Martha Nussbaum（2000）在她开列的"能力"（capabilities）的清单中，提供了一套可以根据具体背景转化为具体内容的总体目标。这些目标容许每个城市建立各自的评价标准而不需要所有城市都按照同样的办法达到这些目标。一旦这样的评价机制建立了，没有达到标准的那些离差就必须有所解释——这是理论研究的另外一个任务，也容许从不同理论的角度进行解释，包括公共选择理论（关注个体理性和集体理性的冲突）到历史研究理论。毫无疑问，话语权讨论会提供部分答案，但是理解形成话语权的权力结构则需要进一步探索。

因此，规划理论既是规范性的，也是解释性的。这里我想讲述一个我自己的故事——这在一定程度上是接受了沟通式规划理论强调的讲故事方法。当我在麻省理工学院参加我政治学博士的口语考试时，我的美国政治学主考官问我 1968 年大选（汉弗莱对阵尼克松）中重要的是什么问题。我回答说是激进右派的崛起（当时表现为乔治 · 华莱士获得了候选人资格），这在一个把选举作为政治生活中心的国家里，对未来事件有重大的影响。但我的主考官告诉我这个回答不对，正确的答案是"分裂投票"（split-ticket voting）。

对我来说，那件事（一个人永远不会忘记那些伤害了自尊心的事情）概括了主流政治学的所有错误——过于受到管治机制的纠缠（特别是选举），而不是关注结果和产生结果的深层次原因[14]。在规划部门找到工作对我来说是进入了天堂，因为在这里我可以关注我自己认为重要的事情，这就是如何使公共政策起作用，帮助那些需要政府干预才能过上体面生活的人们。这种努力掩饰了对结构决定主义的批评。然而，政策制定者在行动时也不可能不认识到结构力量的影响，即使这些力量经历了长期变化，并容易受到政治动员的左右。由此，我们完成了一个循环——政治动员需要一个动员的目标。规划理论应该去描述这个目标，同时寻求达成目标的手段，及其所处的环境背景。就我而言，我的目标就是公正城市。正如 Friedmann（2000）所指出的，为此既需要批评也需要视野。它也需要对过程和话语权有敏感性，但不要脱离了对我们所处环境以及我们想要达到的目标所处的政治经济结构和空间形态的认知。

**作者鸣谢：**

感谢 Robert Beauregard 和两个匿名审稿人的建设性意见。

**注释：**

1 Robert Beauregard，John Friedmann 和 Leonie Sandercock 明显不属此列。

2 我参加的这个圆桌会议是由米歇尔 · 纽曼召集的，会议主题是：规划理论是城市的？

3 同样的原因我们把院系的名称定为"城市规划"，把学位名称叫做"城市规划科学硕士"，尽管这样的院系开设区域规划。

4 被公认并自我确定为畅谈式规划理论家的人包括：约翰 · 福莱斯特（John Forester），朱迪思 · 英尼斯（Judith Innes），帕齐 · 希利（Patsy Healey），詹姆斯 · 思罗格莫顿（James Throgmorton）和吉恩 · 希利尔（Jean Hillier）(Mandelbaum，Mazza，and Burchell，1996)。安德烈亚斯 · 法吕迪（Andreas Faludi）的早期著作陷入了技术理性的潮流，但他最近关于规划的学说则将规划与其空间客体起来了。我承认在我两本理论选集《规划理论读本》(Readings in Planning Theory，Campbell and Fainstein 2003）和《城市理论读本》(Readings in Urban Theory，Fainstein and Campbell 2002）中，我保留了关于规划理论和城市理论的划分，尽管《规划理论读本》中也包含一些在思考规划过程的同时也看重规划客体的文章。在我的规划理论课中，我同时使用这两本书。

5 这本书是用德文写作，在荷兰出版。英文版是在德文版基础上经作者修改和增加后于 1949 年出版的。

6 规划师是否真正地按照理性模式的步骤行事是有争议的。更准确地说，他们是以决策者将其制定的政策合法化的"重构的逻辑"(Kaplan，1964）行事的。尽管如此，它为当时的高速公路和城市更新项目提供了依据和理由。

7 如果想了解这一阶段的理论发展的概述，请参见 Teitz（1996）和 Hall（1996）的文章。

8 这次会议于 1978 年 5 月 4 日至 5 日在位于布莱克

斯堡的弗吉尼亚工学院和州立大学召开（这次会议的论文选集于1982年在巴黎出版）。紧随其后的是于1979年4月在康奈尔大学召开的会议（会议收到了大量文章，参见Clavel，Forester和Goldsmith，1980），这次会议的焦点也是规划对城市的影响。

9 克鲁霍兹引用了克里夫兰城市规划委员会1975年的报告，克鲁霍兹是这个委员会的领导者。

10 罗伯特·博勒加德在2001年“911”之后在为曼哈顿中心区进行规划审查的时候也做了类似的努力。

11 Forester的观点看上去是“似曾相识”。他提到规划往往服务于强势的“感到惊讶的人”（Forester，2000，915）。他想要获取结构力量过去的问题以便能够敦促一个更结构化的战略。然而，关于问题如何被忽略，他并没有给出任何具有说服力的解释。

12 希利（2003，114）承认共识建立过程的效果可能是解放的和创造的，但有时也有可能是压迫的。

13 最近在阿姆斯特丹发生的事情，包括提奥·凡·高被刺杀，很明显是因为他直言不讳地反对穆斯林移民以及由此产生的愤怒反应，表明建立在阿姆斯特丹宽容基础上的社会共识正在瓦解。在我关于经济平等的文章里我认可这样的共识，但并不期望不同种族会如此坚持自己的权利。

14 诚然，许多政治学家，特别是在这篇文章开始列举的那些写关于规划文章的政治家，确实是关注结果的。分裂投票在当时也的确显得更加重要。

## 参考文献：

[1] Altshuler，Alan A.1965.*The city planning process*.Ithaca，NY：CornellUniversity Press.

[2] Altshuler，Alan A.，and David Luberoff.2003.*Mega-projects：Thechanging politics of urban public investment*.Washington，DC：Brookings Institution.

[3] Beauregard，Robert A.1990.Bringing the city back in.*Journal of theAmerican Planning Association* 56（2）：210-15.

[4] ____.2003.Democracy，storytelling，and the sustainable city.In *Story and sustainability*，ed.Barbara Eckstein and James A.Thogmorton，65-77.Cambridge，MA：MIT Press.

[5] ____.2004.Mistakes were made.Rebuilding the World Trade Center，phase 1.*International Planning Studies* 9（2-3）：139-53.

[6] Campbell，Scott.2003.Green cities，growing cities，just cities?Urban planning and the contradictions of sustainable development.In *Readings in planning theory*，rev.ed.，ed.Scott Campbell and Susan S.Fainstein，435-58.Oxford，UK：Blackwell.

[7] Campbell，Scott，and Susan S.Fainstein.2003.*Readings in planning theory*.Rev.ed.Oxford，UK：Blackwell.Castells，Manuel.1977.*The urban question*.Cambridge，MA：MIT Press.

[8] ____.1983.*The city and the grassroots*.Berkeley：University of California Press.

[9] Clavel，Pierre.1986.*The progressive city*.New Brunswick，NJ：Rutgers University Press.

[10] Clavel，Pierre，John Forester，and WilliamW. Goldsmith，eds.1980.*Urban and regional planning in an age of austerity*.New York：Pergamon.

[11] Davidoff，Paul.1965/2003.Advocacy and pluralism in planning.In *Readings in planning theory*，rev. ed.，ed.Scott Campbell and Susan S.Fainstein，210-23.Oxford，UK：Blackwell.

[12] Dror，Yehezkel.1968.*Public policymaking reexamined*.San Francisco：Chandler.

[13] Fainstein，Susan S.1997.Justice，politics，and the creation of urban space.In *The urbanization of injustice*，ed.Andy Merrifield and Erik Swyngedouw，18-44.NewYork：NewYork University Press.

[14] ____.1999.Can we make the cities we want? In *The urban moment*，ed.Sophie Body-Gendrot and Robert Beauregard，249-72.Thousand Oaks，CA：Sage.

[15] ____.2000.New directions in planning theory.*Urban Affairs Review* 35（4）：451-78.

[16] ____.2001.*The city builders*.Rev.ed.Lawrence：University Press of Kansas.

[17] Fainstein，Susan S.，and Scott Campbell.2002.*Readings in urban theory*.Oxford，UK：Blackwell.

[18] Fainstein，Susan S.，and Norman I.Fainstein.1974.*Urban political movements*.Englewood Cliffs，NJ：Prentice Hall.

[19] ____.1979.New debates in urban planning：The impact of Marxist theory within the United States.*International Journal of Urban and Regional Research* 3（3）：381-403.

[20] ____.1982.Neighborhood enfranchisement and urban redevelopment.*Journal of Planning Education and Research* 2（1）：11-19.

[21] ____.1986.Regime strategies，communal resistance，and economic forces.In *Restructuring the city*，rev. ed.，ed.Susan S.Fainstein，Norman I.Fainstein，Richard Child Hill，Dennis Judd，and Michael Peter Smith，245-82.New York：Longman.

[22] Faludi，Andreas.1973.*A reader in planning theory*.Oxford，UK：Pergamon.

[23] Fischer，Frank.1980.*Politics，values，and public policy*.Boulder，CO：Westview.

[24] ____.2003.*Reframing public policy*.Oxford：Oxford

University Press.

[25] Flora, Peter, and Arnold Heidenheimer, eds.1981. *The development of welfare states in Europe and America*.New Brunswick, NJ: Transaction.

[26] Flyvbjerg, Bent.1998.*Rationality and power: Democracy in practice*.Chicago: University of Chicago Press.

[27] Forester, John.1989.*Planning in the face of power*. Berkeley: University of California Press.

[28] ____.2000.Conservative epistemology, reductive ethics, far too narrow politics: Some clarifications in response to Yiftachel and Huxley.*International Journal of Urban and Regional Research* 24 (4): 914-16.

[29] Friedmann, John.2000.The good city: In defense of utopian thinking.*International Journal of Urban and regional Research* 24 (2): 459-72.

[30] ____.2002.*The prospect of cities*.Minneapolis: University of Minnesota Press.

[31] Gans, Herbert J.1968.*People and plans*.New York: Basic Books.

[32] Giddens, Anthony.1984.*The constitution of society: Outline of the theory of structuration*.Cambridge, UK: Polity.

[33] ____.1990.*The consequences of modernity*.Stanford, CA: Stanford University Press.

[34] Hajer, Maarten A.1995.*The politics of environmental discourse*.Oxford: Oxford University Press.

[35] Hall, Peter Geoffrey.1980.*Great planning disasters*. Berkeley: University of California Press.

[36] ____.1996.*Cities of tomorrow*.Rev.ed.Oxford, UK: Blackwell.

[37] Harloe, Michael, ed.1977.*Captive cities*.London: Wiley.

[38] Hartman, Chester W.2002.*Between eminence and notoriety: Four decades of radical urban planning*. New Brunswick, NJ: Rutgers University Center for Urban Policy Research.

[39] Harvey, David.1978.On planning the ideology of planning.In *Planning theory in the 1980s*, ed.RobertW. Burchell and George Sternlieb, 213-34.New Brunswick, NJ: Rutgers University Center for Urban Policy Research.

[40] ____.1992.Social justice, postmodernism and the city.*International Journal of Urban and Regional Research* 16 (4): 588-601.

[41] Healey, Patsy.1993.Planning through debate: The communicative turn in planning theory.In *The argumentative turn in policy analysis and planning*, ed.Frank Fischer and John Forester, 233-53.Durham, NC: Duke University Press.

[42] ____.1997.*Collaborative planning*.London: Macmillan.

[43] ____.2003.Collaborative planning in perspective. *Planning Theory* 2 (2): 101-24.

[44] Huxley, Margo, and Oren Yiftachel.2000.New paradigm or old myopia? Unsettling the communicative turn in planning theory.*Journal of Planning Education and Research* 19 (4): 333-42.

[45] Innes, Judith.1996.Group processes and the social construction of growth management: Florida, Vermont, and New Jersey.In *Explorations in planning theory*, ed.Seymour J.Mandelbaum, Luigi Mazza, and Robert W.Burchell, 164-87. New Brunswick, NJ: Rutgers University Center for Urban Policy Research.

[46] Jacobs, Jane.1961.*The death and life of great American cities*.New York: Vintage.

[47] Kaplan, Abraham.1964.*The conduct of inquiry*.San Francisco: Chandler.

[48] Krumholz, Norman.1982.A retrospective view of equity planning: Cleveland, 1969-1979.*Journal of the American Planning Association* 48 (Spring): 163-74.

[49] ____.1999/2003.Equitable approaches to local economic development.In *Readings in planning theory*, ed.Scott Campbell and Susan S.Fainstein, 224-36.Oxford, UK: Blackwell.

[50] Lasswell, Harold D.1936.*Politics: Who gets what, when, how*.New York: McGraw-Hill.

[51] Lefebvre, Henri.1991.*The production of space*. Oxford, UK: Blackwell.

[52] Lindblom, Charles E.1990.*Inquiry and change*. New Haven, CT: Yale University Press.

[53] Rawls, John.1971.A theory of justice.Cambridge, MA: Harvard University Press.

Innovations in Urban Design and Urban Form: The Making of Paradigms and the Implications for Public Policy

# 城市设计创新与城市形态：范式制定及其对于公共政策的启示

Ajay M.Garde 文
张磊 魏登宇 译

【摘要】城市设计的创新如何影响城市形态？本文主要关注两种类型的创新（在此分别将其定义为负向变化和综合范式）对于城市形态的影响及其对公共政策的启示。本文首先讨论了负向变化如何导致了不受欢迎的城市形态，然后描述了综合范式如何成为特定时期城市发展问题及城市形态转型的应对方案。这些范式将培育公众形成共同的愿景，并对城市形态产生积极影响；但是，城市开发的现实削弱了综合范式的影响。本文在结论中讨论了城市设计创新对于公共政策的几点启示。

【关键词】城市设计创新；范式；城市形态；公共政策

作者简介：
Ajay M.Grade，博士，加利福尼亚大学欧文分校规划、政策与设计系副教授。曾参与从概念设想到实施完成的不同阶段的项目设计工作（例如新德里Janakpuri中心区设计）。目前主要从事城市设计理论与实践方面的教学与研究工作。

译者简介：
张磊，中国人民大学城市规划与管理系讲师，主要研究方向为城市规划实施管理、历史街区保护和低收入者住区更新与改造；
魏登宇，中国人民大学公共管理学院城市规划与管理系硕士研究生。

本文原载于*Journal of Planning Education and Research*，2008，Vol.28 (1)：61–72

## 1. 引言

城市设计创新如何影响城市形态？[1]本论文主要关注两种类型的创新（在此分别将其定义为负向变化和综合范式）对于城市形态的影响及其对于公共政策的启示。[2]首先，本文展示了某一类型的城市设计创新如何在整体上改变了城市生活的重要特性，并累积而形成了不受欢迎的城市形态。[3]这类创新的案例包括有门卫的社区、人为的公共空间、郊区大型商业中心以及边缘城市(Banerjee et al.1996；Blakely and Snyder 1997；Cranz 1982；Crawford 1992；Garreau 1991；Loukaitou–Sideris and Banerjee 1993；Sorkin 1992)。这些创新影响了对居住区、公共开敞空间、商业区的基本认识，也影响了传统的对城市的基本理念。由于找不到更合适的表达词，本文将其统称为负向变化。尽管这些创新的物质形态各不相同，但是它们对社会的影响却相互联系。这些创新逐渐累积，造成并维持了社会与空间的分异，强化了公共空间和城市生活的商品化，导致城市设施可达性的不平等，并因此产生了一种并不为大众欢迎，且不合民主原则的城市形态。

其次，本文展示了另外一类城市设计创新，它们作为范式，应对特殊时期内的发展问题。这些范式基于当代的社会价值和主流思潮，并且融合了各种以解决城市问题为己任的改革者的观点，在此将它们定义为综合范式。综合范式的案例包括新城市主义、邻里单位以及田园城市的概念。本文比较了城市设计的范式和Kuhn (1970)所提出的科学范式间的异同，用以证明：城市设计创新的概念化及传播与科学范式的概念化及传播具有可比性（图1、图2）。也就是说，城市设计的负向变化和开发问题破坏了城市形态，最终导致综合范式的出现。城市设计综合范式能够对城市形态产生积极的影响，但是综合范式的正面作用也会被城市开发的现实所削弱。

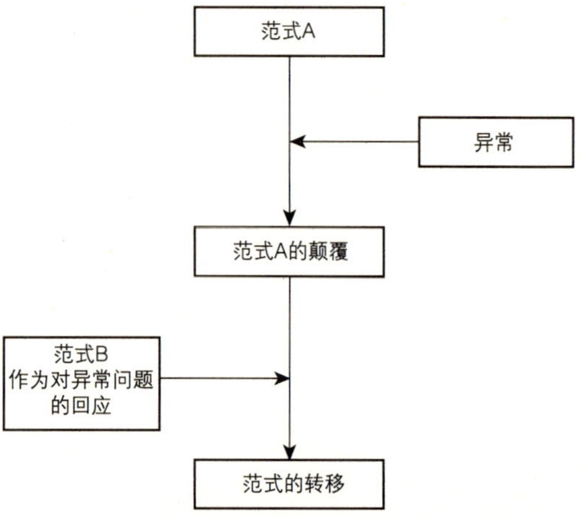


图1 一个关于异常、范式和科学革命的概念模型

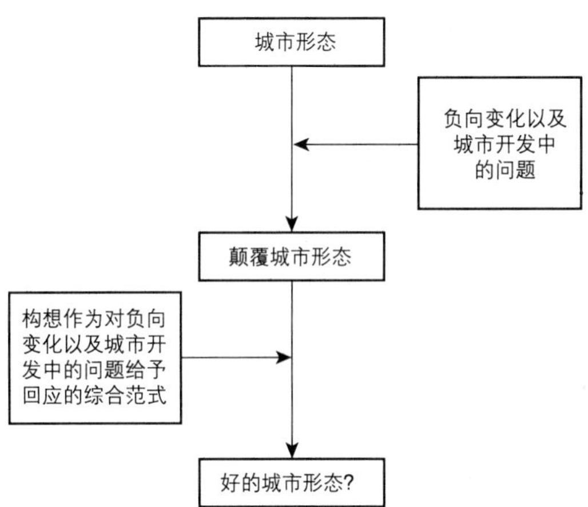


**图 2 一个关于负向变化、综合范式和范式化概念以及城市设计创新传播的概念模型**

本文的目的并非讨论导致城市形态转变的过程。因为 Logan 和 Molotch（1987）、Frieden 和 Sagalyn（1989）已深入探讨过这个议题。而 Lang（2005）通过案例研究，也已经讨论了影响城市设计项目的过程。本文的主题是：城市设计负向变化和开发的问题破坏了城市形态，而这一危机又导致综合范式的形成。因此，本文关注于结果的分类，尤其关注负向变化和综合范式，并检验其对于城市形态的影响。本文最后讨论了城市设计领域的创新对于公共政策的启示。

关于城市形态的文献汗牛充栋，其源头可以追溯至几位大师的著作。Lynch（1981）不但提出了"什么构成一个好的城市"的问题，并且也提出可用于衡量好的城市空间形态的规范性标准。[4] 其后，规划关注的重点开始由物质性设计、实质问题和规范性理论转向"沟通式转型"（Healey 1996），规划开始纳入程序性议题、过程理论以及支持与反对规划的争论（Banerjee 1993；Richardson and Gordon 1993）。近年来，不断出现的新著作重新激发起对良好城市形态的关注。Sternberg（2000）敏锐地发现某些综合性的城市设计原则可以改变城市空间的商品化，最终形成好的城市形态。Berke（2002）通过回顾从物质性设计到过程理论的转变过程，说明可持续发展作为一种规范性规划途径，可以结合两者的优点，为规划提供新的发展方向，也有助于构建良好的城市形态。最后，Talen 和 Ellis（2002）回顾了有关城市形态的文献，再次强调需要一个关于良好城市形态的实质性规划理论。他们批评了规划理论长期存在的相对主义，指出规划需要规范性理论和明确的标准，因为这对于规划专业更有价值和意义。本文响应这一提议，通过对城市设计创新及其对于城市形态影响的讨论，将规范性和实质性议题重新引入到规划与设计中。

## 2. 作为负向变化的城市设计创新

为了详细解释负向变化的定义及其对于城市形态累积产生的影响，本文将从以下四个方面的转变加以论述：①从邻里单位到有门卫的社区；②从公园、游戏场、步行道到人为公共空间；③从市中心商业街区到郊区商业中心；④从城市美化到边缘城市。逐对列举这些概念的目的，并非为了比较积极与消极的城市设计创新、不连续的转变、普遍的发展趋势或线性的历史发展轨迹；相反，这些案例证明了随着时间推移，改革者的理念逐步被侵蚀，市民理想逐渐向负向变化。每一对比较对象都包括一个早期城市类型和与之对应的新版城市类型。通过比较表明，早期城市类型促进并支撑一个复杂的混合体，包含了改革者的观点、公共责任，社会价值以及市场创新。有学者认为：这些早期城市类型的设计及发展，虽然包含着某些排除特定群体的经济划分因素（Boyer 1983；Domosh 1996），但是最初它们并非以一种排外手段来制造城市社会和空间的隔离，或造成城市的非均衡发展（Cranz 1982；Perry 1929）。事实上，是在实施这些理念的过程中，早期的理念逐渐转向了负向。新版城市类型的概念化和扩散（即负向变化）折射出改革者理念的缺失以及市民理想的负向变化，而这些恰恰是构成 20 世纪转折时期城市规划活动的基石。

### 2.1 从邻里单位到有门卫社区

邻里单位在初期主要是作为一种满足居民需要的城市构建方式而发展起来的。尽管有批评者认为社会同质性是形成邻里单位过程中隐含的主题，而且在实施过程中更多地体现了房屋出租者的利益而非整体社区的理想（Isaacs 1948），但是邻里单位最初的理念并没有被认为是一种排除其他社会群体的构想。相反，邻里单位概念内包含了改革者的理念和社会价值观，这个形式主要是为了应对 19 世纪晚期和 20 世纪早期城市社会与生活的快速转型所致的环境和问题（Perry 1929）。

Perry 的观点秉承了 Jane Addams、Robert Park、John Dewey 等改革者的传统，他们注意到场所和社区在城市居民生活中渐渐弱化的角色，并且认为一定程度的稳定性和持续性对于在快速城市

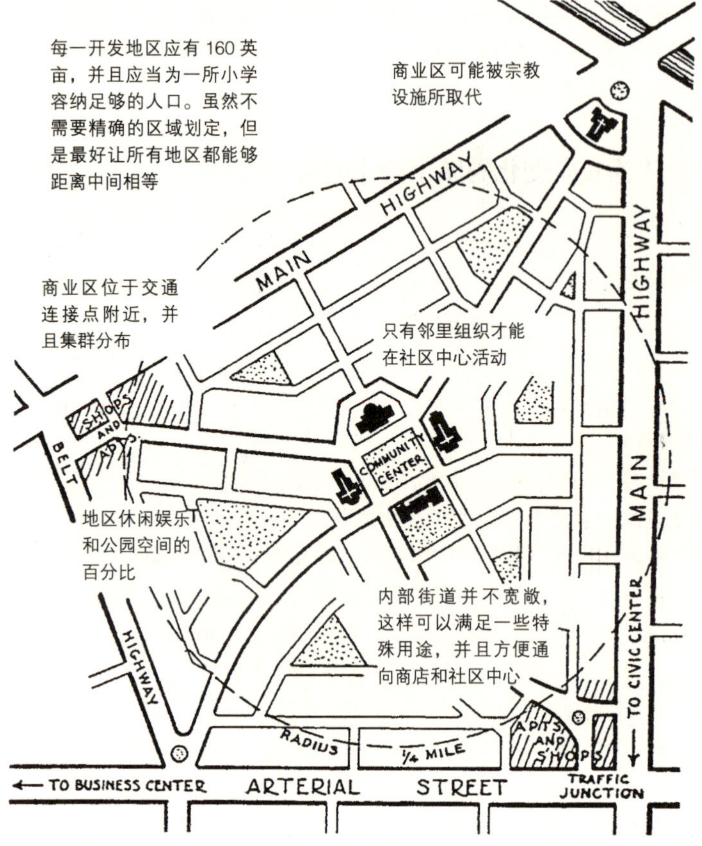


图 3　为纽约区域规划而构建的早期邻里单位概念图

图 4　有门卫社区的入口
资料来源：由作者摄影

化和社会转型背景下的个人发展是十分必要的（White and White 1962）。内向型的邻里单位理念（尤其是关注社区学校）强调场所和社区在城市居民生活中的作用具有正当性，被认为是解决城市和社会问题的良方（图 3）。因此，邻里单位作为一种内向型的地理单元，重点是共享社区设施。将居住区划分开来的主干道不可避免地——并非故意地——成为邻里单位的边界，但是主干道并非用作为一种隔离手段。邻里单位概念的物质形式是为了鼓励在居民之间构建乡村式的交往。这种布置被期望能复制乡村社区生活中所特有的稳定的社会联系和传统的生活方式，从而满足迁入城市的乡村移民的需要（Dahir 1947）。Banerjee 和 Baer（1984，7 页） 认为 Perry 关于邻里单位概念的构想，为设计师、开发商和规划师提供了一种组织方式，将“舒适城市生活所需的社会、管理和服务”整合在一起了。

邻里单位的概念受到改革者理念和当时社会价值观的影响，与其相反，有私人门卫的社区一开始就采取多种排外的设计手法（图 4）。[5] 对于社会地位和安全性的追求，导致了注重领地、围墙和大门的有门卫社区的繁盛（Irazábal 2006；Low 2003）。Blakely 和 Snyder（1997）指出门卫社区往往具有以下特点：隔离的区位、中高收入的居民群体、排他性的休闲设施以及犹如城堡的边界。这两位学者认为，有门卫社区除了将自身安全私有化之外，还将那些通常由市政府提供的公共服务设施私有化了，例如公园、游戏场、街道设施和垃圾收集设施等。有门卫社区内的社区设施（例如公园和游戏场）不向社区外居民开放，因此，区外的居民只能转向由政府提供的、日益减少的服务设施。总而言之，门卫社区的概念化和形成过程，折射出改革思想的缺失和社会理想与价值的流失，而正是它们影响了邻里单位的形成。因此，门卫社区实质上就是邻里单位理念的负向变化。这种负向变化不仅仅只反映在门卫社区。在当代公共空间和商业区域的设计和开发中，同样可以发现空间分离、社会隔离和经济差异的物质表现形式。

## 2.2　从公共公园、游戏场和散步道到人为公共空间

有学者认为：19 世纪建立的包括城市公园在内的所有公共空间，都包含某些排他性元素，也公开实施过控制手段（Banerjee 2001；Boyer 1983）。Cranz（1982）曾写过关于社会活动中的某些“阶级偏见”：一些活动当时被城市居民认为是城市公园中“理想的”活动，并加以鼓励；而另外一些活动则被认为是不适当和不受鼓励的。然而，她同时也承认一些改革者的理念影响了这些公共场所的设计和开发（图 5）。在其关于美国公园运动史的著作中，她列出了四个主题：“愉悦的土地、改革的公园、休闲设施和公共空

**图 5 纽约曼哈顿中央公园**

资料来源：Alex S. MacLean 的照片；©2008，Alex S. MacLean/Landslides. http://www.alexmaclean.com/. 版权许可

间系统"。她发现这四个主题各自涉及一种不同的公园设计方法，而这些方法之间的差异主要是为促进"理想活动"，并为所有社会因素服务（Cranz 1982）。

近年来，我们见证了公共开敞空间的概念化和推进时的重大变化。最能反映这一变化的是对比传统公共空间（如公园、游戏场与散步道）和一系列创新（在此定义为人为公共空间）在概念和提供方式上的差异。这种人为公共空间创新基于传统公共开敞空间理念，因为它提供了多种多样的公共娱乐活动和休闲空间来供大众消费。这些公共空间创新包括了"谈判产生的广场"（Loukaitou-Sideris and Banerjee，1993）和"人为和再造的街道"（Banerjee et al.1996）。（将于下文简要论述）Loukaitou-Sideris 和 Banerjee（1993）将"谈判产生的广场"定义为：位于城市中心区、由开发商在其私有土地上建造并维护的公共开敞空间，这些公共广场是开发商与公共部门谈判结果的产物。"谈判产生的广场"的案例如加利福尼亚州洛杉矶的 Citicorp Plaza、California Plaza、Bunker Hill Steps、Figueroa at Wilshire Plaza、Crocker Center、Grabhorn Park、Rincon Center，以及旧金山的 One Hundred First Plaza。作为提供和维护这些公共开敞空间的交换条件，开发商得到诸如提高建设容积率（FAR）等多种方式的奖励。

同样，Banerjee 等将"人为和再造街道"（1996，19）定义为"主要是由私人部门设计和经营的室外开放步行街，是公众娱乐、饮食和购物需求的目的地"。在南加利福尼亚，"人为和再造街道"的主要案例包括贝弗利山的 Two Rodeo Drive，帕萨迪那市的 One Colorado，圣迭戈的 Horton Plaza 和环球影城的 City Walk（图 6）。尽管"谈判产生的广场"、"人为和再造街区"的物质形态迥异，但是它们功能和象征性的特点却并无差别。

通过对人为公共空间和传统公共空间的比较，可以考察公共空间在设计、开发和功能特性方面的变迁。在 19 世纪 50 年代，公共开放空间的产生是公园运动的一部分，由政府发起、并提供资源来鼓励这项活动（Boyer 1983；Cranz 1982）。公共开放空间（例如曼哈顿的中央公园）作为城市公园系统的一部分，是贡献给城市生活品质的一个措施（Rybczynski 1999）。当城市公共空间获得大众更广泛的关注时，政府出台的鼓励措施也随之拓展。由奥姆斯特德（Frederick Law Olmsted）和沃克斯（Calvert Vaux）开始倡导的公园运动，随后由于建设游戏场和散步道这样的公共空间而进一步加强，但是创新和人为公共空间的出现改变了这个状况。

**图 6　人为公共空间 环球影城走廊**

资料来源：作者摄影

人为公共空间的设计和开发主要是为了促进消费主义。整体而言，它们折射出公共空间和城市生活日益增长的商品化。进一步而言，这些公共空间通过限制某些行为来进行管理和控制，目的是尽量减少使用者的负面感观（Banerjee 2001）。在此过程中，个人感到在公共空间内可以随意而为的理念也发生了转变（Tester 1994）。设计、开发和提供公共开敞空间的变化——从公园、散步道和游戏场到许多人为公共空间——最终导致了对于蓬勃自发的公共活动的限制，也使集体公共责任感减少，而这恰恰是公共空间产生之初最主要的特点。[6]

## 2.3　从市中心商业街到近郊区购物中心

Sennett 在《公共人的衰落》(The Fall of Public Man，1977，47 页）一书中写道："为了理解公共生活的衰落，我们需要理解公共生活蓬勃发展的那个时期，以及维持那种发展的条件。" 可以对当前商业区的公共特征和公共责任提出一个相似的论点：为了理解当前商业区中正在消失的市民价值和公共责任，我们需要以市中心商业街为例，将传统商业区与当前的郊区购物中心加以比较。事实上，城市历史学家和地理学家已经发现，商业区总是为了满足明显的消费目的而被设计开发的，并且总在一定程度上受到私人控制（Domosh 1996）。然而，这是否意味着市中心商业区和郊区商业中心之间就毫无差别？尽管商业区总是涉及私人控制，但是随着时间推移，商业区的理念与开发已经发生很多转变。

传统上，商业区位于市中心，而且所有人都可以便捷地到达（图 7）。那里摩肩接踵的建筑物，是更大的城市肌理的一部分。这些商业区的设计强化了现有的街道模式，它们总体的建筑形式适宜于多样性的公共活动以及商业活动，以满足多样的顾客需求（Sorkin 1992）。这些商业区中的商店、餐馆和便利店与相邻的公共街道有非常密切的联系，而商业活动中隐含有公共责任。当代的商业中心通过设计和管理有意排除了那些可能引起顾客不满的行为，与之相异，传统商业区则包容了（或者至少是容忍了）某些令人不快的行为（Crawford 1992）。在当代商业区的设计和开发中，已经很难发现这种对于公共责任的认同。即使像 Domosh（1996）这样的批评者，虽然认为 19 世纪晚期商业区开发的出现主要是"明显消费行为的结果"，但是也承认某些市民价值和公众责任感影响着传统商业区的设计与开发。

**图 7　洛杉矶市中心人行道**

资料来源：作者摄影

关于郊区商业购物中心的公共角色及其责任的争论仍在继续。尽管按照常理它们不属于公共场所，但与传统商业中心相比，在行为环境的多样性、社会功能和公众体验这些方面，二者是一致的，并且最终也同样应该涉及公众责任（Crawford 1992）。最高法院已故的法官 Thurgood Marshall 也赞成这种观点，他认为商业中心的公共责任不能从它们替代的公共环境中分离出去（Crawford 1992）。然而，在郊区商业中心的设计与开发中，公共责任和市民价值已被极大弱化。

郊区商业中心坐落在城市边缘，由私人建造和经营，并且提供多种多样的购物和娱乐体验。

这些商业中心的设计、开发和经营的意图就是把不愉快的体验降到最低（Crawford 1992；Frieden and Sagalyn 1989）。[7] 由于郊区商业中心被有意地选址于城市边缘，因此到达这些商场颇为不便。大多数郊区商业中心没有通往城市住宅区的公共交通。更有甚者，Crawford（1992）注意到，某些经营者甚至确定了商场服务的顾客类型，一些店铺只为确定的顾客提供服务（图 8）。最终，市中心商业区与郊区商业购物中心存在明显的差异：购物中心是一个安全地区，通过监控和控制来保证顾客方便、毫无阻碍地进行消费。以监视摄影来监视公共活动，而私人保安则用以控制和减少那些令人不愉快的行为。甚至是一个并不引人注目的简单活动，比如拍一张相片，也需要提前得到商场经理的许可。总之，这些郊区购物中心不为更多的公众提供服务，它们的设计也没有对城市整体形态的发展做出贡献。

**图 8　在近郊区商业中心的消费者**
资料来源：作者摄影

当市中心商业区失去了商业价值，也失去了支持公共活动的地位，郊区商业中心作为明显的消费堡垒而崛起了。[8] 总体而言，郊区商业中心不仅将公共活动从商业街分离，同时也将公共责任从其环境中分离。近年来，社会做出了许多努力在市中心投资，并将公共活动带回到市中心商业区，但是重建公共领域仍然需要更长的时间。

## 2.4　从城市美化运动到边缘城市

伯纳姆（Burnham）说过，"不要做小的规划，因为它们不能激动人心"（Burnham，引自 Mumford，1961，401 页）。尽管对于伯纳姆呼吁伟大规划的社会意图仍有疑问，但是这句广为传颂的经典名言成为一个时代的象征，那是一个通过实体规划和设计改善城市环境的传统思想盛行的时代。从伯纳姆号召伟大的城市规划和设计，到 Boyer（1990，98 页）表达出的无望与失落，我们已走过了漫长的道路：

"指导城市的总体发展以构建一个平等和高质量的生活环境——人类可以理性地控制未来，社会可以有条不紊地向更高层级的文明进化，理性的行为可以带来从混乱状态到有序的控制，这些理念都源自启蒙运动，并且奠定了 1900 年代城市规划职业的基础——这些理念都已经死了。"

这些观察体现出了当前城市形态发展的根本变化。将城市美化运动和 Garreau（1991）所描述的毫无特色的"边缘城市"比较，可以更好地说明这些变化。城市美化运动对 19 世纪末到 20 世纪初美国城市前所未有的快速发展有重要影响。快速发展导致了城市拥挤、肮脏、疾病及其衍生出的其他社会问题。为了解决这些问题，改革者们，包括著名的景观设计师和建筑师奥姆斯特德和伯纳姆，试图通过大尺度的规划、宏大的方案、大胆的设计和古典的建筑来克服问题，实现城市的综合发展（图 9）。人们期望城市美化运动中所展示的物质规划与设计能够促进建设一座更加有效、有序以及清洁的城市，并由此提升城市的美学品质（Moore 1970）。由城市美化运动领袖们提出的理想与蓝图在美国多项城市设计项目中得以体现。Wilson（1989，2 页）注意到：城市美化运动黄金时代所激发的市民倡议，仍然继续通过提供"休闲、娱乐和休憩"来满足公众的需求。

**图 9　芝加哥规划城市美化运动的影响**
资料来源：芝加哥商业俱乐部，使用许可

显而易见，那些宏伟的方案、大尺度的规划和大胆的设计的时代已经一去不复返（图 10）。在早期的规划和设计运动中，许多精心编制的总体规划融合了改革者的理想和蓝图，用以指导城市发展。然而，当前城市和郊区的发展模式违背了传统城市发展的模型和规范。Garreau（1991，4 页）认为，这种现象在边缘城市演变和增长过程

**图 10　边缘城市——宾夕法尼亚州门罗维尔（沿商业走廊的开发）**
资料来源：作者摄影

的三个阶段中表现得尤为明显：首先是"美国的郊区化"，然后是"美国的购物中心化"，并累积成为"边缘城市的兴起"。他认为边缘城市的未来难以预测，因为这些城市既不被规范所约束，也不遵循某种特定的模式而增长。[9] 尽管边缘城市低劣的规划并缺乏集体愿景已成为其饱受诟病的"特色"，但是本文关注的重点是边缘城市其他方面的启示。边缘城市是 Reich（1991）所描述的"成功的分裂"趋势的物质表现。

总体而言，住宅区、商业区、公共开放空间以及传统城市理念负向变化的意义与启示有紧密关联。虽然就单个案例而言，这些创新的概念化和扩散既不显得重要，也不令人印象深刻，但是它们结合在一起，将会促进和维持一种令人不悦且实质上不民主的城市形态。这些负向创新突出表现为缺乏改革者理念以及市民理想的衰退，而正是这些理念最早影响了城市设计的实践。[10] 为了应对负向创新及其对于城市形态的影响，应对特定时期的开发问题，被定义为"综合范式"的另一种城市设计创新受到关注。

## 3. 作为综合范式的城市设计创新

就通常意义而言，范式指普遍接受且可以复制的模型或概念框架。然而，在城市设计领域，范式被定义为"可被采纳以适应具体环境的优秀设计的样板"。城市设计学者对于范式的确定及其分类往往因人而异。比如 Madanipour（1996）将范式定义为一种"完美的景象"，并且确定了20世纪的三种主要范式，分别是"大都市城市主义范式"和"反城市主义范式"和"小镇式微城市主义范式"。他将田园城市、邻里单位和新城市主义确定为范式并将其归入"小镇式微城市主义范式"，而将现代与后现代的城市主义归为"大都市城市主义范式"。与此同时，Lang（2005）把范式定义为一种好的设计样板，他把范式分为两类——现代主义与后现代主义。值得注意的是，他把田园城市和邻里单位放在经验主义下面，而经验主义又归属于现代主义；而新城市主义则被列为新经验主义，属于后现代主义。[11] 这些定义和分类的差异，部分是出于学者们的个人喜好。[12] 引证这些观点的目的在于，本文认为，城市设计领域的创新需要满足至少两个条件才能被作为范式：（1）可以作为一个供复制学习的例子；（2）被认为是一个好的设计样板而加以推广。这个对于范式的定义与 Madanipour（1996）和 Lang（2005）的定义大体上一致。

除此之外，为了完全理解在城市设计领域中范式的重要意义，我们需要借用 Kuhn 的科学范式框架加以检验（Kuhn 1970）。这是因为这些创新观念的概念化和扩散是范式化的（犹如在Kuhn的范式定义中），而城市设计领域中这个创新的重要特点往往被低估了。事实上，Kuhn的框架可以用来区分范式和其他城市设计模式的分类。[13] 在以下讨论中，我将说明Kuhn的框架如何能够为城市设计中的范式提供有价值的借鉴。

Kuhn（1970）观察到：科学研究是在得到某一人群公认的范式内来解决问题的。当科学家们碰到不能用现有范式框架解释的异常时，就会发展出一个新的范式来解决异常问题。新范式有相对的优点，可以更好地解释新的情况。当然，新的范式不可能解决所有问题，甚至不能彻底解决一个问题。但是，新的范式有效地整合了科学中分散的问题、合理的答案，并且在此过程中，对科学实践产生巨大影响。Kuhn承认"范式"这个词在他的著作中曾以几种方式使用，同时指出其中的矛盾是由于风格上的原因："牛顿法则有时候是一种范式，有时候是某个范式的一部分，有时候又是范式化的"（Kuhn 1970，181页）。为了澄清这个词的使用，在原著作1969年的补充说明中，Kuhn写道，一个范式"代表了由信仰、价值观和技术等组成的整个星座，它由一个社团中的成员共同分享"（Kuhn 1970，175页）。

与此相似，城市设计领域的一些创新也被认定为是范式。城市设计的实践在一个包含了信仰、价值和技术并由专业人员共享的框架中处理城市问题。然而，当专家们面临一个挑战，即负向变化和开发的问题使城市形式的转型不能和他们理想中的良好城市形态一致时，一个新的范式概念就随之提出了。也就是说，负向变化和城市开发破坏了城市形态，最终导致城市设计领域产生了新的范式（图1、图2）。新的范式源于当代的社会价值观，同时也包含了不同改革者解决城市问题的综合意见以处理城市问题。新的范式在解决一些问题时也颇具优势，然而，它不可能解决所有的问题，甚至不能够完全解决一个问题。它提出了处理这些问题的新途径，并在此过程中，影响了城市设计实践。

城市设计的著名范式包括新城市主义、邻里单位和田园城市概念。这些作为综合范式的创新是为了应对当时的城市发展问题。举一个简例，新城市主义概念的提出，是由于一些专业人员认为负向变化和当前的开发问题正在使城市形式发生转变，而这种转变与他们理想中的良好城市形态不符（Katz，1994）。[14] 新城市主义的倡导者指出当前的城市问题包括社会和空间的隔离、公共领域的消失、郊区商业中心缺乏可达性、边缘城市缺少场所特性等（Duany，Plater-Zyberk，and Speck，2000）。[15] 他们认为城市的无序蔓延导致了这些问题。作为一个新的范式，新城市主义也许可以（或者难以）解决这些问题，但是，它已经影响了美国和其他一些国家的开发行为。新城市主义的概念不禁让人联想起田园城市和邻里单位的概念，在当年，它们同样被认为是解决城市问题的范式。

科学和城市设计领域中范式的相似性不仅重要而且值得我们关注并认真讨论。城市设计范式具有三个与科学范式相似的属性。首先，"解决问题"是城市设计活动不可或缺的部分，在此过程中一群专家们所共有的信仰、价值和技术居于中心地位。创新在城市设计中被认为就是范式（按照Kuhn式的理解），这些共享的模式解决了被认为可以处理的问题，也提出了被认为合理的解决方案。也就是说，持有相同范式的一群人定义了与城市发展和城市形态有关的重要问题，他们的范式源于当代的社会价值观和主流的学术思想。这一群体的成员然后运用这个范式来提出解决问题的方案。通过这种方式，城市设计的新范式确定了可处理的问题，并提出解决方案。例如，新城市主义的倡导者认为城市蔓延以及与其相关的社会和环境问题是可以处理的问题，而新城市主义设计则可以解决这些问题（2000年新城市主义大会）。Duany（1999）在某次和作者的访谈中指出：新城市主义在本质上是一个反城市蔓延的运动（图11）。Duany和其他新城市主义的倡导者提

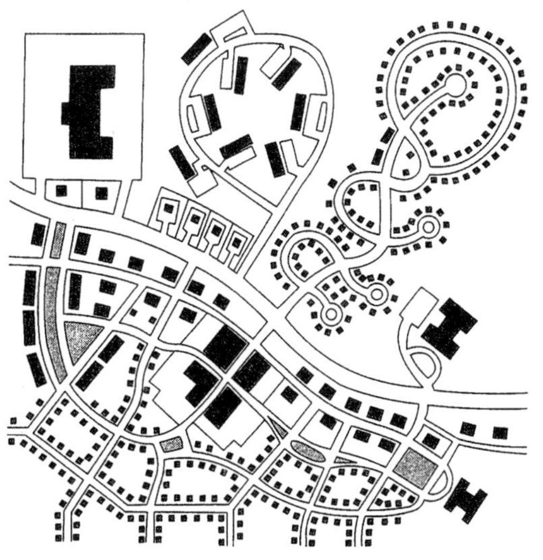

**图11 概念性规划对于"扩张"的综合性郊区开发以及作为"传统城镇"的新城市主义开发模式**
资料来源：Duany Plater-Zyberk & Co. 许可使用

出的新城市主义方案，是应对城市蔓延及其所导致社会经济问题的解决方案。[16]

其次，城市设计中的新范式对于解决与城市和郊区发展有关的问题具有相对优势。因为新范式提出了解决一系列新问题的新方式。[17]由于采用紧凑式设计，新城市主义规划较传统的郊区开发模式在使环境质量负面影响最小化方面更具优势。根据Berke等人的研究（2003），与标准的郊区开发模式相比，新城市主义规划更可能整合革新性的环保技术，由此使对环境质量的负面影响降到最低。[18]此外，近年来人口结构的变化产生了对住宅类型的不同需求，而新城市主义规划在满足这些住房需求方面相对于传统郊区开发具有相对的优势（Myers and Gearin 2001）。这是由于新城市主义规划包含了混合种类的住宅，可以符合不同收入群体的需求。在和作者的访谈中，Duany（1999）提出：当前有两种发展模式——城市主义和郊区主义——它们在满足住宅的多样化需求方面都存在缺陷，因此新城市主义可以作为第三种替代选项。此外，许多新城市主义项目位于经历了高速增长、几乎没有后续用地的郡县内。在这些郡县内，新城市主义规划由于其高密度和紧凑式设计，也由于其与地方发展目标的相容性，比传统郊区的住宅开发模式具有相对优势。

第三，由一批专家所共享的信仰、价值和解决问题的技术吸引了一批支持者。这些后来的群体倡导并且维持这个新范式。例如，将新城市主义作为一场改革运动，就为其支持者提供了与其他具有相似利益群体结盟的机遇，而这进一步激发了对新城市主义者理念的广泛支持。新城市主义者正在和不同的利益群体一起协作，尤其和持有类似反城市蔓延的环保主义者合作。同时，新城市主义协会的成员也在帮助推进“精明增长”运动的目标，这些目标已经被一些州和地方政府所采纳（Smart Growth Network 2001）。最近，新城市主义也参与到对“绿色发展”理念的界定和倡导中，这一理念是由美国绿色建筑协会（2007）提出的。事实上，新城市主义者正在影响规划、设计新开发项目时的信仰、价值和技术，而这一切也反过来促进了新城市主义自身的发展。

新城市主义的影响日趋明显，最近一些社区层面的项目中也明显采纳了新城市主义理念。2007年，作者完成了一项对南加利福尼亚地区5个县、180个城市的规划师调查（每个城市选择一个规划师，回复比例为63.9%）。在这项调查中，规划师被要求在他们辖区范围内找出一个“创新”和一个“典型（传统）”的规划，同时回答关于这些规划的一系列问题。这项调查的结果表明，大部分“创新型”规划和新城市主义理念相似，而大部分“典型”的规划则与区域内传统的居住区开发项目相似。由Schmitz等人（2003，13页）在美国土地协会（ULI）出版的一篇报告中，也讨论了美国新城市主义对于新开发项目的影响：

新城市主义已经成为社区设计的一种主流方式。尽管不是所有的项目都依据新城市主义导则，但是大多数项目正在朝这个方向发展，提供更多供人行走的步行街道，更多的土地混合使用，更小的居住地块——并且保留小巷，使入户车道、垃圾收集、市政设施得以分隔在主干道之外。

然而，城市设计领域的范式和科学领域的范式仍有一些不同之处。一个科学范式是“在新的或者更加严格的条件之下，为了更为关联和特定的目标”，这个目标不可复制（Kuhn 1970，23页）。而城市设计领域的范式则是一个可以复制的目标。城市设计领域的范式具有实用性，一方面在于它们能够反映城市发展中的问题，另一方面在于它们可以复制，因此在解决相似的问题时能够提高设计师的效率。

在城市设计范式和科学范式间还有一个重大的区别。城市设计范式包含了当时的某些社会价值观以及改革者的理念，而这些创新观念的传播能够对城市形态产生积极的影响。长久以来，新城市主义者对城市问题的批评及提出的解决问题的方案，都从学者和作家的争论和改革理念中获益。[19]例如，Downs（1973）多次指出：新的郊区开发是由于可支付住房供给不足，以及过度的出行需求所造成，这两点加剧了不同种族和收入阶层的隔离。Oldenburg（1989）指出，大多数郊区的开发没有整合文化福利设施和服务，尤其缺乏以社会聚集为目的的“第三空间”。[20]在Putnam（2000）的《独自打保龄球》一书中，同样反映出作者对于社区感缺乏、疏远感增强以及市民参与意愿衰落的感伤之情。Ewing（1997）对反城市蔓延的观点做出了恰当的总结。其拥护者认为，新城市主义设计师试图在所作规划中解决这些问题。

然而，城市设计范式被开发的现实所削弱。这些范式中所融合的一些改革者的重要理念和社会价值观，在设计项目实施时不得不予以妥协。[21]例如，新城市主义理念的目标是在对环境质量的损害最小、社会和空间上的隔离减少等前提下，实现更大程度的可持续增长。然而，尽管在《新城市主义宪章》中种族和经济的多样性是一项重要目标（2000 年新城市主义大会；Garde，2004），但是在新城市主义项目中，可支付的住房只占了很小部分。

虽然现有规划法规应当可以导向一个好的城市形态，然而事实上恰恰由于这些规章和政策的存在，使城市设计范式中包含的某些社会价值观不得不做出妥协。例如，现有的土地使用法规制约了新城市主义方式的开发，而且申请和批准新城市主义项目也比传统的郊区住宅开发花费更多的时间（Garde 2006）。为适应新城市主义的规划项目，这些法规和政策正在修订中。然而，新政策的全面生效和实施仍需相当长的一段时间。

## 4. 结论

本文探讨了在城市设计领域的两种类型的创新——负向变化和综合范式——它们将继续影响未来的城市发展。需要明确指出的是，在城市设计中，这两种类型的创新有着本质的区别。综合范式包含了改革理念和市民价值观，而负向变化则通常缺乏这些属性。

本文已经指出：负向变化通常会加剧社会和空间的隔离，造成城市服务设施可达性的不平等，导致公共空间和城市生活的商品化，它们最终的共同作用则产生了并非真正民主的城市形态。在论证这一观点时，本文的目的并不是为了说明这类创新永远不可能包含进步的理念，或者说它们不能对城市形态产生积极影响。相反，本文目的在于指出：由于诸多的原因，包括仅仅关注单个项目，项目的私人投资和控制，当前城市和郊区的开发趋势呈现负面方式开发。这些负向变化对物质环境的规划和设计提出了根本性挑战，应该引起密切关注。规划师必须开拓创新机制，提供奖励给那些促进均衡发展的项目，同时抑制那些加剧非均衡的项目，尽管这些都并非易事。在区域范围内评价这些创新的累积影响，可以作为一个良好的开端。

如上所述，综合范式是一种对于负向变化和当前城市发展问题的应对。这些范式受当代改革理念所影响，在解决城市发展问题上同样具有相对优势。总体而言，我们期望这些范式可以导向良好的城市形态，然而，综合范式往往被开发的现实所削弱。

显然，难以保证综合范式可获得全盘支持。[22] 同时，完全抛弃综合范式既不现实，也不明智，因为范式是城市设计创新的核心。由于设计师需要这些模式作为引导，因此范式将继续影响城市发展。要采用更加严谨的实证研究，来验证这些范式中所包含论点的相关性和原则的适用性。一旦当这些原则被证实有效（就如同新城市主义案例一样），就需要通过法规改革来提供适当的激励措施，促进这些原则得以实施。否则，负向变化将继续给城市和郊区的发展带来负面影响，而综合范式对城市形态的积极影响也会被削弱。

**作者鸣谢：**

我要感谢 Tridib Banerjee 和 Kristen Day 为本文初稿提出的深刻见解。特别感谢 Karen Christensen 给予的修改文章的精彩建议。

**注释：**

1 Rogers(1983)指出：在传播研究中，创新被定义为“被某个人所认为的新的理念、实践或者对象……不管这一理念客观上是否是新的”。本文中，创新一直沿用这一定义。

2 事实上，在城市设计领域中还有其他创新，但是这些分类勾勒出的发展趋势在相当程度上影响着城市形态。此外，本文关注于以美国和英国为背景的城市规划创新。

3 在此，城市形态不仅限于城市的物质层面，而是指包含构成和反映文化和政治经济特性的整体建成环境。

4 见 Lynch（1981）关于良好城市形态的讨论。

5 并不是所有的门卫社区都由私有组织开发和维持。在一些高犯罪率的内城社区，出于安全原因，居民被允许封闭公共交通干道，并在入口处设置大门。

6 在本文中，公共责任这一词泛指个人对于他人的责任。

7 见 Irazábal 和 Chakravarty（2007）关于大型商业中心形态的讨论。

8 在本文中，休闲活动和娱乐行为都被称为“公共活动”，这些活动包括随意闲逛，或者坐在长椅上，以及乞讨、邂穷，甚至一些滋扰行为。

9 这些边缘城市具有不同的发展模式和形态。

10 大多数城市设计领域的创新都受市场力量的影响；然而，负向变化并不完全是市场的过错。对于诸如人口结构的变化、技术进步、消费选择和其他需求方的力量，市场做出了回应。结果，这些因素也影响了城市发展和城市形态的转变。此外，负向变化尤其受公共财政体系的影响，特别是受公共鼓励和公共投资与私人鼓励和私人投资之间的力量变化影响。最后，正如 Logan 和 Molotch（1987），以及 Frieden 和 Sagalyn（1989）所描述的，大的政治经济力量也影响着城市发展，甚至完全扭转城市形态。关于负向变化更深入的讨论已经超越了本文的范畴。希望本文的参考文献能够满足这一要求。

11 其他学者和作家已经讨论了这一趋势——日常城市主义（Crawford in Mehrotra，2005）、后城市主义和再城市主义（Kelbaugh 2005）——这些也可能（或者不能）被定位为范式。此外，根据 Crawford 的观点（in Mehrotra，2005），日常城市主义是逐渐积累的，它难以确认并且不是一种设计哲学。由于其具有特征，因此并不适合作为范式。

12 例如，Vanderbeek 和 Irazábal（2007）曾质疑新城市主义是否可以作为范式。

13 显然，将在城市设计领域里的每个创新都定义为“范式”并不符合库恩式的框架。然而，大多数重要的范式可以通过这个框架来认定。

14 新城市主义的起源可以追溯到由加利福尼亚地方政府委员会在 Yosemite 国家公园的 Ahwahnee 酒店举行的一场会议，这场会议最终产生了 Ahwahnee 准则（1991 年出版，在 1996 年 5 月 6 日于 Fulton 再版）。首先，由一些建筑师确定了与当前发展模式相关的一系列问题并将其写入准则的前言中。随后，新城市主义的倡导者添加了一些与发展潮流相关的问题，并且在新城市主义宪章中提出一系列准则（新城市主义 2000 大会）。

15 新城市主义的倡导者最初在专题研讨会、大会和小规模会议上探讨这些问题。随后，这些问题在最近的书中得到总结。

16 新城市主义可能（或者不会）解决这些问题，但是它已经影响到了城市设计的实践。另外，有些对于新城市主义的批评者并不将城市蔓延视为需解决的问题，当然也就不可能将新城市主义规划作为城市问题的解决方案（Gordon and Richardson 1997）。这些不同之处一方面由于不同群体思想体系的导向不同，另一方面由于城市设计问题是天生的难题（Rittel and Webber，1973）。事实上，由于这些城市设计者试图解决的问题难以被准确界定，它们也就难以完全解决，因此这些问题及其解决之道仍面临很多挑战。

17 科学范式的转变通常指现有范式在解释异常方面存在局限性，而新的范式在相同条件下能更好地解决这一问题。此外，新的科学范式常常对于同样的现象（现象并未发生变化）提供一个新的视角。然而，城市设计的新范式试图解决在不同环境条件下显现出的不同问题，即城市设计的新范式提供了新的解决城市和郊区发展过程中的新问题的方法。

18 其他学者指出，新城市主义者的理念往往用适当妥协的方式推动新城市主义项目实施。

19 许多问题之前就已讨论，近期发表的文章对这些议题也有所关注。

20 Oldenburg 总结出三种场所类型和行为，说明人们如何以及在哪里花大量时间从事活动。私人住宅被定义为“第一地点”，工作环境被定义为“第二地点”，社会聚集的中心被定义为“第三地点”。

21 如果不能实施，那么综合范式最终只能是一个空想概念。

22 有时候，范式化的解决方案会成为一种固定公式，甚至在其所体现的改革者理念和价值观已经过时时依然存在。例如，邻里单位概念基于一个基本住宅单位理念，该单元包含城市生活好的属性（Perry 1929）。然而，通过改革法规，即使在城市发展问题与这一概念形成时的问题发生很大变化的条件下，这一范式仍得以倡导（Banerjee and Baer 1984）。

**参考文献：**

[1] Banerjee，T.1993.Market planning，market planners，and planned markets.*Journal of the American Planning Association*59（3）：353–60.

[2] ____.2001.The future of public space：Beyond invented streets and reinvented places.*Journal of the American Planning Association* 67（1）：9–24.

[3] Banerjee，T.，and W.C.Baer.1984.*Beyond the neighborhood unit*：*Residential environments and public policy*.New York：Plenum.

[4] Banerjee，T.，G.Giuliano，G.Hise，and D.Sloane.1996. Invented and reinvented streets：Designing the new shopping experience.*Lusk Review* 1（2）：18–31.

[5] Berke，P.R.2002.Does sustainable development offer a new direction for planning? Challenges for the twenty–first century.*Journal of Planning Literature* 17（1）：21–36.

[6] Berke，P.R.，J.MacDonald，N.White，M.Holmes，D.Line，K.Oury，and R.Ryznar.2003.Greening development to protect watersheds：Does new urbanism make a difference? *Journal of the American Planning Association* 69（4）：397–413.

[7] Blakely，E.，and M.G.Snyder.1997.*Fortress America*：*Gated communities in the United States*.Washington，DC：Brookings Institution Press.

[8] Boyer，C.M.1983.*Dreaming the rational city*：*The myth of American city planning*.Cambridge，MA：MIT Press.

[9] ____.1990.The return of aesthetics to city planning.In *Philosophical streets*：*New approaches to urbanism*，ed.D.Crow，93–112.Washington DC：Maisonneuve.

[10] Congress for the New Urbanism.2000.*Charter of the new urbanism*，ed.M.Leccese and K.McCormick. New York：McGraw–Hill.

[11] Cranz，G.1982.*The politics of park design*：*A history*

*of urban parks in America*.Cambridge, MA: MIT Press.

[ 12 ] Crawford, M.1992.The world in a shopping mall.In *Variations on a theme park*, ed.M.Sorkin, 3–30. New York: Noonday.

[ 13 ] Dahir, J.1947.*The neighborhood unit plan, its spread and acceptance: A selected bibliography with interpretive comments*.New York: Russell Sage.

[ 14 ] Domosh, M.1996.*Invented cities: The creation of landscape in nineteenthcentury New York and Boston*. New Haven, CT: Yale University Press.

[ 15 ] Downs, A.1973.*Opening up the suburbs: An urban strategy for America*.New Haven, CT: Yale University Press.

[ 16 ] Duany, A.1999.Interview with author, April 19, 1999, Kentlands, Maryland.

[ 17 ] Duany, A., and E.Plater–Zyberk.1991.*Towns and town-making principles*.New York: Rizzoli.

[ 18 ] Duany, A., E.Plater–Zyberk, and J.Speck.2000. *Suburban nation: The rise of sprawl and the decline of the American dream*.New York: North Point.

[ 19 ] Ewing, R.1997.Is Los Angeles style sprawl desirable? *Journal of the American Planning Association* 63 (1): 107–26.

[ 20 ] Frieden, B.J., and L.B.Sagalyn.1989.*Downtown Inc*. Cambridge, MA: MIT Press.

[ 21 ] Fulton, W.1996.*The new urbanism: Hype or hope for American communities*?Cambridge, MA: Lincoln Institute of Land Policy.

[ 22 ] Garde, A.2004.New urbanism as sustainable growth? A supply side story and its implications for public policy.*Journal of Planning Education and Research* 24 (2): 154–70.

[ 23 ] ____.2006.Designing and developing new urbanist projects in the United States: Insights and implications. *Journal of Urban Design* 11 (1): 33–54.

[ 24 ] Garreau, J.1991.*Edge city: Life on the new frontier*. New York: Doubleday.

[ 25 ] Gordon, P., and H.W.Richardson.1997.Are compact cities a desirable planning goal? *Journal of the American Planning Association* 63 (1): 95–106.

[ 26 ] Grant, J.2006.*Planning the good community: New urbanism in theory and practice*.Oxon, UK: Routledge.

[ 27 ] Healey, P.1996.The communicative turn in planning theory and its implications for spatial strategy formation. *Environment and Planning B: Planning and Design* 23: 217–34.

[ 28 ] Irazábal, C.2006.Localizing urban design traditions: Gated and edge cities in curitiba.*Journal of Urban Design* 11 (1): 73–96.

[ 29 ] Irazábal, C., and S.Chakravarty.2007.Comparative study of entertainment–retail centers in Hong Kong and Los Angeles.*International Planning Studies* 12 (3): 237–67.

[ 30 ] Isaacs, R.1948.The "neighborhood unit" is an instrument of segregation.*Journal of Housing* 5: 215–19.

[ 31 ] Katz, P.1994.*The new urbanism: Toward an architecture of community*.New York: McGraw–Hill.

[ 32 ] Kelbaugh, D.2005.Preface.In *Everyday urbanism: Margaret Crawford vs.Michael Speaks*, ed.R.Mehrotra. Ann Arbor: University of Michigan.

[ 33 ] Kuhn, T.S.1970.*The structure of scientific revolutions*. Chicago, IL: University of Chicago Press.

[ 34 ] Lang, J.2005.*Urban design: A typology of procedures and products*.Burlington, MA: Elsevier/Architectural.

[ 35 ] Logan, J.R., and H.L.Molotch.1987.*Urban fortunes: The political economy of place*.Berkeley: University of California Press.

[ 36 ] Loukaitou–Sideris, A., and T.Banerjee.1993.The negotiated plaza: Design and development of corporate open space in downtown Los Angeles and San Francisco. *Journal of Planning Education and Research* 13: 1–12.

[ 37 ] Low, S.2003.*Behind the gates: Life, security and the pursuit of happiness in fortress America*.New York: Routledge.

[ 38 ] Lynch, K.1981.*Good city form*.Cambridge, MA: MIT Press.

[ 39 ] Madanipour, A.1996.*Design of urban space*.New York: Wiley.

[ 40 ] Mehrotra, R.2005.*Everyday urbanism: Margaret Crawford vs.Michael Speaks*.Ann Arbor: University of Michigan.

[ 41 ] Moore, C., ed.1970.*Plan of Chicago*.New York: Da Capo.

[ 42 ] Mumford, L.1961.*The city in history: Its origins, its transformations, and its prospects*.New York: Harcourt, Brace and World.

[ 43 ] Myers, D., and E.Gearin.2001.Current preferences and future demand for denser residential environments. *Housing Policy Debate* 12 (4): 633–59.

[ 44 ] Oldenburg, R.1989.*The great good place*.New York: Paragon House.

[ 45 ] Perry, C.A.1929.The neighborhood unit (Monograph I).In *Neighborhood and community planning, of the regional survey of New York and its environs* (vol.7). New York: Committee on Regional Plan of New York and Its Environs.

[ 46 ] Putnam, R.2000.*Bowling alone: The collapse and*

*revival of American community*.New York：Simon and Schuster.

[47] Reich，R.B.1991.Secession of the successful.*New York Times Magazine*（January 20）：16–17. Richardson，H.W.，and P.Gordon.1993.Market planning：Oxymoron or common sense? *Journal of the American Planning Association* 59（3）：347–52.

[48] Rittel，H.，and M.Webber.1973.Dilemmas in a general theory of planning.*Policy Sciences* 4（2）：155–69.

[49] Rogers，E.M.1983.*Diffusion of innovations*.New York：Free Press.

[50] Rybczynski，W.1999.Why we need Olmsted again. *Wilson Quarterly* 23（3）：15–21.

[51] Schmitz，A.，P.Engebreston，F.Merrill，S.Peck，R.Santos，K.Shewfelt，D.Stein，J.Torti，and M.Utter.2003.*The new shape of suburbia*：*Trends in residential development*.Washington，DC：Urban Land Institute.

[52] Sennett，R.1977.*The fall of public man*.New York：Knopf.

[53] Smart Growth Network.2001.*Governors on smart growth—2000*.http：//www.smartgrowth.org/（accessed July 24，2002）.

[54] Sorkin，M.，ed.1992.*Variations on a theme park*.New York：Noonday.

[55] Sternberg，E.2000.An integrative theory of urban design.*Journal of the American Planning Association* 66（3）：265–78.

[56] Talen，E.，and C.Ellis.2002.Beyond relativism：Reclaiming the search for good city form.*Journal of Planning Education and Research* 22：36–49.

[57] Tester，K.，ed.1994.*The flâneur*.New York：Routledge.

[58] United States Green Building Council.2007.*LEED for neighborhood development rating system*，*pilot version*. https：//www.usgbc.org/ShowFile.aspx?DocumentID=2845/（accessed November 5，2007）.

[59] Vanderbeek，M.，and C.Irazábal.2007.Urban design as a catalyst for social change：A comparative look at modernism and new urbanism.*Traditional Dwellings and Settlements Review* 19（1）：41–57.

[60] White，M.，and L.White.1962.*The intellectual versus the city*：*From Thomas Jefferson to Frank Lloyd Wright*.Cambridge，MA：Harvard University Press and the MIT Press.

[61] Wilson，W.H.1989.*The city beautiful movement*. Baltimore：Johns Hopkins University Press.

Lively Streets: Determining Environmental Characteristics to Support Social Behavior

# 充满生机活力的街道——确定支持社会行为的环境因素

Vikas Mehta 文

唐杰 王婷琳 译

【摘要】越来越多的学者建议把街道当作一种社会空间，而不仅仅是人物流动的载体。关于社会行为和街道环境特征之间关系的研究往往倾向于分离街道物质环境特征研究和土地利用研究，因而不关注街道及其社会活动的行为模式和物质环境特征之间的相互关系。本文是研究人对社区商业街道环境特征的行为反应的实证检验。文章通过结构化和半结构化的观察，研究了三个社区的商业街上的固定静止、徘徊休憩活动和社交活动。同时，通过文献综述和大量的观察来识别和确定了11个土地利用、建筑物和街道的物理特征，并验证了哪些特征支持商业街上的休憩和社交活动。结果显示，人们认为街道的社交、土地利用和物质环境特征具有同样重要的地位。商业活动提供的座位区、公共机构提供的座位区、社区化商业、个性化临街设计和人行道的宽度尤其决定了商业街休憩和社交活动的特征和模式。

【关键词】环境行为与认知；街道社会空间；社区商业街设计

## 1. 街道作为基本的城市公共空间

城市规划与设计的文献强调有意义的公共空间对于公共生活和社会交往体验的重要性和必要性。现在越来越多的人相信，虽然现代都市社会不再依赖市中心广场或居住区的公共空间满足基本的生存需求，但必要的良好城市公共空间能够促进现代社区居民的社会和心理健康。与城市研究相关各个领域的学者都认为街道、市场、广场、公园和其他城市公共空间能够支持、促进和提升公共生活，这是对我们的私人、家庭和工作空间必要的补充（Jacobs 1961；Oldenburg 1981；Lynch 1984；Gehl 1987；Crowhurst–Lennard 和 Lennard 1987，1995；Vernez–Moudon 1991；Carr 等 1992；Tibbalds 1992；Sorkin 1992；Zukin 1996；Cooper–Marcus 和 Francis 1998 等）。目前，很多城市都有复苏的、不断增长的城市市政投资需求用于建设、维修和使用现有的和新的步行街、广场、市场以及其他传统类型的公共开放空间（Whyte 1980；Crowhurst–Lennard 和 Lennard 1987，1995；Gehl 1989；Carr 等 1992；Gehl 和 Gemzoe 1996，2000；Dane 1997；Cooper–Marcus 和 Francis 1998；Project for Public Spaces 2000）。

街道是城市公共开放空间的重要组成部分。在城市里，街道不仅是公共开放空间的一个重要组成部分，也是公共领域最重要的象征（Jacobs 1961；Appleyard 1981；Vernez–Moudon 1991；Jacobs 1993；Chekki 1994；Southworth 和 Ben–Joseph 1996；Lofland 1998；Hass–Klau 等 1999；Carmona 等 2003）。社会评论员和学者认为人们对城市的印象往往是对它的街道的印象：

> 对一个城市，首先想到的是什么？是它的街道。如果一个城市的街道看起来很有趣，这座城市看起来就很有趣；如果街道看起来很枯燥，这座城市看起来就很单调（Jacobs 1961，29 页）。

对于很多都市人来说，街道代表着户外活动（Jacobs 1993）。人们依赖街道来满足功能需求，进行社交和休闲活动，旅行、购物、娱乐、会议以及与其他人互动，甚至放松休闲（Jacobs 1961；Appleyard 1981；Gehl 1987；Brower 1988；Vernez–Moudon 1991；Carr 等 1992；Jacobs 1993；Southworth 和 Ben–Joseph 1996；Lofland 1998；Hass–Klau 等 1999；Carmona 等 2003）。能够满足这些需求的街道显示出随后的经济增长（Florida

**作者简介：**

Vikas Mehta 博士，南佛罗里达大学建筑和社区设计学院助理教授，主要关注建筑和城市设计的艺术性和社会性研究。

**译者简介：**

唐杰，中国人民大学城市规划与管理系讲师，主要研究方向为城市社会学、城市社会管理、城市社会规划。

王婷琳，中国人民大学城市规划与管理系硕士研究生，主要研究方向为城市社会规划、城市社会管理。

本文原载于 *Journal of Planning Education and Research*，2007，Vol.27（2）：165–187

2002），居民身心健康（Frank，Engelke 和 Schmid 2003），以及强烈的社区归属感（Smith 1975；Whyte 1988；Christoforidis 1994；Langdon 1997）。越来越多的学者建议把街道看作一种社会空间，而不仅仅是人物流动的载体（例如，Appleyard 1981；Vernez–Moudon 1991；Gehl 1987；Brower 1988；Jacobs 1993；Loukaitou–Sederis 和 Banerjee 1998；Hass–Klau 等 1999）。有些人认为，公共场所（如街道）给行人提供的社会空间可能比环境所提供的物质特征更重要（Gibson 1979；Knowles 和 Smith 1982；Heft 1989；Hester 1993；Stokols 1995）。

不断增长的消费文化导致了公共空间的私有化，购物商场和大型工商广场等已经取代传统的公共场所和主导商业街（Rybczynski 1993；Kowinski Banerjee 2001）。然而，同样的消费文化，加上主动、被动的参与以及互动、放松和休闲的需要，也使得咖啡馆、书店、电影院、健康俱乐部等成为传统公共空间（如街道）社会活动的场所（Banerjee 2001）。在混合型土地利用社区，许多公共和社会活动就发生在社区商业街的这些场所里。本文研究人对于城市商业街的物质环境特性、使用和运行的行为反应，介绍实证调查结果。这项研究采用了大量环境行为科学中使用的观测方法。重点是要确定社区商业街道的微观物质环境特性和用途与人们的社会活动模式之间的关系。

## 2. 社区商业街

最近几十年的城市规划与设计的文献表明，功能混合社区是一个理想的城市建设和发展模式。人们预期通过混合各种土地用途，能够获得更加重要的、有活力的、吸引人的、安全的、可行的和可持续的城市生活模式（Jacobs 1961；Bentley 等 1985；Whyte 1988；Krier 1992；Calthorpe 1993；Kunstler 1994；Ewing 1996；Coupland 1997；Llewelyn–Davies 2000；Duany，Plater–Zyberk，和 Speck 2000；等）。以前的研究显示，在混合社区中人们最关注的特征之一是城市核心区域的活力性和多样性——即社区商业街的生机活力和多样性（Brower 1996）。因此，对于混合社区，最重要的组成部分之一，便是利用规划和设计社区商业街来满足居住或工作于此的居民的功能、活动以及环境氛围需求。

目前已经有大量关于行人活动水平和宏观环境因素之间的关系的研究。宏观环境因素包括社会经济、区位、交通可达性、主要目的地、密度、主要物质特征等（例如，Cervero 1996；Messenger 和 Ewing 1996；Cervero 和 Kockelman 1997；Vernez–Moudonet 等 1997；Kitamura，Laidet，和 Mokhtarian 1997；Kasturi，Sun，和 Wilmot 1998；Greenwald 和 Boarnet 2000；Crane 2000；Boarnet 和 Crane 2001；Ewing 和 Cervero 2001；Frank 和 Engelke 2001；Handy 等 2002；Saelens，Sallis 和 Frank 2003；等）。然而，即便是在同一个混合功能社区，这些宏观因素是相似的，但是人们对街道的使用仍然有明显差异。有些街道肯定是比别的街道有活力。这些差异是物质环境的微观特征和土地利用共同作用的结果。在本研究中微观特征指的是与单个建筑物和商业相关的物质环境和土地利用特征。微观特征可以用来区分在同一街区彼此相邻的建筑、商业和街道空间。

## 3. 街道作为社会活动空间

对于这篇文章，有生机的街道是指有大量的人参加一系列主要的固定或持续的活动，尤其是那些社会性的活动的街道。这些姿势和活动包括站立、坐、卧、聊天、吃、喝、阅读、使用笔记本电脑、逛街、抽烟、摆摊、玩游戏、演奏乐器、听音乐等。街道既支持固定活动，也提供短期、低强度接触的轻松和相对简单的社交活动（Jacobs 1961；Gehl 1987）。一些学者认为这些短期的、低强度接触或弱关系象征着更深入、更长远的社会互动和交往的开始（Jacobs 1961；Granovetter 1973；Greenbaum 1982；Gehl 1987）。雅多布（1961）认为，经过反复的短期接触，人们会越来越信任他们的同伴居民，否则他们可能是完全陌生的：

这种低水平的偶然的公共场合接触的总和——大部分是偶然的、与差事有关的和自愿行为——是出于人类对于自身公共形象认知的需要，是人类互相尊重、信任的网络，也是个人或社区都需要的资源。无目的性、随机的行人接触和交往，往往是城市公共生活健康成长的基础（Jacobs 1961，56，72 页）。

街道为孩子提供了观察人们及其活动的环境。公共空间的经验，不仅为孩子们提供学习如何应付现实生活中新情况的资源（Jacobs 1961；Gehl 1987；Francis 1988；Moore 1991），而且为成年人提供观察人们做事情的不同方式，从而加以学习的机会（Lofland 1998）。此外，看到其他人忙于各种活动，可以激励人们从事新的活动。

一些学者认为，与人物、地点和事件的交往有助于形成一种熟悉感和社区归属感（Oldenburg 1981; Hester 1984）。那些能够帮助塑造社区精神，维系历史延续性，满足世俗但重要的日常功能，还能够帮助建立社区形象的地点对实现社会价值和意义（Johnston 2005；Lofland 1998）有重要贡献。约翰斯顿还说，这些地点（2005，para.14）"对日常生活和交往很重要"，并且"是对公众开放的，而且提供了重复使用的可能，因此能够进一步使社区居民实现紧密社会联系和价值"。通常，这些场所是社区的一些小型商业或非正式社团聚集场所，这被 Oldenburg（1981）称为第三空间。Hester 认为在一个社区，这些地方通常是（1984，13 页）"公共和模糊的私人空间"，很可能会是人们最喜欢的场所、街道、人行道、店面、小巷、公园等等。他的研究表明，这些地方有（1984，13 页）"集体象征性所有权"的特点，并且是社区居民认为最"神圣"的地方（Hester 1984，1993）。因此，即使在当今时代，街道，作为一个社会空间，可以发挥多种作用，并提供社会交往和互动，社会认知和学习，以及社会融合的场所。

### 3.1 研究的必要性

在静态和动态的行人活动研究的文献综述里，Rapoport 发现，大多数研究基于宏观层面（1990 年，254 页）。"地理文献"和"城市格局史"是"基于个人的、直觉的和审美的标准"，主要关注交通而非行人运动，只有一小部分研究涉及空间知觉特征。一些研究只局限于社会科学领域，而忽视了物质环境特征。此外，还有一大部分著作研究的是街道的历史（Girouard 1985；Celik，Favro 和 Ingersoll 1995；Fyfe 1998），主要是街道的文化意义和历史变迁。然而，很少有研究把街道作为日常活动和社会交往的行为环境来研究。

城市开放空间的社会活动被用来衡量城市的活力和生机，并作为人们对自然和社会环境满意程度的衡量指标。然而，文献综述显示，只有少数实证研究关注城市公共开放空间里人们的固定以及社会行为。即使在这些研究中，大部分也只是针对广场的研究（例如，Cooper-Marcus 和 Francis 1998；Dornbush 和 Gelb 1977；Joardar 和 Neill 1978；Linday 1978；Miles，Cook，和 Cameron 1978；Share 1978；Whyte 1980；Liebermann 1984；Banerjee 和 Loukaitou-Sederis 1992；Loukaitou-Sederis 和 Banerjee 1993）。其他的研究也主要集中在居民区的主要街道和空间（Appleyard 1981；Eubank-Ahrens 1991；Skjæveland 2001；Sullivan，Kuo，和 DePooter 2004）。更引人注目的是，过去的大多数研究要么研究环境的自然特性，或者土地利用和商业发展，或者对社区有特殊意义的地方，而没有结合三者进行综合研究（例如，Joardar 和 Neill 1978；Hass-Klau 等 1999）。但同时，城市设计师和规划者认识到"仍然难以将物质环境特性从为我们创造价值的社会和经济活动中分离出来"（Jacobs 1993，270）。因此研究有必要从使用者的角度进行观察，同时关注物质环境特性，用途和设施，营运和管理，以及这些方面如何能使得街道对使用者更具有吸引力。

### 3.2 研究问题

本文具体的研究问题是：什么微观环境特性和用途能够支持社区商业街道的固定和社会活动？本文通过同时关注微观环境特性和土地利用来试图发现什么样的因素能够使社区日常活动和社会交往更舒适、有趣和有意义。

## 4. 研究方法

本研究采用多重方法和技术进行问卷调查和访问，以收集居民、工人、游客在三个社区商业街的行为数据。通过结构化的观察和其他定量技术，来获得可使用定量分析方法的数据。

### 4.1 研究地区

本文介绍的数据收集于剑桥市（人口 1013551）的中央广场社区的马萨诸塞大街、布鲁克林镇（人口 571072）柯立芝街角社区的哈佛街以及萨默维尔（人口 774783）戴维斯广场社区的埃尔姆街。全部 3 个城市都在马萨诸塞州波士顿大都市区，并在马萨诸塞州海湾交通管理局的交通系统沿线上，如下（见图 1-5）。

所有这三个街道都是所在社区的主要商业街道，这些街道被普遍认为很安全。它们都有完善的重要公共交通线路，并且是人们比较喜欢的去处，可以散步、购物、就餐和进行其他娱乐活动。然而，这些街区没有一个像欧洲和南美许多城市那样拥有典型的咖啡文化。虽然这些街区没有一个是在市中心，但它们都是各自社区的主要商业街道。三个街区每个街段的土地利用都是混合型的。大部分地段有满足日常需求的各种零售杂货

**图 1　波士顿大都市区的三个研究点位置图**

店位于底楼，办公室位于二楼以上。虽然这些商业街道的多层大楼上仅有非常有限的居住空间，而大部分相邻街道的建筑则主要是住宅。因此，这里大多数人只需要步行几分钟就能到达商业街。主要公交站位于或毗邻这些商业街，从而提供方便并促进步行区的形成。所有这三个街道都是历史街区，大部分是老建筑，仅有少量在过去 40 年内新建的建筑物。几乎所有建筑物都建在人行道边上，不留下任何收进空间。除了一些较新的商业建筑，所有建筑物都是 1 ~ 4 层高。中央广场、柯立芝街角和戴维斯广场主要都是住宅区，它们的商业街所拥有的便利设施基本能够满足日常商业、文化、娱乐和其他需要。这里有各种各样的商业机构，一些个人经营的小店或本地连锁店以及其他一些连锁店。这些机构包括各种各样的餐馆、咖啡厅、酒吧、快餐店、杂货店、便利店、五金商店、药店、电子商店、洗衣店、服装店、理发店、美容美发店、书店、录影带出租店以及各种教育机构、银行、写字楼以及公寓等。此外，波士顿大都市区的人以这些地方为购物、餐饮和娱乐的去处。尽管三个街道在前面提到的几个方面都很类似，但是，正如预期的，它们在形式和特点上有微妙的差异。因而选定这三个社区商业街能够为这项研究提供足够的样本量。

**图 2　马萨诸塞大街街区研究图片**

图 3 哈佛街街区研究图片

## 4.2 街道特征的选择

建筑物的环境特性一直为城市设计师和建筑师所关注（Sitte 1945；Zucker 1959；Cullen 1961；Bacon 1967；Krier 1979 等）。最近，通过结合来自于社会和行为科学以及环境心理学的研究结论，城市设计者们强调影响人们对环境选择的可知觉、感觉的因素的质量。本文关注的是微观（街区地段）的环境特征。因此，这三个选择的街区在社区规模、特点上尽可能的相似。本研究采用以下的顺序和方法来确定社区特征。

首先，文献综述有助于确定许多微观环境特征（固定、半固定和可移动的物体）和行为环境（用途、活动、操作和管理），这些特征被认为对公共空间使用者很重要。这些特征包括环境舒适度，如日光、阴影、风和温度这些小气候条件（例如 Pushkarev 和 Zupan 1975；Share 1978；Cohen，Moss， 和 Zube 1979；Bosselmann 等 1984；Liebermann 1984；Gehl 1987；Arens 和 Bosselmann 1989；Whyte 1980；Banerjee 和 Loukaitou-Sederis 1992；Hass-Klau 等 1999；Zacharias，Stathopoulos 和 Wu 2001）；身体舒适和便利方面，如坐的空间（DiVette Rapoport 1990；Joardar 和 Neill 1978；Linday 1978；Share 1978；Whyte 1980；Hass-Klau 等 1999）、其他街道设施和设备（Preiser 1971；Cooper-Marcus 1975；Joardar 和 Neill 1978；Gehl 1987）；较宽敞的人行道宽度（Whyte 1980）；树（Share 1978；Joardar 和 Neill 1978；Whyte 1980；Coley，Kuo 和 Sullivan 1997；Sullivan，Kuo 和 DePooter 2004；等）；街角、相邻墙壁的小收进空间的高度、精巧衔接，景观元素如壁架、花盆等（De Jonge 1967-1968；Stilitz Joardar 1977；Alexander 等 1977；Joardar 和 Neill 1978；Whyte 1980；Gehl 1987）；从环境中感知的感官刺激，包括其他人和活动（DiVette from Rapoport 1990；Ciolek 1978；Share 1978；Whyte 1980；Gehl 1987；Hass-Klau 等 1999）、建筑特色和商店橱窗（Ciolek 1978；Whyte 1980）；个性化的商店橱窗和招牌（Gehl 1987）；树（Joardar 和 Neill 1978；Share 1978；Whyte 1980）；灌木以及植物形式和纹理的密度、多样性、颜色（Grey 等 1970；Joardar 和 Neill 1978；Share 1978；Coley，Kuo 和 Sullivan 1997；Sullivan，Kuo 和 DePooter 2004； 等）；土地使用，例如各种商店（Jacobs 1961；Alexander 等

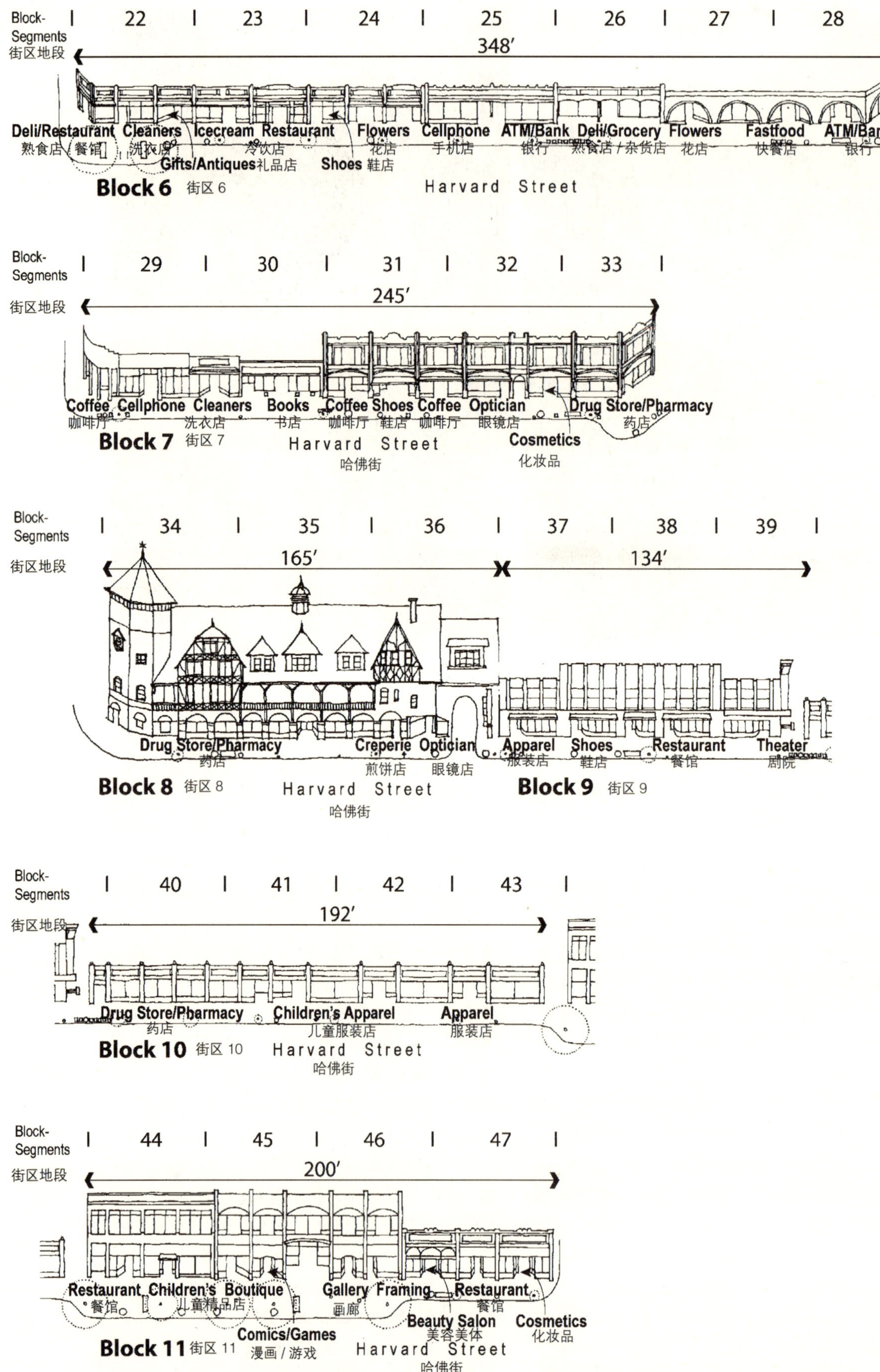


图 4　马萨诸塞州的布鲁克兰镇柯立芝街角社区哈佛街（三个街道研究之一）的六个地段的综合平面图和立面图

图 5 埃尔姆街街区研究图片

1977；Montgomery 1998；Hass-Klau 等 1999；等）、零售业（Whyte 1980；Banerjee 和 Loukaitou-Sederis 1992）、第三场所（第三空间）和社团聚集场所（例如，Oldenburg 1981；Hester 1984，1993；Johnston 2005；Lofland 1998）。

其次，作者在三个研究地区广泛开展了对人们行为的直接观察，辅以现场记录、照片和短视频。观察发现，人们与街道的一些特征互动，环境中的一些特性支持了他们在街上的行为与活动。这些特性往往是物质环境特征，但也涉及该街的商业类型，以及这些商业和街道空间的经营和管理。这些观察提供了大量关于街道环境的经验信息，这些环境信息有利于鼓励人们留在社区商业街上，支持人们进行社会互动。虽然文献中涉及环境的许多方面，但是行人的行为和态度只对环境的某些方面有直接兴趣和关系。观察表明，11 个最重要的特性使行人在使用街道环境，在街上从事静态、持续、休闲活动以及社会互动时，感觉舒适、有趣、有意义。

## 4.3 研究单位

在三个研究地区，从两个层面上进行资料收集，分别是街区层面和大约 50 ~ 60 英尺长的路段层面。这两个层面分别被称为街区和路段。首先选取研究的街区。路段是选定的街区里的更小的组成单位。作者多次开车，步行到每个研究地区，而后在每个地区初步选定了 6 ~ 10 个地段来做观察。其选择主要是根据街道是否有公共设施、商业的数量、规模、大小、类型差异等，以及各种商业的范围。因此，有一些街区可能会比其他街区有更多街道公共设施，更少的商店，更大型的商场，更多种类的商业。在一个研究区域内选择街区时还会尽量选择社区化特征比较一致的街区，比如住房、商业密度、居民类型，对重大自然条件如水的可获得情况，主要用途如大学或文化机构、交通枢纽等。

## 4.4 试验研究

一项试调查在剑桥的中央广场的马萨诸塞大街的两个地段上进行，来测试和改进数据收集手段。这项研究的样本是最初打算在三个研究领域之一马萨诸塞大街的商业街上选取两个相邻地段。然而，试验研究显示，在每两个研究地区只选取两个相邻地段将不足以获取所有研究需要的物理设计和土地使用变量。因此，样本量由原定 6 块（每个研究区 2 块）增加至 19 块。在试调查期间，为更好观察，作者将两个街区分成大约 100 英尺长的地段。观察包括①记录使用者位置、组群、持续逗留时间；②跟踪使用者，记录他们的行动，如经过哪些街道，使用哪些街边设施及商业；③现场记录，每个观测是 30min。该试验研究表明，在活跃性较高的地区，这样是不可能观察和记录所有必要信息的。跟踪使用者消耗了观察者大部分的注意力，损害了其他信息的准确性。使用者通常会走出 100 英尺长的观察区，使用其他地区的商业及市政设施，而且这种信息无法被准确记录。记录三十分钟里的所有这些信息的任务，导致观察员的疲劳，损害了收集的数据的质量。因此，为提高数据质量，观察时间从 30min 缩短至 15min，以解决观察员的疲劳问题。此外，不再对使用者进行跟踪观察。

人类在公共场所行为和活动的研究文献回顾表明，通常以 5min 的时间间隔来记录持续的活动（例如 Eubank–Ahrens 1991）。在试验研究中，作者发现，相当多的人在社区商业街上逗留了不到 1min。作者认为，很有必要将这种逗留作为一个单独的类别来记录。因此，15s ~ 1min 成为记录的类别之一。如果观测者他或她自己有个足够好的位置，可以看到整个街区，是有可能可以记录 100 ~ 150 英尺的地段的观测情况的。然而，在试调查中，作者注意到，在这个长度的地段内有一些特征和活动的程度有很大差异。地段里较活跃的部分有助于确定地段的理想长度尺寸，可以对使用者的驻留情况进行观察，不丢失有价值的信息。因此作者确定 50 ~ 60 英尺长的块段为观察的最佳规模。

## 5. 程序

### 5.1 观测期

在 2005 年 4 月下旬至 10 月初，气温在 55°F ~ 85°F 的日子里进行数据收集。观测期间云和风力条件有所不同，没有下雨天观测的情况。观测是在上午 7 ：00 到下午 11 ：00 之间进行的，分散在平日和周末。街区和地段间是随机进行调查的。

用行人观测法来记录行人的地点和数量，并确定他们参与的活动，用结构化的直接观测来记录人们在各种地段驻留的长度。用非结构化观察来确定人们如何与街道的特征进行互动。

### 5.2 行人观测

行人观测是用来记录静态的、平稳持续的、休闲的散步和社交活动。作者慢慢地完整地走过

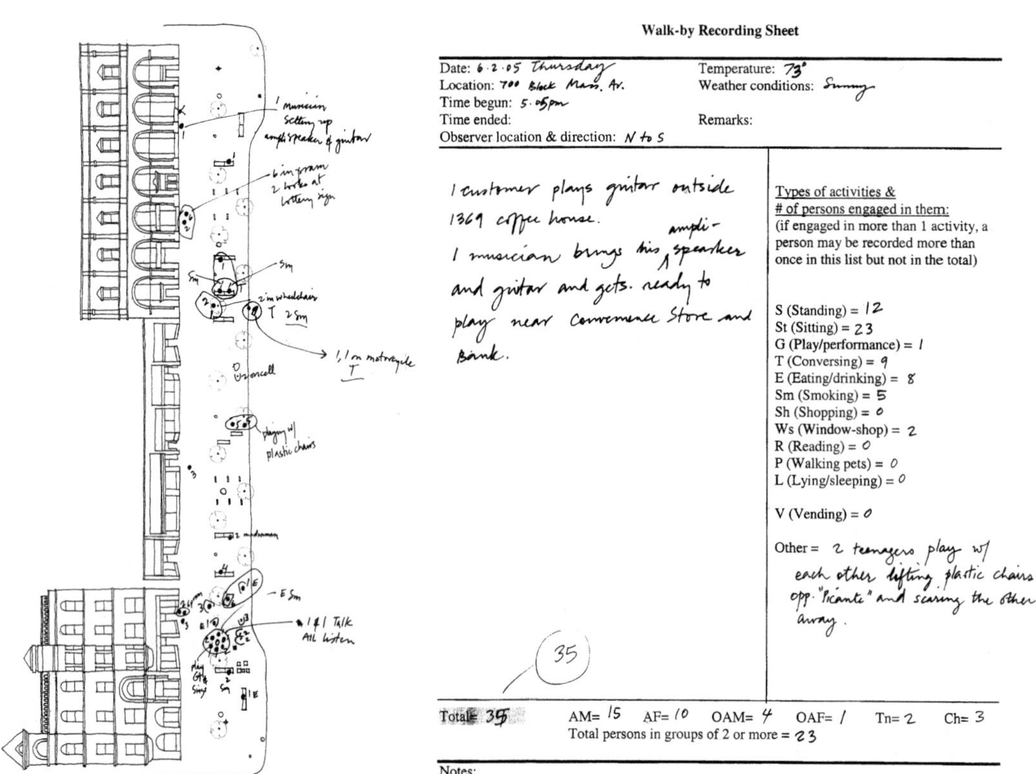

**Walk-by Recording Sheet**

Date: 6.2.05 Thursday
Location: 700 Block Mass. Av.
Time begun: 5.05pm
Time ended:
Observer location & direction: N to S

Temperature: 73°
Weather conditions: Sunny
Remarks:

1 customer plays guitar outside 1369 coffee house.
1 musician brings his ampli-speaker and guitar and gets. ready to play near Convenience Store and Bank.

Types of activities &
# of persons engaged in them:
(if engaged in more than 1 activity, a person may be recorded more than once in this list but not in the total)

S (Standing) = 12
St (Sitting) = 23
G (Play/performance) = 1
T (Conversing) = 9
E (Eating/drinking) = 8
Sm (Smoking) = 5
Sh (Shopping) = 0
Ws (Window-shop) = 2
R (Reading) = 0
P (Walking pets) = 0
L (Lying/sleeping) = 0

V (Vending) = 0

Other = 2 teenagers play w/ each other lifting plastic chairs opp. "Picante" and scaring the other away.

35

Total= 35　AM= 15　AF= 10　OAM= 4　OAF= 1　Tn= 2　Ch= 3
Total persons in groups of 2 or more = 23

Notes:

**图 6　行人观测（路人观察）记录单的正面及背面（人行道规划与建筑立面联合分析有助于准确定位和评估人与街道特征的关系。区分年龄、性别、活动和姿势，便于记录）**

了研究地区中每个地段，记录了遇到的驻留该地的人们，他们的位置和总人数，他们从事的活动，以及他们的姿势。路过的人或没有停止仅是进入、经过的人是不被记录在行人观测里的。在研究地区的三个地段里有三个巴士站。许多人来到公共汽车站只是坐公共汽车，而不是参与街上的商业或其他活动。因此，等车的人并没有被记录在观测里。巴士站是否对静态持续的、休闲的散步和社交活动有影响可能是另一篇文章的主题。每个人在编码表用一个点代表。观测到的参与活动的人哪些在两两交流，哪些是三个人一起等，都在编码表用圆圈标注出来，表明他们在一组进行活动。坐、站立和躺卧或睡觉姿势被记录为不同的姿态。分年龄、性别、活动和姿势进行编码记录。年龄分为四类，儿童、青少年、成年人（约20～60岁）和老年人（约60岁以上）。活动根据不同类别进行记录，必要时进行详细的描述。图6显示了记录表的两个方面。步行观测于平时的上午7：00到晚上10：00以及周末的上午8：00到晚上11：00开展进行，每小时一次，每个地段都观测。因此，每个地段，每个街区，平时就有15个观测记录，周末也有15个观测记录。

### 5.3 结构性直接观察

如前所述，每个街区平均划分为大约50～60英尺长的地段进行直接行为观察。因此，共有78块地段，21块在马萨诸塞街，26块在哈佛街，31块在艾尔姆大街。作者选择了一个视野最佳观察点，观察每个地段15min。路过不停留的人没有被观察和记录。像在行人观测中一样，不记录等公车的人。对于每个50～60英尺的地段，都在观测记录单中详细地记录了各种活动情况、路段规划和立面图，并辅以大量的现场记录（即田野笔记）。相互交流的人以及共同参与某一活动的人在记录单里被以组的形式标记。本研究每天（平日和周末）在每个地段进行7次15min的直接观察。

### 5.4 非结构性直接观察

笔者从2005年4月至2005年10月底，通过现场记录（即田野笔记）的方式在三个地区进行研究。此外，还使用了照片和短片（30s～3min）记录人们的活动和行为模式。在此期间，笔者经常要充当一个参与性的观察员，亲自使用研究地区的商业和街道空间。

## 6. 测量指标

利用行人观测和直接观测收集到的数据，本研究定义了活力指数（因变量）来研究这78块地段，活力指数计算包括：①环境中静态的和持续性活动的参与人数；②参与由两个或两个以上人组成的小组的社会活动的人数；③他们的驻留时间长短。如果一个地方短期逗留的人数较多，或者少量人数长期逗留，那么这个地方就比较有活力。人数和驻留时间同样重要，一个环境的总体社会活动及活力是该地的人数和他们的驻留时间共同决定的（Gehl 1987）。因此，给出三种测量指标的标准化，并赋予同样的权重来计算活力指数。

在选定地段静态活动中观测到的每个人为一个评分单位。同样，驻留时间分5类记录——15s～1min，1～5min，5～10min，10～15min，15min以上——并有相应的评分情况（见表1）。对于每个地段，通过计算3种测量指标的得分总和来得出活力指数。Cronbach的$\alpha$测量被用来测试可靠性和真实性，并检验这3种测量指标是否反映了相同的基础构想。

**驻留时间得分一览表　　表1**

| 驻留时间 | 得分情况 |
|---|---|
| 15s～1min | 1 |
| 1～5min | 3 |
| 5～10min | 7.5 |
| 10～15min | 12.5 |
| 15min以上 | 15 |

### 6.1 环境特征的测量

在文献综述和观测的基础上，确定了11个街道环境特征（见表2）。11个中有9个是作者测量的。店面的个性化程度和街面渗透程度是4个城市设计师（两男两女，包括作者）测量的，他们通过访问研究地区的所有地段，对这两个主观的特征给出独立评价，并计算均值。由表2可见每个特征具体的解释，以及如何测量。由于活力指数计算范围是1～10，所以将百分比转化为1～10的值方便关联分析，从而得到了3个研究地区78块地段，每个地段11个特征的值。

选择的街道环境的特征 表 2

| 街道特征 | 描述 | 测量者 | 单位 |
|---|---|---|---|
| 街区上商品和服务的种类 | 指地段的街道上商业时间正常开放的商业和其他公共服务的种类。如果一个地段有两个银行，一个餐厅，一个咖啡厅，一个快餐厅，一个美发沙龙和一个录像带店，那将记 6 分。这两家银行将只算做一类。这项得分将会作为一个种类得分 | 作者 | 每 100 英尺长的地段上的数量 |
| 地段上独立的商业的数量 | 地段上所有私有或当地连锁商店的数量 | 作者 | 数量 |
| 地段上街面渗透度 | 对街道上的所有商业和用途（公共或私营）分别单独评分。渗透程度取决于建筑物内的活动是否可见或可以通过声音或气味被街上的行人感觉到。每个建筑师／城市设计师对每一处都进行评价。得分汇总，并计算平均值。最后，四个评价者的得分均值被用以确定每个块段的渗透度得分 | 4 个建筑师／城市设计师 | 李克特量表评分 1 ~ 10 |
| 店面的个性化程度 | 对街道上的所有商业和用途（公共或私营）分别单独评分。个性化程度的确定是通过评价商铺临街面（大厦外墙，入口，商店橱窗）的装饰情况，如显示器、装饰品、招牌、条幅、花槽、花盆和其他。每个建筑师／城市设计师对每一处都进行评价。得分汇总，并计算平均值。最后，四个评价者的得分均值被用以确定每个块段的个性化程度得分 | 4 个建筑师／城市设计师 | 李克特量表评分 1 ~ 10 |
| 地段内沟通公共场所的数量 | 正如所料，人们经常去某些地方参加某些事情，花费更多时间关注这些，较少关注其他。观测表明，这些地方是人们会见邻居，朋友，甚至陌生人的地方。在这项研究中，这些地方包括咖啡厅、书店、酒吧、餐馆、熟食店、冰淇淋店、便利店 | 作者 | 数量 |
| 地段临街建筑百分比 | 测量街道的衔接建筑外墙多少是角落、弯道、凹进、小挫折、台阶、平台。计算每个地块的百分比，而且这一比例被转换为得分 | 作者 | 百分比转化为从 1 到 10 的得分 |
| 该地段公共（非商业的）座椅数量 | 公共或非商业性的座位是由公共机构提供的长椅和凳子。使得人们坐在人行道或街道，而不必去支付购买任何商品和服务。计算每个地段的座椅的数目 | 作者 | 数量 |
| 该地段商业座椅数量 | 商业座椅是私人商业机构提供的户外座位，通常是椅子的形式。通常，只允许顾客使用这些椅子。计算每个地段的座椅的数目 | 作者 | 数量 |
| 地段人行道平均宽度 | 用英尺测量地段人行道的平均宽度 | 作者 | 以英尺计 |
| 遮盖（阴凉）面积百分比 | 树荫、遮篷、悬垂、檐篷以及其他的遮阳设备。衡量地段上人行道上的遮盖面积的百分比，并将该百分比转换为得分 | 作者 | 百分比转化为从 1 到 10 的得分 |
| 其他设施 | 街道上可以坐、靠的所有物体（除椅子、桌子、凳子和其他座位）。如树干、电线杆、泊车表、自行车架、报纸配发箱、平台、栏杆组成的座位等 | 作者 | 数量 |

### 6.2 多变量和因子分析

该街道的 11 个特征都被视为自变量，活力指数被视为因变量。选用多变量回归分析的方法，来确定哪些特征对活力指数有显著的影响。因子分析区分高度相关的变量，可以将相同概念归纳为主成分（主因子）。在因子分析中主要采用主成分分析法，来了解对该街道的活力指数做出贡献的主要因素。

## 7. 调查结果及讨论

观察与调查为我们的研究提供了在三个地区从 2005 年 4 月至 10 月下旬每天从早到晚人们的活动和行为的快照。

### 7.1 静态和徘徊逗留等休闲休憩活动

在平日和周末的观测和行人计数表明，三个研究地区的 19 个街区都是行人运动场所。然而，行人观测的结果显示，街道的有些部分能够更好地支持固定、徘徊逗留、持续的活动。这些活动包括坐、站、卧、吃／喝、阅读、使用笔记本电脑、购物、逛街、玩游戏或表演、吸烟、散步遛宠物、推着婴儿车和摆摊，这些活动并不相互排斥的。

使用行人观测技术，共有 3242 人被记录为在所有这三个地区的 19 个街区的 78 个地段参与一些静态活动。行人观测结果提供了人们从事各种活动的空间记录，并清楚地表明了 19 个街区上他们喜欢的位置（见图 7、图 8）。虽然

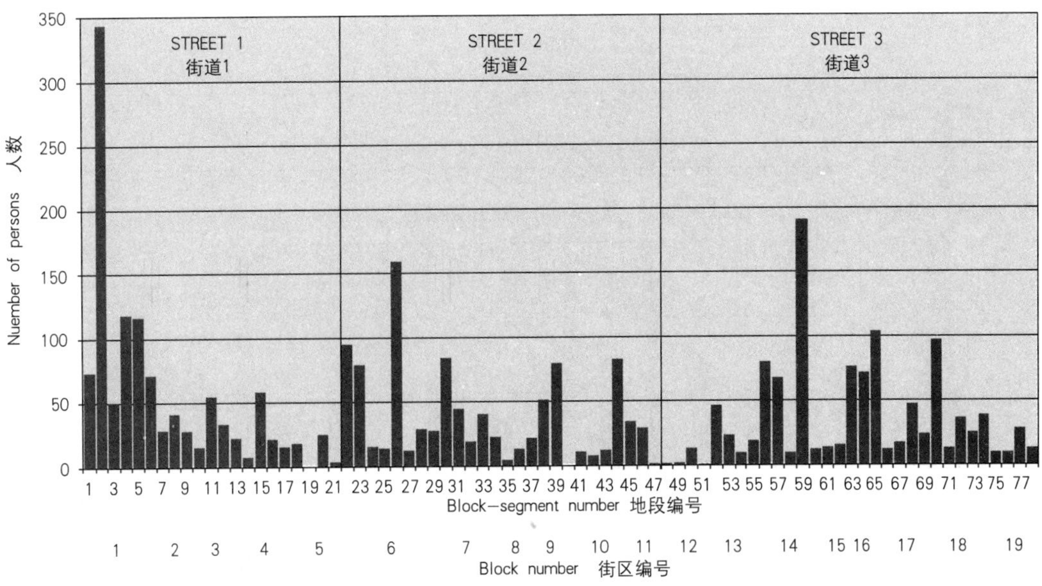


**图 7 平时及周末，每天在本研究选定的波士顿大都市区的 3 个城市／城镇地区的 19 个街区的 78 个地段参与活动的人数**

（数据来自对于每个地段分别进行的 30 个步行观测，观测覆盖白天和晚上）

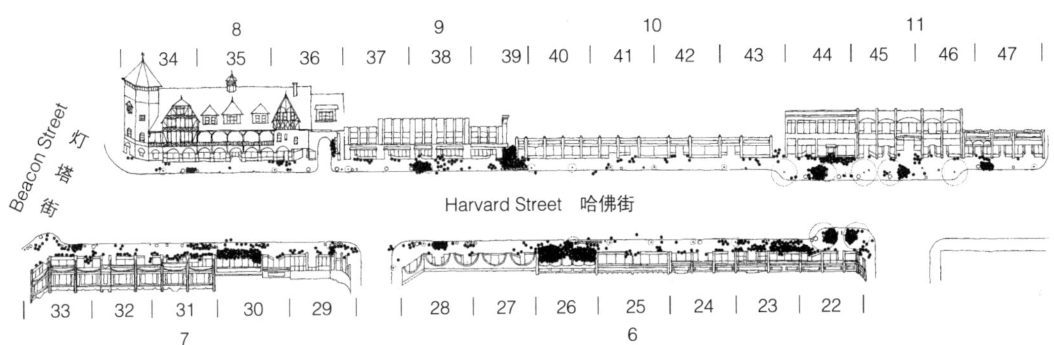


**图 8 描述人们平日和周末在哈佛街（本研究所选三个街道之一）的 6 个街区的活动的行为习惯地图**

（数据来自对每个地段分别进行的 30 个步行观测，观测覆盖白天和晚上；每个黑点代表 1 人）

所有的 19 个街区是行人活动场所，一半以上的静态活动的被发现是在街区 1、6、7、14[1759 人（全部 3242 人的 54.26%）]。此外，街区 1 全日的参与静态活动人数最多；有 771 人（全部 3242 人的 23.8%）（见图 7）在平常或周末的行人观测中被发现参与活动。343 人（10.6%）在地段 2 活动，其次是 190 人（5.9%）在 59 地段，159 人（4.9%）在 26 地段，118 人（3.6%）在地段 4，116 人(3.6%)在地段 5，104 人(3.2%)在地段 65，97 人(3%)在地段 70，和 95 人(2.9%)在地段 22 活动。

## 7.2 社会活动

社会活动包括与一个或多个同伴在街头聊天、吃饭、喝酒、散步、溜宠物、逛街、玩游戏、看表演等，这些活动互不排斥。平日和周末步行观测显示，参与静态活动的近三分之二的人也在参与某些种类的社会活动[1996 人（3242 人的 61.6%）]。其中 485 人（这 1996 人中的 24.3%)在街区 1(见图 9)。此外，253 人(12.7%)在地段 2，126 人（6.3%）在地段 26，104 人（5.2%）在地段 59，90 人（4.5%）在地段 4，76 人（3.8%）在地段 22，72 人（3.6%）在地段 70，70 人（3.5%）在地段 65。静态活动的地点与静态社交活动的地点间有强烈的关系。这些观察结果表明，能够支持固定活动的社区商业街能够更好地承担社会活动。

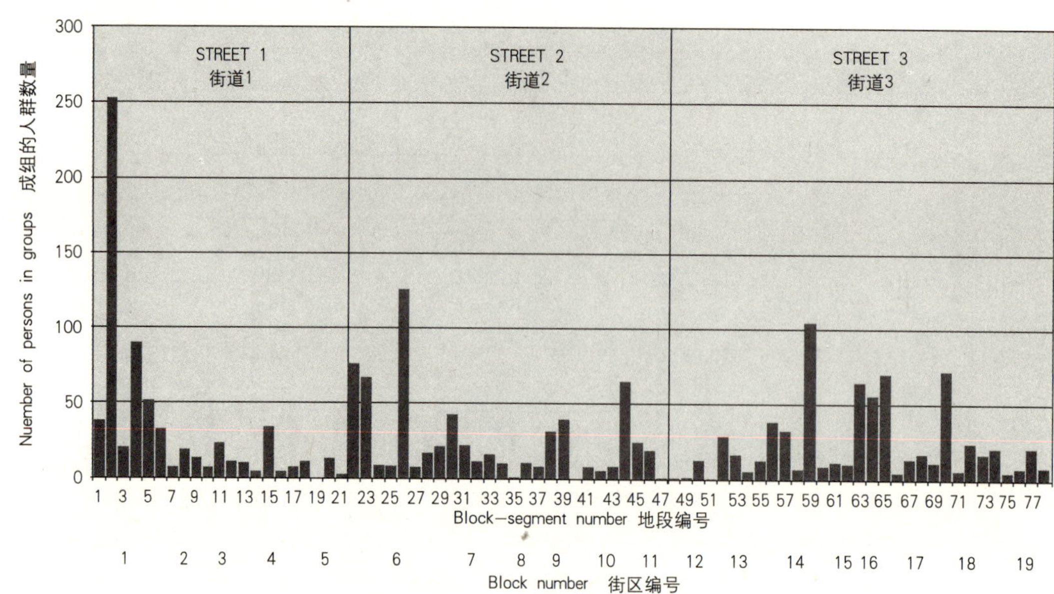


**图 9 平时及周末，每天在本研究选定的波士顿大都市区的 3 个城市／城镇地区的 19 个街区的 78 个地段参与成组的某些种类的活动的人数**

（数据来自对于每个地段分别进行的 30 个步行观测，观测覆盖白天和晚上）

## 7.3 驻足时间

在对 19 个街区的 78 个地段进行人数的观测的同时也测试人们的驻留时间。行人观测显示人们聚集在这 19 个街区的很多街段（图 10）。平日和周末的结构化直接观察结果强调了驻留时间的长短上的差异。图 11 显示，地段 2、59、26、4、22、5、63、65 是人最多的地方，也是花最多时间的地段。所有这八个地段都有地方坐，无论是公共机构安装长椅，还是由商店提供的这些椅子。在 8 个地段中有 7 个地段拥有可以在附近消费其商品的商店：咖啡厅、餐厅、便利店。第 8 地段是附近相邻没有户外座位的餐饮区的扩展和缓冲区域。

地段 23、30、39、52 和 64 也有许多人，但他们花很少时间在街上（15s ～ 1min）。这些地段无任何固定或可移动座位。这 5 个地段中两个地段有电影院，吸引人们在进入或离开电影院前后很短时间地在街头停留。其中一个地段有一个冰淇淋店，吸引了人们到它邻近的有许多人公共座椅的地段。剩下的两个地段包括有大橱窗的商店，橱窗里经常变换展示东西。这两个地段均有这样一个商店，经常把商品拿到街头展示及销售。观察显示，大量的人们被不断变化的展示和商店外面的物品所吸引。然而，大多数人在这两个地段停留不超过 5min。商业的性质或座位的不足可能是其驻留时间不长的原因。

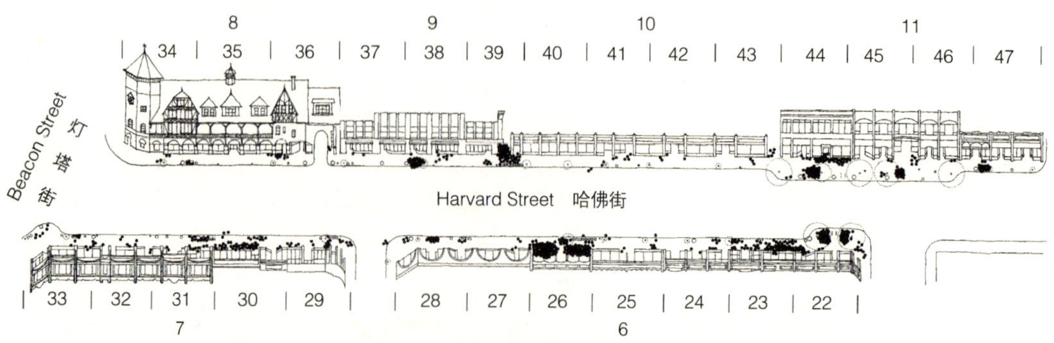


**图 10 描述人们平日和周末在哈佛街（本研究所选三个街道之一）的 6 个街区的活动的行为习惯地图**

（数据来自对于每个地段分别进行的 30 个步行观测，观测覆盖白天和晚上；每个黑点代表 1 人）

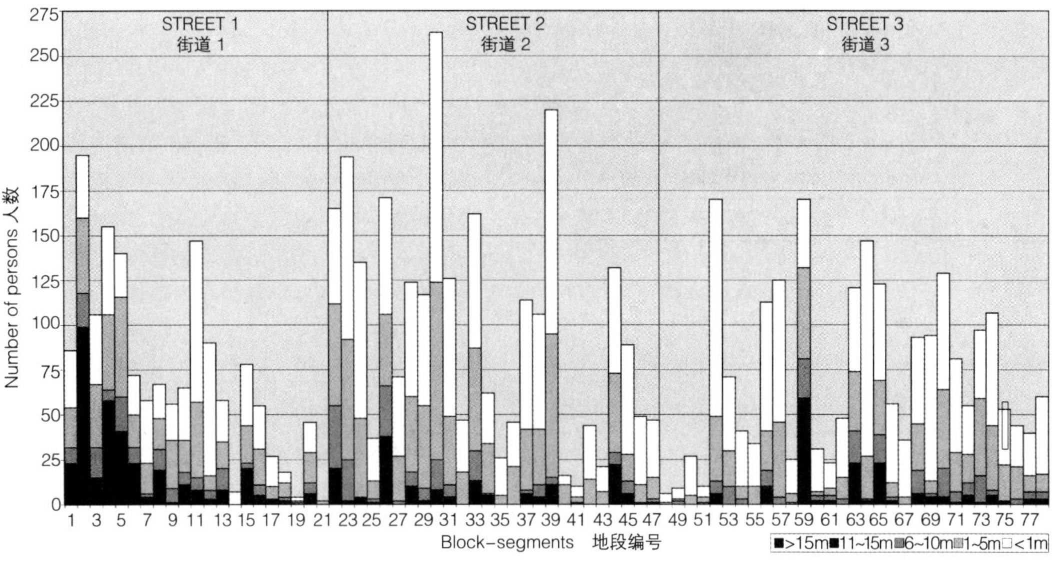


**图 11 平时及周末，每天在本研究地区活动的人的驻留时间**

（数据来自对于每个地段分别进行的 14 个的 15min 观测，观测覆盖白天和晚上）

## 8. 街道的重要环境特征和活力指数

对于所有 11 个特征的多元回归分析表明，这些变量共同解释了三个邻里商业街所有 78 个地段的活力指数的 85%（调整后 $R^2$=0.83，F=36.2，F 的显著性 =0.000）。多变量分析显示，商业座位（系数 =0.250，t=9.28，$p<0.0001$）、公共座椅（系数 =0.206，t=4.59，$p<0.0001$）、公共场所（系数 =1.08，t=4.65，$p<0.0001$）、个性化程度（系数 =0.244，t=3.02，$p<0.005$）、人行道宽度（系数 =0.03，t= 2.09，$p<0.04$）这几个因素显著，与社区商业街活力指数正相关。

表 3 显示了 11 个特征之间有一些特征之间高度相关，说明了高度相关的特征可以解释同一个概念。KMO 检验值为 0.741，Barlett′s 检验 P=0.000，显著。这表明，因子分析是对现有数据的合适方法。11 个因子百分之百解释掉所有的方差。使用碎石测试选出四个主因子（见图 12）。

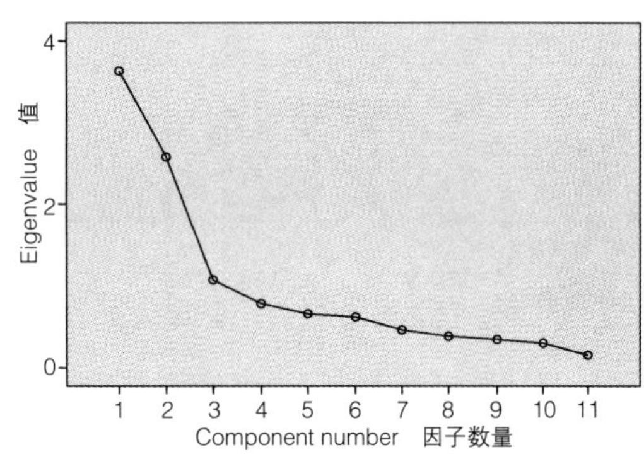


**图 12 主成分特征值碎石图**

**11 个自变量的相关系数** **表 3**

| | 商业座椅 | 公共座椅 | 人行道宽度 | 其他设施 | 阴影遮盖 | 接合处 | 渗透性 | 地段种类 | 独立使用 | 个性化 | 社交场所 |
|---|---|---|---|---|---|---|---|---|---|---|---|
| 商业座椅 | 1.00 | 0.019 | 0.198 | 0.209 | 0.316** | 0.372** | 0.441** | 0.091 | 0.255* | 0.367** | 0.344** |
| 公共座椅 | | 1.00 | 0.464** | 0.353** | 0.351** | 0.321** | −0.131 | 0.056 | 0.037 | −0.036 | −0.053 |
| 人行道宽度 | | | 1.00 | 0.536** | 0.441** | 0.201 | −0.186 | −0.293** | −0.224* | −0.238* | −0.062 |
| 其他设施 | | | | 1.00 | 0.584** | 0.405** | 0.028 | 0.119 | −0.001 | 0.100 | 0.080 |
| 阴影遮盖 | | | | | 1.00 | 0.389** | 0.114 | 0.097 | 0.203 | 0.200 | 0.095 |
| 接合处 | | | | | | 1.00 | 0.351** | 0.370** | 0.313** | 0.376** | 0.302** |
| 渗透性 | | | | | | | 1.00 | 0.526** | 0.461** | 0.749** | 0.311** |
| 地段种类 | | | | | | | | 1.00 | 0.494** | 0.541** | 0.256* |
| 独立使用 | | | | | | | | | 1.00 | 0.688** | 0.314** |
| 个性化 | | | | | | | | | | 1.00 | 0.305** |
| 社交场所 | | | | | | | | | | | 1.00 |

注：$*p<0.05$，$**p<0.01$。

因子分析的结果表明，这四个因子解释了所有变异的73%（见表4）。表5显示了因子分析中每个特征权重的细节。

四个因子的方差百分比：Kaiser标准化的方差极大旋转　表4

| 因素 | 合计 | 方差百分比（%） | 累计百分比（%） |
|---|---|---|---|
| 1 | 2.984 | 27.129 | 27.129 |
| 2 | 2.672 | 24.29 | 51.419 |
| 3 | 1.269 | 11.535 | 62.954 |
| 4 | 1.136 | 10.331 | 73.285 |

因子分析中对每个特征变量权重的细节：用Kaiser标准化的方差极大旋转的主成分分析　表5

| | 因子 | | | |
|---|---|---|---|---|
| 街道特征 | 1 | 2 | 3 | 4 |
| 由企业提供商业座位 | | | 0.780 | |
| 公共机构提供座椅 | | 0.708 | | |
| 街面的个性化 | 0.860 | | | |
| 建筑立面的衔接 | | 0.540 | | |
| 树木、凉棚、遮盖等提供的阴凉 | | 0.762 | | |
| 人行道宽度 | | 0.762 | | |
| 临街渗透性 | 0.738 | | | |
| 地段的商品和服务种类 | 0.811 | | | |
| 人行道上其他设施 | | 0.802 | | |
| 独立商店数量 | 0.778 | | | |
| 公共场所数量 | | | | 0.912 |

这四个主因子的多元回归分析显示，它们共同解释的三个社区商业街全部78个地段的活力指数的变异的73.6%（调整后$R^2$ = 0.721，F=50.75，F的显著性=0.000）。

这四个因子可以理解为是帮助街道实现支持静态动态各种社会活动，并使之生动的几个重要方面。因子1是那些受商业企业和土地用途影响的街道特征的组合，解释掉方差的27%（见表4）。在这因子上负载着的四个特征表明，街上的商业种类和独立拥有店铺数量是影响和支持街道活力程度的第一个因子的重要特征。通过装饰、标志、植物等手段使得街面个性化，以及商店对街道的渗透性，也是构成这个第一因子的重要特征（见表5）。这些特点主要是商人的动机的结果，但也可能取决于建筑物的设计和地方实施的政策。多元回归分析结果证实了这一因素对街道活力有正向影响（系数=0.351，t=5.83，$p < 0.000$）。

因子2是街道各种物质环境特征方面的组合，解释掉方差的24%（见表4）。该因子包括五个特征（见表5）。人行道宽度、公共座椅以及其他设施是通常由公共部门提供的街道改善设施。人行道上的阴影遮盖是由公共机关种树的结果，也包括商业提供的树木遮篷、檐篷、伸缩伞带来的阴凉。此外，大楼的外墙衔接是由建筑的结构特点决定的。多元回归分析结果证实了这一因素对街道活力的积极影响（系数=0.467，t=7.67，$p < 0.000$）。

因子3主要是由商业提供的可移动的椅子形成的座位的函数，它解释了方差的11.5%（见表4、表5）。虽然商业座椅是街道的物理特性，但是却很有趣地发现，这个特征本身就是一个独立的因子，支持街道活力。这可能是因为它不属于公共结构职责内的街头设施改善（因子2）。此外，商业座位数量与活力指数之间的相关性最为显著（0.78），表明它是一个强大的支持活力的特征。多元回归分析结果证实了这一因素对街道活力的积极影响（系数=0.453，t=7.53，$p < 0.000$）。

因子4代表社区商业街的公共场所方面，并解释了变异的10%（见表4、表5）。社区居民集体聚集的场所与土地利用和物质环境特征相区别。这表明，人们把具有社区聚集性的商业视为支持活力的一个独立的重要的因素。多元回归分析结果证实了这一因素对街道活力的积极影响（系数=0.434，t=7.20，$p < 0.000$）。

图13描述了街区1的地段2。街区1有能够支持静态活动和社会交往的物理和土地使用特征。它有各种各样的商店满足社区日常的需要。这些包括一个咖啡厅、两个餐厅、一个便利店、一个书店、一个录像店、一个五金店、两个理发店和一个银行。咖啡店和便利店被用作社区聚集场所，人们来这里与朋友和邻居共同消磨时光。此地段也有很宽的并且维护良好的人行道、成熟的树木、遮篷和遮阳伞，有几个固定的凳子，商业主提供的椅子、桌子和凉篷等，以及诸如自行车架等其他街道设施、报刊亭和垃圾桶。街区1的地段2受益于商业的多样性。私营的咖啡厅和发廊位于这个地段。这些商业利用建筑物的外墙展示个性化标志及其他，如花盆和在人行道上摆放着鲜花，并经常改变他们的窗口展览来吸引市民。所有这三个店的对边上的人行道都有较高的渗透性，商店内的活动可以被街上看见、听到、闻到。咖啡店主提供可移动椅子、桌子、伸缩檐

**图 13　地段 2：物质环境、土地利用和商业性质适宜人们休憩和社交**

篷和伞，这有助于为人们提供一个舒适的环境，鼓励他们延长逗留时间。长凳、报刊亭以及由地方当局提供的自行车架等也使该地段具有很强的吸引力。街头乐手有时会一起在树下、檐篷下、建筑平台外墙聚集演出。这种自然和行为环境的结合使人们放松、互动和社会化。表 6 显示了地段 2 相对较高的得分。

**地段 2 得分状况一览表　　表 6**

| 特征 | 单位 | 得分 |
|---|---|---|
| 商业多样性 | 每百英尺计数，街区长度 | 2.53 |
| 独立的店铺 | 数量 | 2 |
| 临街渗透性 | 评分从 1 到 10 | 6.83 |
| 街面个性化 | 评分从 1 到 10 | 7.33 |
| 公共场所的数量 | 数量 | 1 |
| 沿街建筑立面开放性 | 百分比转化为计分 1 ~ 10 | 7.5 |
| 由公共部门提供的座位 | 数量 | 3 |
| 由企业提供商业座位 | 数量 | 16 |
| 人行道宽度 | 英尺 | 26.5 |
| 由树木、檐篷、悬棚等提供的阴凉 | 百分比转化为计分 1 ~ 10 | 7.5 |
| 其他街道设施 | 数量 | 4 |

## 9. 结论

本研究清楚地表明：当在街道上拥有社区集会场所、支持各类活动的商店和其他土地利用方式的时候，精心设计的街道物质环境，包括宽广的人行道、充足的座椅以及其他街道公用设施、林木覆盖和其他景观要素、具有开放性的沿街建筑立面等，就能对人们起到更大的吸引力。反之亦然。下面的例子有助于说明这一点。图 14 对比了两个位于马萨诸塞大街的不同街区上的街角。这两个街角的活力指数有巨大的差异（6.1 和 0.54）。两个街区均长约 300 英尺并且在其他物质环境特征方面也非常相似。它们都有着宽阔并且维护良好的人行道，有一定数量的长椅和其他街道公用设施，沿街建筑历史悠久并有大型出口向街道敞开，等等（见图 14）。

由于这两个街角的商业有很大的差异，因此对街道空间管理也有所不同。不同的商业类别导致使用者对街道的认知和重要性认知不同，影响人们对于街道上物质环境和公共设施的使用。在街区 1 上有一座咖啡厅，人们将咖啡厅视作邻里间集会的场所。这个咖啡厅在人行道上提供的商业座椅成为了一个休闲和社交的好去处。街区 4

的街角被银行占满，银行不能成为人们的休憩场所，因此人行道上的长凳也鲜被利用。这两个地方的沿街建筑都有大窗户和向街道敞开的大门。街区 1 有三个小商户，他们对窗户和大门的利用各有不同。他们为了吸引客户将商铺的窗户和大门用商品展示、商标、装修、花朵、植物、灯光等装扮得颇有个性。相反的，街区 4 的银行的窗户总是挂着窗帘，让这些窗户从外面看上去就像墙壁的一部分。同时，街区 1 的街角上的商业设施营业到很晚，其中一家从早晨 7：00 一直营业到晚上 11：00，使得这里整天都有活动。这两个物质环境相似的商业街所体现出来的差异，进一步说明了行为模式和物质环境间的互动，对人们在街上的休憩和社会活动的重要性。

Corner of Block1 街区 1 的街角

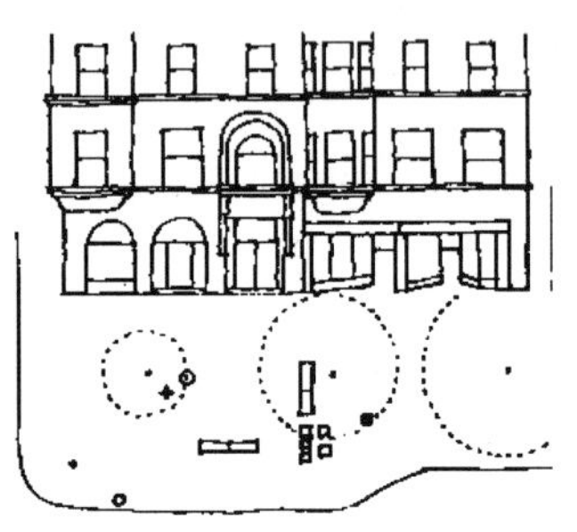

| | | |
|---|---|---|
| Variety of goods | 多样性 | 3 |
| Independent uses | 独立性 | 3 |
| Permeability | 渗透性 | 6.6 |
| Personalization | 个性化 | 6.6 |
| Community places | 社区商业 | 1 |
| Articulation | 开放性 | 6.75 |
| Public seating | 公共座椅 | 6 |
| Commercial seating | 商业座椅 | 16 |
| Sidewalk width | 人行道宽度 | 27 |
| Shade | 阴影 | 5 |
| Other physical artifacts | 其他物质环境 | 5.5 |
| LIVELINESS INDEX 活力指数 | | 6.1 |

Corner of Block4 街区 4 的街角

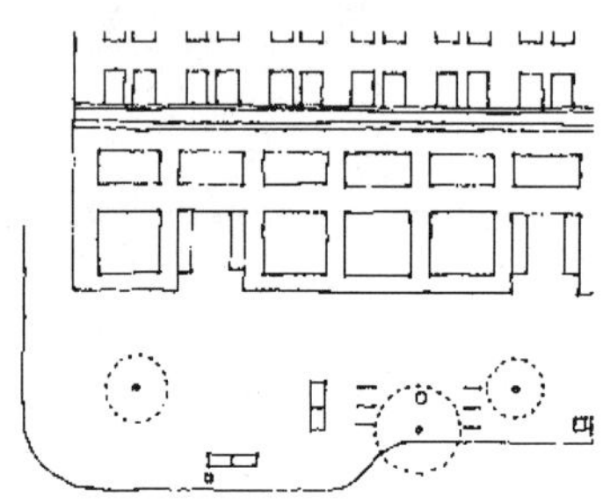

| | | |
|---|---|---|
| Variety of goods | 多样性 | 1 |
| Independent uses | 独立性 | 0 |
| Permeability | 渗透性 | 2.25 |
| Personalization | 个性化 | 1.31 |
| Community places | 社区商业 | 0 |
| Articulation | 开放性 | 2.5 |
| Public seating | 公共座椅 | 6 |
| Commercial seating | 商业座椅 | 0 |
| Sidewalk width | 人行道宽度 | 27 |
| Shade | 阴影 | 2 |
| Other physical artifacts | 其他物质环境 | 6 |
| LIVELINESS INDEX 活力指数 | | 0.54 |

Corner of Block1 街区 1 的街角

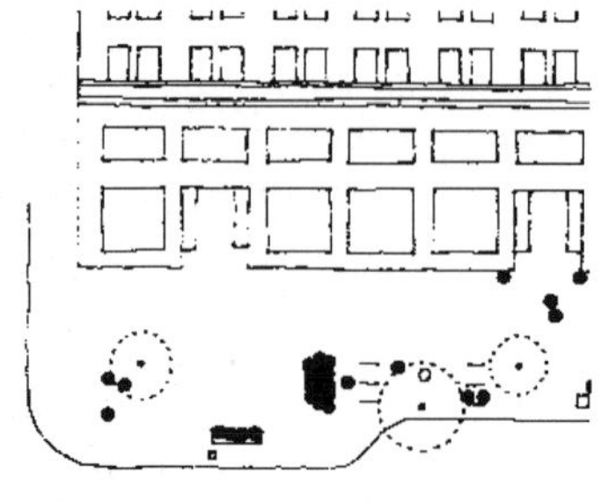

Corner of Block4 街区 4 的街角

**图 14 两个物质环境相近的街道却有着差异巨大的活力指数**

## 10. 该研究的局限性

该研究受到时间和资源的限制。在这个研究中，我们只在马萨诸塞州波士顿大都市区的两个城市和一个镇对商业街进行了调查。因此这个研究对拥有相似特性的人口稠密的城市区，或者将要规划成为类似用途的城区最为适用。文化差异很可能影响人们对区位的选择、日常购物和其他商业活动，尤其是居住环境的偏好。另外，在多人种、多种族、多种文化相互融合的商业街上对环境设施的利用很有可能也有所不同。本研究中观察到的、人们希望的街道上的社会互动不一定是一种广泛、普遍接受的文化行为模式，还可能有许多类似的差异。不同的文化对感官刺激的容忍和接受、社会交往水平有不同的接受程度，尤其是在不同的性别、种族和阶级的人群之间。气候和环境的不同也会影响到人们对室外社会活动的好恶。因此，为检验、确认和扩展这个研究的结果，我们仍需要将这个研究在更多的具有不同文化的市镇中展开。

## 11. 对规划设计与政策的启示

城区和其他居住区都有他们独特的文化和规范。公共空间中的行为模式以及商业街的特定用途可能对所研究的城镇 / 城市居民具有特殊性。本文并不认为在这三个商业街中所发现的对社区具有特殊意义的特殊行为特征、物质环境要素和商业能够代表所有的行为和物质特征。很有可能在其他文化背景下，拥有类似设施的商业街往往反映出其他的特征。但是，本文认为：结果中所显示的物质环境、土地利用、社会这三个方面，对于理解商业街（或者其他类似的较小范围内的公共空间）很重要，有助于建设适合人们休憩、能够开展社会活动的优质的公共空间（见图 15）。此外，本文将公共环境看作行为特征和物质环境特征的结合体的过程中，所使用的概念、理论架构和混合方法，是行之有效的，对其他文化、其他类型的环境和空间的理解、设计和管理也将有所助益。

本文界定的有生机的街道并不是新的规划理念。以前的城市规划文献中也经常提及这类街道和类似的场所。雅各布（1961）所欣赏的格林威治街及其人行道的特质与有生机的街道是同义的，Walzer（1986，470–1 页）曾经将这些特质描述为：

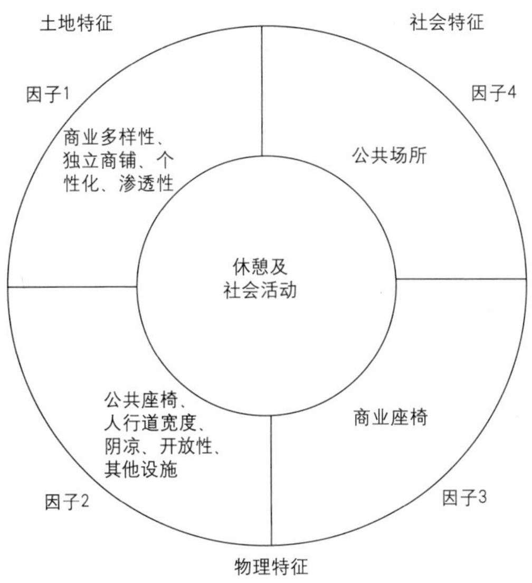


**图 15 商业街的重要特征**

开放空间，可满足多种用途，包括未曾预见和不可预见的用途，街道上人们做着各种各样的事情，他们对其他自己未作的事情也充满包容甚至兴趣盎然。我们到这种地方就是准备好了要消磨时光、悠闲度日。

热闹有生机的街道对于任何一个良好的综合性邻里区域都是有非常重要的，对于一个城市来说也是这样（Jacobs1961；Lynch 1984；Gehl 1987；Whyte 1988；Montgomery 1998；Coupland 1997；Llewelyn–Davies 2000；Carmona 等 2003；等）。但不幸的是，交通规划往往只把街道当作行人和车辆通行的过道。本研究的结论不支持这样的规划理念，并指出，如众多社会评论家、社会学家和城市设计师所认同的，街道是一个社会空间（Jacobs 1961；Appleyard 1981；Gehl 1987；Brower 1988；Vernez–Moudon 1991；Jacobs 1993；Lofland 1998；Loukaitou–Sederis 和 Banerjee 1998；Hass–Klau et al.1999；等）。根据本研究的结论，当一个街道能够将几种特质有效地结合起来的时候，它将成为一处适合人们休憩，并能开展社会活动的地方。这个结论对北美和其他一些现代城市更为有意义，因为这些现代城市并不像欧洲和亚洲的古城那样特意设计了广场以供市民休闲和集会。此外，现代城市已经不再需要广场提供一些像是打水、了解新闻等这些基础性的服务了。这种情况下，商业街的设施和活动却为日常的非正式的社会交往创造了机会，因此商业街就成了综合性的邻里关系区域中重要且通用的行为环境。

调查结果显示，在建设适宜社会交往的社区商业街的过程中，私营企业和政府当局都扮演了非常重要的角色。政府当局首先提供一个良好的街道的物质环境，如宽广的人行道、树木、舒适的座椅及自行车架等其他设施。更重要的是，政府要认识到并保护好，每一片社会交往的场所，无论它是怎么用的、什么形态的。同时还要鼓励商业的多样化，并支持独立的小企业，因为他们能够有效地提高街面的渗透性和个性化。在建筑方面，政府需要求沿街建筑在设计和建设过程中和街道有更强的延展性和衔接性，尤其是建筑的一层和二层。政府还要鼓励商铺在所有适当的地方尽量提供更多的桌椅，这样通过他们的多样化的商标、凉棚、植株等可以使街面更具特色，同时要鼓励私营企业用可移动的和半固定的设施控制和占据街道的空间。

这些结论对城市设计、社区规划和经济发展政策的制定都有着一定的启示。设计者和政策制定者需要认识到人们的选择倾向。人们会去那些对他们来说有着重要意义的社区空间，而且这种空间往往是通过多样化的设施和细节——而这些细节正是对使用者来说意义重大的要素，使人们感到舒适和愉快。我们为公共空间设计和调整政策时，要将社会、物质环境、使用等多方面综合考虑。

**注释：**

1 美国人口普查局 2000 年数据。

2 同上。

3 同上。

4. Kaiser 标准的建议只适用于这些成分有超过 1 的特征值时。然而，碎石检验有时更加适合用于决定保留的因子数目（Cattell 1966）。这些成分采用了高于 0.75 提取的特征值。使用碎石检验选出四个主因子。

**参考文献：**

[1] Alexander, C., S.Ishikawa, M.Silverstein, M.Jacobson, I.Fiksdahl-King, and S.Angel.1977.*A pattern language*: *Towns*, *buildings*, *construction*.New York: Oxford Univ.Press.

[2] Appleyard, D.1981.*Livable streets*.Berkeley: Univ.of California Press.

[3] Arens, E., and P.Bosselmann.1989.Wind, sun and temperature-predicting the thermal comfort of people in outdoor spaces. *Building and Environment* 24: 315–20.

[4] Bacon, E.1967.*Design of cities*.New York: Viking.

[5] Banerjee, T.2001.The future of public space——Beyond invented streets and reinvented places.Journal of the American Planning Association 67: 9–24.

[6] Banerjee, T., and A.Loukaitou–Sederis.1992.

*Private production of downtown public open spaces: Experiences of Los Angeles and San Francisco*.Los Angeles: Univ.of Southern California, School of Urban and Regional Planning.

[7] Bentley, I., A.Alcock, P.Murrian, S.McGlynn, and G.Smith.1985.*Responsive environments: A manual for designers*.London: Architectural Press.

[8] Boarnet, M.G., and R.Crane.2001.*Travel by design: The influence of urban form on travel*.New York: Oxford Univ.Press.

[9] Bosselmann, P., J.Flores, W.Gray, T.Priestley, R.Anderson, E.Arens, P.Dowty, S.So, and J.Kim.1984. *Sun, wind and comfort: A study of open spaces and sidewalks in four downtown areas*.Berkeley: Institute of Urban and Regional Development, College of Environmental Design, Univ.of California.

[10] Brower, S.1988.*Design in familiar places: What makes home environments look good*.New York: Praeger.

[11] ____.1996.*Good eighborhoods*.Westport, CT: Praeger.

[12] Calthorpe, P.1993.*The next American metropolis: Ecology, community nd the American dream*.New York: Princeton Architectural Press.

[13] Carmona, M., T.Heath, T.Oc, and S.Tiesdell.2003. *Public laces——Urban spaces: The dimensions of urban design*.Oxford, UK: Architectural Press.

[14] Carr, S., M.Francis, L.G.Rivlin, and A.M.Stone.1992. *Public pace*.New York: Cambridge Univ.Press.

[15] Cattell, R.1966.The meaning and the strategic use of factor nalysis.In *Handbook of multivariate experimental psychology*, ed.R.Cattell, 174–243. Chicago: Rand McNally.

[16] Celik, Z., D.Favro, and R.Ingersoll, eds.1995. *Streets: Critical perspectives n public space*. Berkeley: Univ.of California Press.

[17] Cervero, R.1996.Mixed land–uses and commuting: Evidence rom the American Housing Survey. *Transportation Research A*30: 361–77.

[18] Cervero, R., and K.Kockelman.1997.Travel demand and the 3Ds: Density, diversity and design.*Transportation Research D*2: 199–219.

[19] Chekki, D., ed.1994.*The community of the streets*. Greenwich, CT: Jai.

[20] Christoforidis, A.1994.New alternatives to the suburbs: Neotraditional developments.*Journal of Planning Literature* 8: 429–40.

[21] Ciolek, M.T.1978.Spatial behavior in pedestrian areas.*Ekistics* 45: 120–2.

[22] Cohen, H., S.Moss, and E.Zube.1979.Pedestrians and the wind in the urban environment.In *Environmental design: Research, theory and application*, ed.A.Seidel and S.Danford, 71–82.Washington, DC: Environmental Design Research Association.

[23] Coley, R., F.Kuo, and W.Sullivan.1997.Where does community grow? The social context created by nature in urban public housing.*Environment and Behavior* 29: 468–92.

[24] Cooper–Marcus, C.1975.*Easter Hill Village: Some social implications of design*.New York: Free Press.

[25] Cooper–Marcus, C., and M.Francis.1998.*People places: Design guidelines for urban open space*.2nd ed.New York: Wiley.

[26] Coupland, A., ed.1997.*Reclaiming the city: Mixed use development*.London: Spon.

[27] Crane, R.2000.The influence of urban form on travel: An interpretative review.*Journal of Planning Education and Research* 15: 3–23.

[28] Crowhurst–Lennard, S., and H.Lennard.1987. *Livable cities——People and places: Social and design principles for the future of the city*.New York: Center for Urban Well–being.

[29] ____.1995.*Livable cities observed*.Carmel, CA: Gondolier.

[30] Cullen, G.N.1961.*The concise townscape*.New York: Reinhold.

[31] Dane, S.1997.*Main Street success stories*.Washington, DC: National Main Street Center, National Trust for Historic Preservation.

[32] De Jonge, D.1967–1968.Applied hodology.*Landscape* 17: 10–11.

[33] Dornbush, D., and P.Gelb.1977.High–rise impact on the use of parks and plazas.In *Human response to tall buildings*, ed.D.Conway, 112–30.Stroudsburg, PA: Dowden, Hutchinson and Ross.

[34] Duany, A., E.Plater–Zyberk, and J.Speck.2000. *Suburban nation: The rise of sprawl and the decline of the American dream*.New York: North Point.

[35] Eubank–Ahrens, B.1991.A closer look at the users of Woonerven.In *Public streets for public use*, ed.A.Vernez–Moudon, 63–79.New York: Columbia Univ.Press.

[36] Ewing, R.1996.*Best development practices*.Chicago, IL: Planners.

[37] Ewing, R., and R.Cervero.2001.Travel and the built environment.*Transportation Research Record* 1780: 87–114.

[38] Florida, R.2002.*The rise of the creative class: and how it's transforming work, leisure, community and everyday life*.New York: Basic Books.

[39] Francis, M.1988.Negotiating between children and adult design values in Open Space Project.*Design Study* 9: 67–75.

[40] Frank, L., and P.O.Engelke.2001.The built environment and human activity patterns: Exploring the impacts of urban form on public health.*Journal of Planning Literature* 16: 202–18.

[41] Frank, L., P.O.Engelke, and T.L.Schmid.2003. *Health and community design: The impact of the built environment on physical activity*.Washington, DC: Island.

[42] Fyfe, N., ed.1998.*Images of the street*.London: Routledge.

[43] Gehl, J.1987.*Life between buildings*.New York: Van Nostrand Reinhold.

[44] ____.1989.A changing street life in a changing society. *Places* 6: 9–17.

[45] Gehl, J., and L.Gemzoe.1996.*Public spaces, public life*.Copenhagen: Arkitektens.

[46] ____.2000.*New city spaces*.Copenhagen: Danish Architectural.Press.

[47] Gibson, J.J.1979.*An ecological approach to visual perception*.Boston: Houghton Mifflin.

[48] Girouard, M.1985.*Cities and people: A social and architectural history*.New Haven, CT: Yale Univ. Press.

[49] Granovetter, M.1973.The strength of weak ties. *American Journal of Sociology* 78: 1360–80.

[50] Greenbaum, S.1982.Bridging ties at the neighborhood level.*Social Networks* 4: 367–84.

[51] Greenwald, M.J., and M.G.Boarnet.2000.Built environment as a determinant of walking behavior: Analyzing non work pedestrian travel in Portland, Oregon.*Transportation Research Record* 1780: 33–42.

[52] Grey, A., et al.1970.*People and downtown*.Seattle: College of Architecture and Urban Planning, Univ.of Washington.Handy.

[53] S., M.Boarnet, R.Ewing, and R.Killingsworth.2002. How the built environment affects physical activity—Views from planning.*American Journal of Preventive Medicine* 25: 64–73.

[54] Hass–Klau, C., G.Crampton, C.Dowland, and I.Nold.1999.*Streets as living space: Helping public spaces play their proper role*.London: ETP/Landor.

[55] Heft, H.1989.Affordances and the body: An intentional analysis of Gibson's ecological approach to visual perception.*Journal for the Theory of Social Behavior* 19: 1–30.

[56] Hester, R.1984.Planning neighborhood space with people.2nd ed. New York: Van Nostrand Reinhold.

[57] ____.1993.Sacred structures of everyday life: A return to Manteo, North Carolina.In *Dwelling, seeing and designing: Toward a phenomenological ecology*, ed.D.Seamon, 217–98.New York: State Univ.of New York Press.

[58] Jacobs, A.1993.*Great streets*.Cambridge, MA: MIT Press.

[59] Jacobs, J.1961.*The death and life of great American cities*.New York: Vintage Books.

[60] Joardar, S.1977.Emotional and behavioral responses of people to urban plazas: A case study of downtown Vancouver.PhD diss., Univ.of British Columbia.

[61] Joardar, S., and J.Neill.1978.The subtle differences in configuration of small public spaces.*Landscape Architecture* 68: 487–91.

[62] Johnston, C.2005.What is heritage? http: //www.teachingheritage.nsw.edu.au/1views/w1v_johnston.html.

[63] Kasturi, T., X.Sun, and C.G.Wilmot.1998.Household travel, household characteristics, and land use: An empirical study from the 1994 Portland activity–based travel survey.*Transportation Research Record* 1617: 10–17.

[64] Kitamura, R., L.Laidet, and P.Mokhtarian.1997. A micro–analysis of land use and travel in five neighborhoods in the San Francisco Bay Area. *Transportation* 24: 125–58.

[65] Knowles, P., and D.Smith.1982.The ecological perspective applied to social perception: Revision of a working paper.*Journal for the Theory of Social Behavior* 12: 53–78.

[66] Krier, L.1992.*Leon Krier: Architecture and urban design, 1967-1992*.New York: St.Martin's.

[67] Krier, R.1979.*Urban space*.New York: Rizzoli.

[68] Kunstler, J.H.1994.*The geography of nowhere: The rise and decline of America's man-made landscape*. New York: Simon and Schuster.

[69] Langdon, P.1997.*A better place to live: Reshaping the American suburb*.Amherst: Univ.of Massachusetts Press.

[70] Liebermann, E.1984.People's needs and preferences as the basis of San Francisco's downtown open space plan.Paper presented at the 8th conference of the International Association for the Study of People and Their Physical Surroundings, Berlin.

[71] Linday, N.1978.It all comes down to a comfortable place to sit and watch.*Landscape Architecture* 68: 492–7.

[72] Llewelyn-Davies.2000.*Urban design compendium*. London: English Partnerships/Housing Corporation.

[73] Lofland, L.1998.*The public realm: Exploring the city's quintessential social territory*.New York: De Gruyter.

[74] Loukaitou-Sederis, A., and T.Banerjee.1993. The negotiated plaza: Design and development of corporate open space in downtown Los Angeles and San Francisco.*Journal of Planning Education and Research* 13: 1-12.

[75] ____.1998.*Urban design downtown: Poetics and politics of form*.Berkeley: Univ.of California Press.

[76] Lynch, K.1984.*Good city form.Cambridge*, MA: MIT Press.

[77] Messenger, T., and R.Ewing.1996.Transit-oriented development in the Sunbelt.*Transportation Research Record* 1552: 145-52.

[78] Miles, D., R.Cook, and R.Cameron.1978.*Plazas for people*.New York: Project for Public Spaces.

[79] Montgomery, J.1998.Making a city: Urbanity, vitality and urban design.*Journal of Urban Design* 3: 93-116.

[80] Moore, R.1991.Streets as playgrounds.In *Public streets for public use*, ed.A.Vernez-Moudon, 45-62.New York: Columbia Univ.Press.

[81] Oldenburg, R.1981.*The great good place*.Berkeley: Univ.of California Press.Preiser, W.1971.*The use of ethological methods in environmental analysis: A case study*.Edmond, OK: Environmental Design Research Association.

[82] Project for Public Spaces.2000.*How to turn a place around: A handbook for creating successful public spaces*.New York: Project for Public Spaces.

[83] Pushkarev, B., and J.Zupan.1975.*Urban space for pedestrians*.Cambridge, MA: MIT Press.

[84] Rapoport, A.1990.*History and precedent in environmental design*.New York: Plenum.

[85] Rybczynski, W.1993.The new downtowns.*Atlantic Monthly* 271: 98-106.

[86] Saelens, B.E., J.F.Sallis, and L.D.Frank.2003. Environmental correlates of walking and cycling: Findings from the transportation, urban design, and planning literatures.*Annals of Behavioral Medicine* 25: 80-91.

[87] Share, L.1978.A.P.Giannini Plaza and Transamerica Park: Effects of their physical characteristics on users' perception and experiences.In *New directions in environmental design research*, ed.W.Rogers and W.Ittelson, 127-39.Washington, DC: Environmental Design Research Association.

[88] Sitte, C.1945.*City planning according to artistic principles*, trans.C.T.Stewart.New York: Reinhold.

[89] Skjæveland, O.2001.Effects of street parks on social interactions among neighbors: A place perspective. *Journal of Architectural Planning Research* 18: 131-47.

[90] Smith, R.1975.Measuring neighborhood cohesion: A review of some suggestions.*Human Ecology* 3: 139-60.

[91] Sorkin, M., ed.1992.*Variations on a theme park*. New York: Noonday.

[92] Southworth, M., and E.Ben-Joseph.1996.*Streets and the shaping of towns and cities*.New York: McGraw-Hill.

[93] Stokols, D.1995.The paradox of environmental psychology.*American Psychologist* 50: 821-37.

[94] Sullivan, W., F.Kuo, and S.DePooter.2004.The fruit of urban nature: Vital neighborhood spaces.*Environment and Behavior* 36: 678-700.

[95] Tibbalds, F.1992.*Making people friendly towns: Improving the public environment in towns and cities*. Harlow, UK: Longman.

[96] Vernez-Moudon, A., ed.1991.*Public streets for public use*.New York: Columbia Univ.Press.

[97] Vernez-Moudon, A., P.M.Hess, M.C.Snyder, and K.Stanilov.1997.Effects of site design and pedestrian travel in mixed-use, medium density environments. *Transportation Research Record* 1578: 48-55.

[98] Walzer, M.1986.Pleasures and cost of urbanity. *Dissent* 33: 470-84.

[99] Whyte, W.H.1980.*The social life of small urban spaces*.Washington, DC: Conservation Foundation.

[100] ____.1988.*City: Rediscovering the center*.New York: Doubleday.

[101] Zacharias, J., T.Stathopoulos, and H.Wu.2001. Microclimate and downtown open space activity. *Environment and Behavior* 33: 296-315.

[102] Zucker, P.1959.*Town and square: From the agora to the village green*.New York: Columbia Univ.Press.

[103] Zukin, S.1996.*The culture of cities*.Cambridge, MA: Blackwell.

Simulating Planning: SimCity as a Pedagogical Tool

# 模拟规划——将“模拟城市”（SimCity）游戏作为一种教学工具

John Gaber 文

李东泉 李文倩 译

【摘要】使用电脑模拟游戏“模拟城市”（SimCity）教学，是专业老师实现某些决策性学习目标的途径之一。关于使用电脑模拟可达到的（和不可达到的）教学结果的研究已经非常清楚。“模拟城市”提供一种动态的决策环境，可以让学生实现以下学习目标：①系统思考；②解决问题的能力；③掌握规划专业领域的“技能”。然而，“模拟城市”有它内在的缺点，这使它不可能成为适用所有学生的“万能”教学工具。因此，在结论部分本文讨论了哪类学生更适合使用“模拟城市”。

【关键词】规划教学；模拟城市

如何让对城市规划感兴趣的学生理解规划专业中一些更为动态的决策过程，是所有规划老师都面临的一个巨大挑战。我们用书本、讲义、规划图纸和大量图片，来展示我们对于规划决策复杂性的理解和体验，但它们却很难展示所谓“城市规划”的动态过程。让学生动手操作电脑游戏“模拟城市”并将其作为课堂和课外作业的一部分，是了解微妙的平衡行为和复杂的规划决策的一种方式。在“模拟城市”中，学生会遇到一系列规划问题，这要求他们观察其城市里的状况。学生必须分析数据、思考，并要对一个规划师日常所面临的各种情况进行规划。这些情况包括人口增长、交通堵塞、住房短缺、基础设施落后、公共开放空间不足、温室效应、缺乏健康和教育设施等。使用过“模拟城市”教学的地理学、公共政策和社会学的教授们发现：“由于其游戏性质，学生们使用模拟城市的积极性很高”，且“通过学习更加理解城市规划人员、设计人员和决策人员的作用”（Adams 1998，47；Manocchia 1999；Starr 1994）。但奇怪的是，在规划学领域中还没有人撰文阐述“模拟城市”对于规划专业的教学价值。

在过去13年的规划基础课程教学中，我经常使用“模拟城市”。我从未想到使用“模拟城市”的效果会这样显著，直到去年我在“美国大城市的死与生”一课上使用“模拟城市”引起了一些媒体的关注。这些反应以及过去教学中使用“模拟城市”的成功，让我感到很吃惊，所以我认为有必要和大家分享一下我的“模拟城市”教学经验。本文分为五个部分。第一部分讨论“模拟城市”核心规划基础的概况与演化：分区规划、基础设施和预算。第二部分阐述使用“模拟城市”可以达到的三个学习目标：①了解城市的多层次“系统”诠释及规划决策相互联系的各方面；②掌握鉴别和解决问题的过程；③培养制定规划的创造性“技能”意识。“模拟城市”教学并不是没有局限的，这一点将在第三部分讨论。作为一个游戏，通过大量假设，可以让“模拟城市”运行得很好，但它与“现实生活”的规划情景的联系是有局限的。第四部分介绍我是如何将“模拟城市”应用到课堂教学中，并讨论具体的“模拟城市”规划作业和项目。本文的结论讨论了对我的学生使用“模拟城市”的经历进行调查的结果。

## 1. 模拟城市：城市规划的计算机模拟

“模拟城市”是一款流行了15年以上的电脑游戏。自从1989年第一版“模拟城市”（现在称为“模拟城市经典”）上市以来，已发布了三个更新版的城市模拟游戏：“模拟城市2000”（1993），“模拟城市3000”（1999）和“模拟城市4”（2003）。所有的新版模拟游戏都具有和“模拟城市经典”

**作者简介：**

John Gaber，AICP，阿肯色大学教授，曾经在研究方法论、社区规划、公众参与的实证研究等领域发表过文章。

**译者简介：**

李东泉，中国人民大学公共管理学院城市规划与管理系副教授，主要研究方向包括城市规划与城市发展关系、城市规划管理的理论与实务、社区发展规划等；

李文倩，中国人民大学公共管理学院城市规划与管理系硕士研究生。

本文原载于*Journal of Planning Education and Research*，2007，Vol.27（2）：113-121

版相同的规划取向。不同的是，每款新版游戏都提高了模拟城市的图像清晰度和细节性，学生进行操作时使用的土地和财务变量也变得更加复杂。

"模拟城市"的重点是为电脑用户提供"一种了解城市规划基本要素的快速而有效的视角"(Wilson 1990，4)，为此它使用了"实时"系统模拟（Maxis 1989，5页）。"模拟城市"中，生活、工作和死亡在其中的居民都称为"Sims"（模拟城市居民）。"模拟城市"软件包括一系列层次化的模型（如交通、人口预测、经济增长或下滑），这些模型通过土地利用、交通、水电系统、警察和消防安全、健康和教育、公园、休闲以及开放空间的信息反馈机制相互关联在一起。电脑用户操纵的每个被模拟的变量都可以和其他被模拟的变量相互作用。变量被一系列积极和消极的外部经济因素模型化（立体化）。例如，增加某工业区的密度，一旦开发该地区，就会导致交通量和空气污染程度的增加，同时导致附近的物业价格降低。所有上述相互关联的变量一起构成一个动态的虚拟城市："模拟城市"(见图1)。"模拟城市"虚构出繁荣的城市生活景象，走在城市街道上的人、等待红绿灯的汽车、赶赴灭火现场的消防员，还有机场起降的飞机等。

"模拟城市的关键是私有(公有)土地价格(及使用)和政府预算的相互关系"(Starr 1994，5页)。"模拟城市"中的一切都需要花钱。所有对模拟城市的改进，从城市分区到建造一座水厂，都需要花钱，并且费用需在政府预算之内。预算增加的途径可通过提高税收、增加市政公债和通过提高城市的生活质量吸引新居民入住，从而扩大城市的课税基础。

在动态决策教育方面，"模拟城市"另一个吸引人的地方是让模拟系统为学生设置各种信息壁垒，迫使他们分析所给信息并实施自己的行动计划（Wilson 1990，133–36页；Kramer 2003，123页）。"模拟城市"为学生提供信息的方式有三种：①视觉线索；②各种数据；③顾问（Kramer，2003，123–38页）。"模拟城市"通过视觉线索提供了一种有力的教学方法："你对你的Sims（社区居民）及环境关注越多，你看到的就越多。"(Maxis 2003，5页)。一个例子就是垃圾处理的管理不善问题。如果学生没有充分管理好模拟城市的垃圾和回收，大量垃圾就会在街道和人行道上堆积（Kramer 2003，124页）。数据有四种形式：①根据使用需求的土地分区（商业区、工业区、住宅区）；②统计数据（如人口变化、犯罪率）；③地理数据；④实时报纸文章。"模拟城市"

**图1 "模拟城市3000"中的虚拟城市**

所涵盖的地理数据量非常全面。模拟系统以简化GIS（地理信息系统）格式提供了一系列的数据查询（如犯罪、交通、失业人口、土地价值、污染、人口的年龄分布等）。这些地理数据可让学生发现城市中存在的问题和可能的机遇，并作出相应的规划决策。"顾问"（仅"模拟城市3000"和"模拟城市4"）的作用是补充数据，帮助学生做出有据可依的更佳决策。模拟城市共有七个顾问（城市规划、公共财政、公共设施、公共安全、健康和教育、交通、环境）。"模拟城市"的软件开发者认为城市规划师是这七个顾问中最公平的人。

## 2. 可达到的学习目标

有关计算机模拟教学的文献，分两个方面论述学生的学习目标和成果：（1）基础阶段的计算机模拟教学如何影响高阶学习（Adams 2004；Garris，Ahlers，and Driskell 2002；Nathan and Robinson 2001；Zacharia and Anderson，2003）；（2）模拟在学生学习中的效果（Garris，Ahlers，and Driskell，2002；Gokhale 1996；Hung 2002；Swaak and De Jong 2001；Tompkins 1998）。

计算机模拟教学对"加强高层次思维（higher order thinking）"（Gokhale 1996，3页）的积极影响已经得到肯定。计算机模拟教学与John Dewey讨论的经验式教学（1938）方式是一致的。John Dewey认为，学习不仅是一种精神状态，还是一种"与很多东西有关的经验"，从而使人可以从积极参与周围环境的经验中学习（Dewey 1910 in Hung 2002，2页；Gokhale 1996，11页；Garris，Ahlers，and Driskell 2002，446页）。从解决一个问题开始的模拟城市教学被称为问题导向的学习模式（PAL）（Boud 1995 in Hung 2002，1页）——计算机模拟教学可以带来两个明显的学习成果：①对整体性的理解；②适当的有依据的推理。下面，我会联系计算机模拟教学对这两个学习成果进行讨论，并将它们与用模拟城市教学的三个学习目标联系起来。

计算机模拟比如"模拟城市"，有利于帮助学生建立整体性的理解；整体是由互相关联的部分组成的（Hung 2002，10页；Klabbers 2006，202页）。能够识别某种情况（比如说交通状况）中反映出的许多互相影响的变量（比如人口密度、土地使用密度、不同的交通方式）是一种能力。通过认识到影响特定情况的变量间的"互相联系性"，学生就获得了一种"战略知识"，使他们能够"在不同情况下把学到的原则（即变量之间的关系）运用到城市规划的不同场合"（Garris，Ahlers，and Driskell 2002，456页）。在"模拟城市"中，学生学到的规划决策的互相联系性表现在，规划方案不仅会对要解决的问题产生直接影响，还会对一些不相关的情况产生相应的影响。

"模拟城市"的基本思路基于规划决策的互相联系性，它为学生建立系统思维的学习目标提供了良好的环境。按照Schon的定义（1973，12页），系统（技术、理论、社会）的各个部分是互为依赖而存在的，"某一方面的变化会引起其他方面的变化"（又见Friedmann，1987，149—56页）。比如说，商业或住宅在市区的发展"可能会影响空气质量、噪音水平、水质，以及该地区的景观和社会质量"（Levy，2003，1页）。系统思维的价值非常重要，因为面对困难问题时，学生会学到，在某个系统水平上不好解决的问题，可能在更高的系统水平上就是容易解决的（Kelly and Becker，2000，23页）。教师通过评估学生如何利用其他系统来解决某个问题而实现这一教学目标。比如，增加道路数量是缓解交通拥堵的一个简单解决方法，但是改变周围地区的土地使用密度就是一个更为复杂的多系统解决方案。不用惊奇，这种系统性的城市规划方法，是"模拟城市"中模拟模型运行的基础（Maxis 1989，5页）。

第二个学习成果是适当的有判断力的思考，它在模拟城市中被用于教授学生解决问题的技巧，被称为"程序性知识"。这种学习成果要求学生具有将知识、一般规则或是技巧运用于特殊情形之中的能力（Garris，Ahlers，and Driskill 2002，456页）。通过在计算机模拟中直接操纵变量，学生们培养了解决问题的推理性思考能力（Hung 2002，10页；Tompkins 1998，2页）。Zacharia和Anderson（2003）对运用计算机模拟培训准物理老师的观察中显示，计算机模拟能够使学生重新理解那些普遍持有的概念。

"换句话说，学生必须面对与他们已有的概念和认识信念相抵触的不同事件，由此激起的认知冲突将他们引入一个反思和分辨的思考状态。计算机模拟可以提供与物理现象的互动体验，这种体验可能与许多学习者在以往学习中建立起来的概念相冲突。而这些富于挑战性的体验，将导致学生对一些概念的认识发生改变"（Zacharia and Anderson 2003，625页）。

当运行模拟城市时，学生们需要发现问题，分析模拟系统提供的视觉和数量数据，并且制定短期和长期的解决方案。一个程序性学习目标的例子是学生怎样认识到城市存在空气污染的问题，并且采取什么措施来解决这个问题。这一学习目标的评估，可以从学生们如何界定问题、获得并分析可得数据来支持他们对问题的认定，以及他们采取的解决方案等几个方面来完成。

利用"模拟城市"可以达到的第三个学习目标是，在获得适当的判断思维能力的过程中，还提供一个向学生们介绍规划"技能"的机会。这里，"技能"指的是熟练地运用调查和组织来创造一个有用的产品：一个设计、一道法令或是一个规划（Hoch 1994，322 页）。"模拟城市"为学生提供了一个可视的、互动的平台，让他们基于对各种变量互相关系的认识所做出的规范性的假设变为预期的规划现实。在我使用的模拟城市的课堂作业中，我要求学生们讨论构成一个好规划的价值观、变量以及规划成果。评判学生是否在学习过程中培养了判断能力，可以通过观察学生在规划他们自己的模拟城市的过程中，如何体现他们的规划价值观来实现。他们的模拟城市是按规划发展的吗？如果不是，他们如何让自己的规划实践适应意料之外的挑战？

目前，专家们对于运用计算机模拟这样的媒介能够对达成上述教学目标产生积极影响还持有不确定的态度。学生通过与"模拟城市"互动得到的对规划本质的理解能够比阅读书籍或是听讲座来得更深入吗？这个问题被模拟游戏研究者称为"莫扎特效应"。"莫扎特效应"的概念是在 20 世纪 90 年代初期提出的，Rauscher、Shaw 和 Ky（1993）发现大学生聆听《Mozart Sonata for Two Pianos in D Major》乐曲的前十分钟，他们的时空理解能力会临时性增强。最近的神经系统科学发现并不支持聆听莫扎特所产生的即时教育效应，但是却对"莫扎特效应"添加了一个小注脚。这个注脚是心理学上的，它是指对于那些偏好这种音乐的人，当聆听莫扎特时他们可能处于更好的状态，这使他们完成任务时也表现得更好（Nantais and Schellenberg 1999）。研究模拟的专家同意"莫扎特效应"注脚的观察结论，即在一个"互动的学习环境"中，学生做了充分的准备，教师也积极参与其中，那么那些偏好计算机模拟的学生，通过计算机模拟学习，可能会比通过读书或是听讲座，更容易掌握一些学习材料（Garris，Ahlers，and Driskell 2002，461 页；McKinney 1997，601 页；Swaak and de Jong 2001，292 页）。但是，"一个被动的学习者，没有额外的练习，没有新的概念架构，用计算机模拟这样的媒介工作，将经历认知发展的重要改变"的说法则是非常"不可信的"（Nathan and Robinson 2001，67 页）。

## 3. 模拟城市在教学中的局限性

模拟城市不是没有教学上的局限性的（Adams1998；Lobo 2005）。"这个游戏现在的文化地位使它远远不能在职业教育或者培训中被全面应用。如果在教学中忽视了模拟城市的讽刺意味以及娱乐性，那就好像用真人快打、雷神之锤和铁拳等格斗游戏来教人文明行为一样"（Lobo 2005，15 页）。我同意 Lobo 对于模拟城市的看法。如果教师在课前没能做好充分准备，熟悉他所使用的媒介，或者没能将其恰当地融入课堂教学中，那么在教学中加入其他教辅设备，比如计算机模拟、图像、讲义、阅读材料等，往往会使教师达不到教学目的，还有可能使学生得出错误的结论。在下一节中，我会讨论一些"模拟城市"中固有的教学局限性，这是教师在使用"模拟城市"之前应该认识到的。有趣的是，作为课堂讨论的重点，"模拟城市"中最明显的几个缺点同样存在于规划专业中。

两个主要问题限制了"模拟城市"在教学中的应用：①"模拟城市"并不是现实的严格模拟；②"模拟城市"着重美学效果而不注重人的重要性。让我更详细地解释一下这两个问题。

在用"模拟城市"教学的过程中，首先面对的也是最明显的问题就是它的模拟中包含了一系列不现实的假设（Kolson 2001，180–184 页；Lobo 2005，8 页）。就像所有的模拟程序一样，模拟城市中的典型问题在于基础模型中提出的假设代表了程序开发者对于现实的认识，但这可能没有反映专业人士对于现实的判断（Starr 1994，9 页；Rothfeder 2004，115 页）。模拟城市中有三个非常明显的不现实的假设。第一，模拟城市允许学生们从零开始建立一个城市。Kolson（2001，183 页）正确地指出"伟大的城市并不是从零开始的，它愿意包容而不是消灭过去的文化遗产"。"模拟城市"第二个不现实的假设就是所有的城市规划都是经济发展规划。"模拟城市"假设，医院的选址、学校的建设、开放空间的预留都是为了城市发展以及促进经济增长这个最终目标。在某种程度上，"模拟城市"向学生传达了错误信息："预先作规划的目的很大程度上是经济的考虑"（Kolson 2001，181页）。第三，模拟城市非常不现实地赋予学生规划师过多的权利。模拟城市"过分强调了城市规划师而低估了开发者、反对团体、保守主义者等的作用"。由于对于可能获得的权力过于自信，学生们可能没有认真评估过他们行动的重要性和复杂性就随意地做出规划决定（Lobo 2005，16页）。Adams（1998，52页）在他的课堂评估中就看到了这种情况："这个游戏使得人们必须做出的重大决定随着鼠标的点击都变得儿戏了，半秒钟内就能建成一个巨大的发电厂……"

使用模拟城市的第二个主要问题是模拟程序为了美学效果而牺牲了对人的关注。在模拟城市中，人们只是在城市中移动（开车，走路，偶尔会举着牌子抗议游行），但是彼此不会互动。在模拟街道上行走的人，唯一可以与学生做的互动就是通过弹出菜单中的静态信息，或者，在模拟城市4中你可以把他们移植到城市中看他们怎么生存。但是使用模拟程序的学生永远都不会遇到复杂的社会和经济问题，比如贫困和种族问题。"模拟城市"去除了人类复杂的社会、经济以及文化问题，使得学生只能在"消过毒"的环境中，从美学角度设计和建设城市。"这种建筑学视角的力量使我们很容易被误导认为关于城市是否适合人类生存的判断本质上仅仅是美学问题"（Kolson 2001，182—183页）。

## 4. 课堂中的模拟城市

尽管模拟程序有其内在局限性，在向学生教授城市的复杂性以及城市规划的艺术和解决问题的技能的过程中，"模拟城市"仍然是非常有用的工具。正如之前讨论的，计算机模拟技术对于教学的益处是有条件限制的，这些条件包括教师要努力启发学生、将模拟工具恰当地整合到教学过程中以及课堂中积极参与互动和模拟。教师必须对"模拟城市"在课堂中的作用保持一种现实的态度，不能把"模拟城市"这样的模拟程序当做是"真相机器"（Klabbers 2006，217页）。在我的课堂上，我把模拟程序当作是学生们检验现有的规划理论以及尝试他们自己的规划理论的试验媒介。将"模拟城市"放在教育环境之中——作为学生检验和探索城市规划问题的一种工具——可以让规划教师尽量克服和避免与模拟有关的教学缺陷（Lobo 2005，16页）。下面我会讨论一些在教学中应用模拟城市的例子。

### 4.1 模拟城市的教学案例

规划问题的视觉化性质使"模拟城市"特别适合于学生来检验既有的城市规划理论并发展新的理论。我使用"模拟城市3000"和"模拟城市4"，因为它们的视觉效果比"模拟城市2000"更有吸引力。学生要做两个城市的模拟（模拟Ⅰ和模拟Ⅱ），在两个模拟过程中，学生要做3个小时的模拟程序，保存他们的模拟城市以便教师评分，并且写一篇报告分析他们的工作和模拟规划经验。为了让学生为模拟过程做准备，我让他们在做模拟Ⅰ之前玩几次"模拟城市"来感受一下模拟程序是怎样运作的。在学生真正开始做模拟Ⅰ之前，我会在课堂上说明城市的基本构成（电力、上下水、道路、工作、房屋），大致描述这些部分应该布局在哪里，并且讨论他们所利用的理论模型会对他们的城市规划和管理产生怎样的影响。

### 4.2 模拟Ⅰ

模拟城市Ⅰ有三个教学目标：①让学生考虑一个城市基本的构成（比如道路、房屋、电力、教育）；②让学生考虑城市范围内各种问题的相关关系（比如居住地点和就业的关系）；③检验一个理想化的规划师对于土地利用的理论假设。为了模拟Ⅰ，我和学生阅读并讨论了工业革命期间美国的城市化以及埃比尼泽·霍华德（田园城市）、富兰克林·怀特（广亩城市）和勒·柯布西耶（明日城市）的乌托邦式规划方案，这些都是对二十世纪高速城市化期间所产生的问题的空间应对。这部分课程的阅读文章是：Robert Fishman的《Urban utopias in the twentieth century：Ebenezer Howard，Frank Lloyd Wright，Le Corbusier》。Fishman做了一项非常伟大的工作，展示了这三位规划师如何凭借着对科技的理解，以城市形式的创新来解决工业革命所引发的问题（Fishman 1982，12）。

模拟Ⅰ是学生检验这三位规划师的空间理论的一个机会。在应用和检验这些乌托邦式的城市规划设想时，应该向学生强调以下两个注意事项。首先，三个乌托邦式的规划是为了解决工业革命时期的城市问题的。"特别需要强调的是，他们反映了：①对于十九世纪大都市的普遍的恐惧和反感；②人们对于现代科技可能带来的新的城市形态感到非常兴奋；③对于即将到来的以自由和人们之间亲密关系为特点的革命性时代的强烈期待"（Fishman 1982，10）。其次，乌托邦式的规

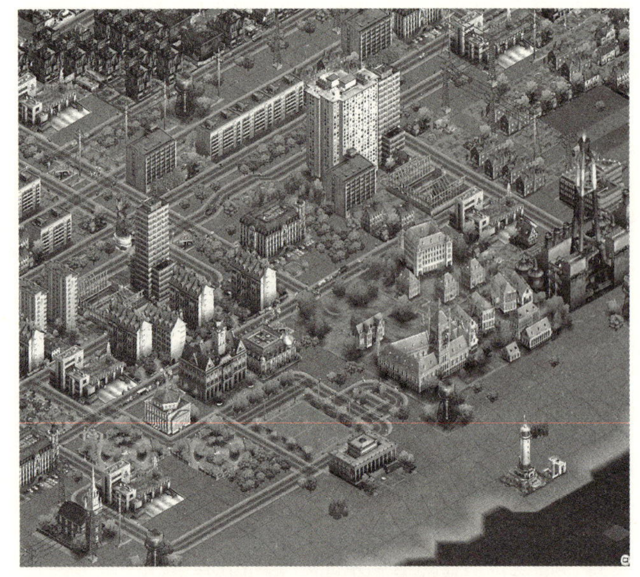
图 2　学生 Mark Peterson 的田园城市

图 3　作者的广亩城市

图 4　学生 Chase Fletcher 的勒 · 柯布西耶 "伏瓦生规划"

划方案（霍华德的田园城市除外）本打算应用于已有的工业城市（Fishman 1982, 265）。因此，学生在田园城市、广亩城市以及"伏瓦生规划原则"指导下，从零开始建设的模拟城市中的体验，与那些乌托邦式的规划师设想的最初目的不同。了解到这两个注意事项后，学生会注意到乌托邦式规划的假设对于他们的模拟城市的潜在影响，同样也会注意到新的模拟形式也会使课堂讨论变得更有趣。

学生们倾向于关注每位乌托邦式规划师的共同之处。模拟田园城市时，学生的焦点集中在围绕着中央公园布局的紧凑的城市 / 乡村，周围环绕着农业地带，其中是分散的工业用地（见图 2）。怀特的广亩城市总是围绕着与高速公路网连接的美国式的家庭农场发展（见图 3）。模拟勒 · 柯布西耶的明日城市时，学生把最主要的精力集中在"公园中的高塔"中央商务区（CBD），中央商务区被高速道路网络一分为二，城市远郊周边点缀着田园城市（见图 4）。当学生看到他们的乌托邦规划如何在模拟中实现时，他们就真正学到了知识。比如，田园城市的发展如何处理交通堵塞问题？或者，在低密度的广亩城市中，基础设施（比如水、能源）是如何布局的？

### 4.3　模拟 II

在模拟 II 中，我让学生将他们自己的理想城市规划方案画出来，来检验他们自己的理论的可行性。学生将个人价值观（比如保护环境）转化为这种可视化的城市中互相关联并影响城市发展的因素的过程，是一个非常好的学习体验。模拟过程是根据以下三个教学目标来组织的：①让学生考虑城市中不同问题之间的相互关系；②给学生提供一个发展他们自己的理论并在计算机中模拟的机会；③作为未来的城市规划师，为学生提供一个锻炼他们规划技能的机会。因为我已经在模拟 I 中讨论过了第一个学习目标，在下文中我将讨论后两个学习目标。

在开始做模拟 II 的时候，我和学生就城市的独特性以及我们如何以不同的方式看待、了解、感受城市做了讨论。我们没有讨论城市的空间和系统功能，而是开始将城市看作人类生存的地方。模拟 II 是学生从整体上了解城市的概念，城市是由大量不同的要素整合组成的供人类居住的空间系统组织的一种方式。在学生开始做模拟 II 之前，他们已经阅读了《美国大城市的死与生》作为背景资料。在这里我介绍一些雅各布斯观察到的乌托邦式规划师的理想应用在当代规划中的误导。

比如，学生可以从模拟中很容易地看到雅各布斯对于霍华德的田园城市的批评：霍华德假设"街道对人来说是一种不好的环境，房屋不应该朝向街道而应该朝着内部的绿化隔离带……商业区应该与居住区隔离开，好的城市规划目标至少应该给人们提供一种隔离的幻想和居住在郊区的私密性"（Jacobs 1961，20页）。

学生还要建立一个模拟Ⅱ的事前和事后评价系统，在他们开始模拟之前，学生们要对他们自己的"好城市"作出定义。他们对于号称是好城市的定义必须要有一些关键变量（比如交通、开放空间、密度）和关键变量之间的关系（比如开放空间和污染之间的关系），以及他们自己的理论预期达到的结果（比如低污染、较小的交通量、高的教育水平等）。在理清他们关于好的城市的思路后，学生们可以开始在模拟中检验他们的理论，在规定的三小时内完成模拟后，学生要依据他们在模拟中的经验，从以下五方面对他们所达到的成果作出评价：①优势，②缺点，③环境影响（污染），④交通流量，⑤经济增长。

学生也被问到他们理想城市的发展和管理的规划经验。对于这个问题，学生要反映出他们在规划中的经验并就他们在规划中的成功（比如较少的污染）和失败之处（比如没能很好地控制城市无序蔓延）进行讨论。下面是一个学生的理想城市的模拟实例（图5）。这个城市的理念结合了新城市化主义和雅各布斯的城市的多样性本质（Jacobs 1961，143—238页）。在这个学生的模拟中，他在湖边建立了一个社区来检验人们会喜欢城市生活胜于郊区的假设。湖边没有工业，取而代之的是适度的商业设施、居住区以及警察局和市政建筑。

## 4.4 学生成果

在教学中成功使用"模拟城市"的关键在于将适合的学生群体与相应的学习目标恰当结合。除了我的课堂评估环节，我还进行了一项关于学生使用"模拟城市"学习成果的调查。调查的对象是过去三年中选修了我的"美国大城市的死与生"的课程的学生。这个课程是面向高年级的本科生和研究生开设的。一方面这也给我提供了一个评估"模拟城市"对于不同群体学生的效果的机会（本科生，研究生以及规划专业的学生）。本科生是不是比研究生能更好地理解模拟城市？另一方面，因为课堂是研讨班的形式，所以学生比较少（8到12人）。过去三年中，一共有20个学生完成了调查。60%是本科生（12人），40%是研究生（8人）。在接受调查的研究生中，50%的学生（4人）是规划专业的学生，本科生里则没有规划专业的学生。不幸的是，这个非常平衡的学生类型比与学生的总体情况并不一致，从而限制了我的结论的统计有效性。

图5 学生Mark Peterson的"多样化条件"规划

调查的关注点在于学生对于相应学习目标的完成情况。三个学习目标分别是①理解城市所包含的多维度系统以及规划决策的相互关联性；②获得解决问题的能力和有关的程序性知识；③培养制定规划方案所需的技术意识。

有两个问题可以用来评估认识城市多维度构成的学习目标。第一个是将城市看作是由各种复杂因素组成的整体。"模拟城市"对学生认识城市的复杂性方面有极大的影响。平均来说，75%的本科生和非规划专业学生，以及100%的规划专业学生认同这一观点。这也证实了"模拟城市"在向学生们模拟和展现城市生活的不同方面这一点上做得非常好（汽车在等红灯，飞机在天上飞，人们在球场上踢球）。学生的这种非常正面的肯定可以用莫扎特效应来解释。当使用模拟程序实现相应的学习目标时，"模拟城市"给学生们提供了一种能够激发学生兴趣并可以表达他们这种兴奋的环境（Manocchia 1999，215页）。对于"模拟城市"的这种一边倒的支持，尤其是规划专业学生所表现出来的观点，与Adams（1998）在应用模拟教学时得出的结论相反。他发现规划专业以及相关专业的学生并不像其他专业的学生那样喜欢"模拟城市"。"只有60%（10人中的6人）的地理、规划和城市研究专业的学生说他们非常喜欢'模拟城市'，而对于其他专业的学生这一数字是 89%（36 人中的 32 人）”（Adams 1998，52 页）。我觉得观察结果的不同在于学生使用“模拟城市”时间的长短。Adams 只用了一周的“模拟城市”，而我用了 2/3 个学期。我认为，由于我的学生花了更多的时间在“模拟城市”上，因此他们可以更好地理解模拟的内在优势和缺点，并且将更多的精力放在学习目标的实现上，而不是仅仅将它作为一款游戏来批评。

第二个问题是检测“模拟城市”能否帮助学生理解他们所建立的城市中的新的以及更复杂的关系。这个问题的目的是使学生以一种系统论的方式理解他们的城市，以及一个系统中的问题，比如空气污染，可以通过调整另一个系统，比如交通系统来解决。根据对学生的调查，“模拟城市”对提高研究生和城市规划专业学生的系统化学习目标方面比对本科生更有帮助。对于“模拟城市”是否改变了他们对城市的理解这个问题，不到一半的本科生（42%）选择了“绝对是”，而 75% 的研究生和规划专业学生选择了“绝对是”。这种分化的原因可能是本科生对于他们的课堂作业，忽略了用系统性方法去认识城市的内在综合性，而倾向于用一两个要素去解释他们的城市中发生的事情。本科生对开放性问题的回答也支持了这个结论：“资金对城市规划的作用很大，而‘模拟城市’使得这个原则更为重要”。另外，研究生和规划专业学生的回答显示了他们能够利用“模拟城市”来理解城市的系统性。一个研究生这样说，“从整体角度来解决问题比单独解决一个问题困难得多，也体现了城市规划中的多米诺骨牌效应”。进行模拟教学时，教师可以在课堂中展示“模拟城市”是如何应用系统方式来解决问题的，比如，如何通过降低土地利用密度来缓解交通拥堵问题，从而让本科生更好地理解城市的系统性。

在提供程序性知识和解决问题的能力这个学习目标方面，“模拟城市”也受到了研究生和规划专业学生的欢迎。超过半数的研究生（62%）以及 75% 的规划专业的学生在回答模拟让他们更好地了解了规划技术，并且使他们的城市运行得更好这个问题上选择了“绝对是”。有些学习教训是相当明显的：“我忘了消防局实际上能使土地增值。”还有一些教训则更加复杂和出乎意料：“在运输电力和水时怎样分配土地用途才是最有效率的。”但是，本科生对于提高问题解决能力这个学习目标不太认同，只有 33% 的学生在这个问题上选择了“绝对是”。我觉得这是因为本科生不认为他们会很快从事规划工作，因此他们对于学习专业新技术并不那么感兴趣，而可能只关注课堂作业。

学生对于技能学习的目标完成并不是很好，在回答他们在作业中是否用“模拟城市”来了解城市中存在的新关系这个问题时，接受调查的学生没有一个给出高于 50% 的正面回答。较低的满意率的原因很大程度上是因为“模拟城市”这个软件的局限性。模拟程序只是提供了非常基本的早就预设好的土地利用问题，没有给学生提供什么建立自己新的规划理念以便发展新的规划技术的空间。这可以从大部分学生在回答基本的土地利用关系的问题时，回答“工业用地规划可能带来更多的污染”等答案中看出来。因为模拟中忽略了复杂的土地利用的社会经济学问题（比如环境公平，我猜想这可能是因为考虑这些问题的话，会使这个游戏损失很大的电脑游戏市场），这导致除了基本的土地利用规划的练习外，学生们，尤其是规划专业的学生没有什么资料来帮助他们进一步提高他们的技能。看来利用“模拟城市”实现学生技能教学目标是有一定困难的。

## 5. 结论

在规划课堂中使用“模拟城市”，可以非常成功地实现一些特定的教学目标。规划教师应该积极地考虑将“模拟城市”作为一种教育资源加入我们的主要学习工具中，以便让学生能够推理性地从事一些动态的规划决策。然而，“模拟城市”不应被看作是教学的灵丹妙药。对于教师来说，希望仅仅通过将“模拟城市”引入课堂教学就获得莫扎特效应，是不现实的。使用“模拟城市”教学，需要教师做大量的工作将其恰当地融入课程安排中，确保特定的学生群体可以达到相应的学习目标。本文中讨论的调查结果表明，本科生、研究生和规划专业学生可以实现的学习目标是不同的。从我的教学经验来看，当“模拟城市”被用于那些合适的学生群体来实现一些现实的学习目标时，模拟过程将提供一种引人入胜的教学工具。因此，让我们开始模拟吧。

**作者鸣谢：**

感谢四位评审者对于本文的建议与指导；感谢 Hannah Norman 对“模拟城市”历史背景研究的帮助；我还要感谢内布拉斯加大学林肯分校和奥本大学的规划专业学生，他们参加了“模拟城市”在课堂里的检测应用；最后，我要感谢Sharon Gaber对于此文构架思想形成的帮助，让“模拟城市”不仅仅是规划课堂的一种电脑游戏。

**注释：**

1 当地奥本大学的报纸报道了对这一课程和项目显示出浓厚兴趣的学生们：“弗吉尼亚·B，法语专业大三学生，拥有一款‘模拟城市’软件，喜欢并且经常玩这个游戏。他说，‘有一门建筑学课程将学习寓于这款游戏之中，我都想换专业来上这门课了’。”（《奥本居民》，2003-6-12，A.5页）

2 地理信息数据是模拟城市的一个组成部分，但在之后的版本中它的实用性有所下降。在模拟城市经典版和模拟城市2000中，学生可以在一张地图上同时查询不同种类数据（从土地价值到犯罪和污染）。在模拟城市3000和模拟城市4中，学生一次只能在一张地图上查询一种数据。

3 这并不是说“模拟城市”游戏的开发者对模拟社会交往没有兴趣。现在有一个由“模拟城市”衍生出来的社会交往模拟软件，叫做“模拟人生”。它有从“模拟人生：欢乐假期”到“模拟人生：非常男女”等一系列不同的版本。

4 我对于模拟城市4使用的“交通高峰扩展包”非常推荐。如果没有这个扩展包，就让学生们从“初级”开始进行游戏，这对模拟城市新手玩家来说挑战过大。此外，这个扩展包提供了一系列的交通规划附件（如交通结构分析），能够让模拟城市更有效地帮助交通规划教学。

5 从经验来看，学生们倾向于花多于三个小时的时间在游戏中，因为他们对自己城市有一种个人所有物的情感，他们想让自己的城市一直运行。Manocchia（1999，215页）观察到他的模拟城市学生显示出“对他们的（社区）存在的真情”。

**参考文献：**

[1] Adams, Audrey.2004.Pedagogical underpinnings of computerbased learning.*Journal of Advance Nursing* 46（1）：5-12.

[2] Adams, Paul.1998.Teaching and learning with SimCity 2000.*Journal of Geography* 97：47-55.

[3] Boud, David.1995.*Enhancing learning through self assessment*.London：Kogan Page.

[4] Dewey, John.1938.*Experience and Education*.New York：Macmillan.

[5] Fishman, Robert.1982.*Urban utopias in the twentieth century：Ebenezer Howard, Frank Lloyd Wright, Le Corbusier*.Boston, MA：MIT.

[6] Friedmann, John.1987.*Planning in the public domain：From knowledge to action*.Princeton, NJ：Princeton University Press.

[7] Garris, Rosemary, Robert Ahlers, and James Driskell.2002.Games, motivation, and learning：A research and practice model.*Simulation and Gaming* 33（4）：441-67.

[8] Gokhale, Anu.1996.Effectiveness of computer simulation for enhancing higher order thinking.*Journal of Industrial Teacher Education* 33（4）：36-46.

[9] Hoch, Charles.1994.*What planners do：Power, politics, and persuasion*.Chicago：American Planning Association.

[10] Hung, David.2002.Situated cognition and problem-based learning：Implications for learning and instruction with technology.*Journal of Interactive Learning Research* 13（Winter, i4）：393-415.

[11] Jacobs, Allan.1980.*Making city planning work*.Chicago：American Planning Association.

[12] Jacobs, Jane.1961.*The death and life of great American cities*.New York：Vintage.

[13] Kelly, Eric Damian, and Barbara Becker.2000.*Community planning：An introduction to the comprehensive plan*.Washington, DC：Island.

[14] Klabbers, Jan.2006.*The magic circle：Principles of gaming and simulations*.Rotterdam, The Netherlands：Sense Publishers.

[15] Kramer, Greg.2003.SimCity 4 deluxe edition：Prima's official strategy guide.Roseville, CA：Prima Games.

[16] Kolson, Kenneth.2001.*Plans：The allure and folly of urban design*.Baltimore, MD：Johns Hopkins University Press.

[17] Levy, John.2003.*Contemporary urban planning*.6th ed.Upper Saddle River, NJ：Prentice Hall.

[18] Lobo, Daniel.2005.A city is not a toy：How SimCity plays with urbanism.Presented at the Discussion Paper Series, Cities Program, Architecture and Engineering, Creative Commons.London School of Economics and Political Science.

[19] Manocchia, Michael.1999.SimCity 2000 software.*Teaching Sociology* 27（2）：212-15.

[20] Maxis.1989.*SimCity：The city simulator*.User documentation.Walnut Creek, CA.——.2003.*SimCity 4*.Reference manual.San Mateo, CA：EA Games.

[21] McKinney, William.1997.The educational use of computer based science simulations：Some lessons from the philosophy of science.*Science and Education* 6：591-603.

[22] Miller, Donald.1986.*The Lewis Mumford reader*.New

York: Pantheon.

[ 23 ] Nantais, Kristin, and Glenn Schellenberg.1999.The Mozart effect: An artifact or preference.*American Psychological Society* 10 ( 4 ): 370–73.

[ 24 ] Nathan, Mitchell, and Cecil Robinson.2001. Considerations of learning and learning research: Revisiting the "media effects" debate.*Journal of Interactive Learning Research* 12 ( 1 ): 69–88.

[ 25 ] Pas, Eric.1995.The urban transportation planning process. In 2nd ed.of *The geography of urban transportation*, ed.Susan Hanson, 53–80.New York: Guilford.

[ 26 ] Plainsman, Auburn.2003.Professor uses SimCity in urban–planningclass.Auburn University student newspaper June 12, A5.

[ 27 ] Rauscher, Frances, Gordon Shaw, and Katherine Ky.1993.Music and spatial task performance.*Nature* 365: 611.

[ 28 ] Rothfeder, Jeffrey.2004.Terror games.*Popular Science* ( March ): 83–91, 115.

[ 29 ] Schon, Donald.1973.*Beyond the stable state*.New York: Norton.

[ 30 ] Simon, Herbert.1985.*The sciences of the artificial*.2nd ed.Boston, MA: MIT Press.

[ 31 ] Starr, Paul.1994.Seductions of Sim: Policy as simulation game.*The American Prospect* 5 ( March ): 17.

[ 32 ] Swaak, J., and T.de Jong.2001.Discovery simulations and the assessment of intuitive knowledge.*Journal of Computer Assisted Learning* 17: 284–94.

[ 33 ] Tompkins, Patricia.1998.Role playing/simulation. *The Internet TESL Journal* IV ( 8 ) .

[ 34 ] Wilson, Johnny.1990.*The SimCity planning commission handbook*.Berkeley, CA: McGraw–Hill.

[ 35 ] Zacharia, Zacharias, and O.Roger Anderson.2003.The effects of an interactive computer–based simulation prior to performing a laboratory inquiry–based experiment on students' conceptual understanding of physics. *American Association of Physics Teachers* 71 ( 6 ): 618–29.

Sustainable Urban Forms: Their Typologies, Models, and Concepts

# 可持续的城市形态——类型、模式与理念

Yosef Rafeq Jabareen 文
秦波 邵然 译

【摘要】本文分析了若干种可持续的城市形态及其设计理念，并对何种城市形态更具可持续性进行探讨。运用主题分析法，对大量可持续发展和环境规划的文献进行分析，确定了七个与可持续城市形态紧密相关的设计理念：紧凑、可持续的交通、密度、土地混合利用、多样化、被动式太阳能设计、绿化。同时，研究明确了四种可持续的城市形态：新传统式发展、遏制城市蔓延、紧凑城市、生态城市。最后，本文提出了一个帮助规划师衡量不同城市形态可持续性的矩阵。

【关键词】紧凑城市；生态城市；设计；新传统式发展；规划；交通；城市形态；遏制城市蔓延

## 1. 引言

当代城市的空间形态被认为是环境问题的根源之一（Alberti et al.2003；Beatley and Manning 1997；U.S.Environmental Protection Agency［EPA］2001；Haughton 1999，69；Hildebrand 1999b，16；Newman and Kenworthy 1989）。美国环保局（EPA，2001）在《我们的人造与自然环境》中指出，城市形态通过土地消耗、栖息地碎片化以及对自然地表的硬化覆盖，直接影响栖息地、生态系统、濒危物种以及水质。城市形态会影响人们的出行方式，进而影响空气质量，造成农田、湿地、开放空间的流失，导致土壤污染，影响全球气候，引发噪音污染（Cervero 1998，43–48）。越来越多的事实表明，由于人类尤其是发达国家对化石燃料的过度使用，温室气体的排放正以惊人的速度上升。人类必须采取共同行动，改变现有过度依赖能源的生活方式。人类的行为方式需要转变，同时城市形态设计的改变也迫在眉睫。

"可持续发展"概念的出现和盛行（参见Jabareen 2004）引发了众多关于城市形态的探讨。不同领域的学者和实践者不断寻找符合可持续发展要求，并使得物质环境能够以更加有效的方式来运行的城市空间形态。毫无疑问，可持续发展的概念促使学者们研究何种城市形态能够更为有效地减少能源消耗、降低污染水平（U.K.Department of the Environment［DoE］1996；Breheny 1992a，138）。

在这种背景下，学者、规划师、地方和国际非政府组织、民间团体以及政府，提出了各种实现可持续发展的城市空间设计和组织的对策框架。这些对策基于以下不同的空间尺度：①区域和大都市尺度，如生态区域对策（参见Forman 1997；Wheeler 2000）；②城市尺度（如Girardet 1999；Nijkamp and Perrels 1994；Gibbs，Longhurst，and Braithwaite 1998；Roseland 1997；Engwicht 1992；OECD 1995；Jenks，Burton，and Williams 1996）；③社区尺度（如Nozick 1992；Paulson 1997；Corbett and Corbett 2000；Rudin and Falk 1999；Van der Ryn and Calthorpe 1991）；④个体建筑尺度（如Roelofs 1999；Edwards and Turrent 2000；Boonstra 2000；Woolley，Kimmins，and Harrison 1997）。

然而，学界对于何为最具有可持续性的城市形态并未达成一致（参见Williams，Burton，and Jenks 2000，347页；Hildebrand 1999a；Tomita et al.2003，17页），也没有建立起公认的、可用于比较不同对策、规划方法和政策的概念框架。例如，我们缺乏应有的理论支持用于评价某种城市形态对可持续性贡献程度或对比不同城市形态在实现可持续发展目标的有效性。因此，本文力求

作者简介：
Yosef Rafeq Jabareen，城市规划专业博士，曾任麻省理工学院城市研究与规划系讲师。

译者简介：
秦波，中国人民大学城市规划与管理系讲师，主要研究方向为城市空间结构、城市可持续发展和GIS在城市研究中的应用；
邵然，中国人民大学公共管理学院城市规划与管理系硕士研究生。

本文原载于*Journal of Planning Education and Research*，2006，Vol.26（1）：38–52

回答以下问题：可持续的城市形态到底有哪些不同类型？这些城市形态有哪些共同的设计理念和原则？本文还试图建立一个用于评价不同城市形态可持续性程度的分析框架。

文章的第二部分介绍研究方法。本研究采用了适用于综合分析大量的跨学科文献的主题分析法。另外，为了更为准确地评价城市形态，本文也从城市规划实际操作的角度分析。第三部分讨论可持续城市形态的设计理念。第四部分讨论了现有文献中各种可持续的城市形态。第五部分提供了用于评估城市形态可持续性的分析框架。文章的最后一部分总结了结论，并对未来研究提出建议。

## 2. 研究方法

形态这一概念很难定义。因此，有必要在这里先讨论如何度量这个概念。总的来说，城市形态是与土地利用格局、交通系统、城市设计相关的一系列要素的组合（Handy 1996，152—53 页）。Kevin Lynch（1981，47 页）将城市形态定为“城市中大型、固定、永久性物质实体的空间模式”。同类要素在空间上集聚就形成形态，因此城市形态是城市中各种空间模式的综合体现。城市空间模式很大程度上是由若干基本类似的要素重复或者组合而成。因为城市空间模式具有相似性，所以我们就可以将其总结抽象成不同的城市模式概念（Lozano 1990，55 页）。具体来说，这些概念的要素包括街道格局、街区大小及形态、街道设计、地块结构、公园和公共空间的设计等。

本文认为这些概念的重复和组合形成了不同的可持续城市形态。因此，本文采用定性研究方法以识别出不同的城市形态及其设计原则，并探讨各种城市形态背后的理念。

一般来说，定性研究旨在通过概念分类的方法来描述并解释研究对象之间的关系（Mishler 1990）。Miles 和 Muberman（1994）提出一些如何归纳总结不同文献的定性研究“策略”。基于他们的工作，本文用主题分析方法来识别城市形态及其设计理念，并总结其背后的理论基础。作为一种归纳分析技术，主题分析法通过分析大量规划及跨学科的研究文献，总结其中的模式、主题以及理念。

本文的主要研究步骤如下：

（1）对与可持续发展相关的规划、设计及其他跨学科研究的文献进行回顾。主要目的是把与可持续城市形态有关的内容进行分解。这个过程将提取出许多与城市形态相关的主题，比如“设计理念”等。

（2）模式识别——“在看似随机的信息中识别出模式的能力”（Boyatzis 1998，7 页）。这一部分的目的是在第一步的基础上提取出主要的模式和概念。具体而言，这一步将在样本中寻找相似性和模式，总结并形成概念。

（3）识别城市形态——识别出不同的、具体的城市形态。

（4）概念化——寻找概念以及城市形态之间的理论关系。

## 3. 可持续城市形态的设计理念

通过主题分析，本文识别了七个城市形态研究中常见而且重要的主题，也就是七个可持续城市形态的重要设计理念。

### 3.1 紧凑

紧凑发展作为可持续的城市形态已被普遍接受。紧凑发展与城市发展连续性（连接度）有关，指的是城市未来发展需要与现有的城市结构相毗连（Wheeler 2002）。这一理念的目的在于有效遏制城市未来的蔓延，而不是减少现有的城市蔓延（Hagan 2000）。紧凑的城市空间可以将能源、水资源、物资、产品、人力的运输最小化（Elkin，McLaren，and Hillman 1991）。

提高城市发展强度是实现城市紧凑性的重要手段，即通过增加城市开发和经济活动密度，更为有效地利用城市土地。提高发展强度包括对城市中未开发土地的开发、对现有建筑或已开发地区的重建、土地细分和更改用途、改建和扩建等（Jenks 2000，243）。

在紧凑性作为实现城市可持续发展重要策略的讨论中，有四个要点值得注意（Williams，Burton，and Jenks 2000；Pratt and Larkham 1996，279）。第一，一个遏制无序发展的、紧凑的城市必将保护农村土地（McLaren 1992）。这或许是最早提出并最为普遍接受的要点。第二个要点与提高生活质量有关，包括强化社会交流和提高服务设施的可达性。第三个要点是通过提高建筑密度从而实现街区集中供热或热电联供系统，以减少能源消耗。第四个要点是减少温室气体排放，这主要通过减少对环境造成破坏的交通出行距离和次数来实现。

对于大多数规划师和学者来说，紧凑是实现城市可持续发展的关键。例如，Dumreicher 等（2000）认为可持续的城市必须是紧凑、高密度、多样化并且高度整合。他们的理想城市形态是易于步行，小到甚至可以消除对私家车的依赖，又大到可以提供各种各样的机会和服务以构建丰富的城市生活。对于他们而言，可持续性就是"本地、非正式、可参与、寻求平衡的过程，在可持续发展预算（Sustainable Area Budget，SAB）内运行，不给地域之外或未来带来任何不平衡，从而拓宽通向繁荣富饶的道路"（360 页）。紧凑发展与适于居住和减少通勤的目标紧密相关，而通勤被认为是当今城市生活中最为浪费和令人失望的一个方面（Sherlock 1990，53 页）。

## 3.2 可持续的交通

在城市形态对环境影响的相关争论中，交通被认为是一个最重要的议题（Jenks，Burton，and Williams 1996，171 页）。在很大程度上，城市形态反映了城市不同发展阶段的主要交通技术（Barrett 1996，171 页）。Clercq 和 Bertolini（2003，38 页）甚至"将可持续性定义为减少流动性和交通的负面性"。Elkin，McLaren 和 Hillman（1991，12 页）则认为可持续的城市形态必须是一个特定的形态和尺度，这个形态和尺度适宜于步行、自行车以及有效的公共交通，同时也必须具备紧凑性以鼓励社会交往。它还必须实现城市设施和公共服务的可达性，最小化相关的外部成本。

"可持续的交通"定义为"能够反映全部社会和环境成本的，维持承载能力的，平衡流动性、安全性与可达性、环境质量以及邻里宜居性的交通服务"（Jordan and Horan 1997，72）。Duncan 和 Hartman（1996）认为，可持续的城市交通系统将其排放物和废气限制在区域可吸收的能力之内，由可再生能源提供动力，循环利用其零部件，减少土地使用；并为居民和物品提供了均等的可达性，帮助每一代人实现健康和满意的生活质量；同时财政可负担，运行效率最大化，支撑一个富有活力的经济体。

因此，城市可持续发展的政策必须包括减少移动需求、推广能源有效和环境友好型交通方式的措施。土地利用规划对这些目标的实现具有重要作用。据估算，活动的物理距离越小，交通需求就会越低，从而更容易实现步行、自行车以及环境友好型的交通方式。

一些学者指出，我们对城市形态对交通行为的影响和作用了解甚少。Boarnet 和 Crane（2001）认为，我们对通过城市设计减少交通没有抱应有的期望，而更注重于其他的交通政策。

新传统式发展和"新城市主义"研究中具有影响力的文献都认为，在有利于步行的邻里设计中小汽车的使用将大大下降，比如街道相连式布局、土地混合使用、商业和居住高密度开发、平抑交通等。Crane 和 Crepeau（1998，18 页）声称，"很多情况下，这些交通方面的效益是事实而非理论上的假设，它们已经被采用或至少被推荐为减少由汽车引发的负面环境影响的手段"。Robert Cervero（2003，18 页）认为，"尽管需要克服许多障碍，一体化的交通和城市主义仍将成为 21 世纪美国社区建设的主导模式。"另外，他认为我们需要深入研究邻里、社区和区域的设计如何影响交通行为。

重构城市和大都市地区的交通系统在几个方面有助于节约能源。在《The transit metropolis：A global inquiry》中，Robert Cervero（1998，46 页）指出，"紧凑的、公共交通主导的开发模式将减少出行，因此鼓励非机动的交通方式。此外，从低载客的小汽车转换到大规模的公共交通将减少人均燃料消耗"。

Newman 和 Kenworthy（1989）发现城市密度和交通能源消耗呈现明显的负相关关系。然而也有学者不认同这种说法。Rickaby、Steadman 和 Barrett（1992）分析了英国具有代表性的 20 个城镇，其居民人口在 5 万～15 万之间。每个城镇都收集了关于土地利用格局、开发强度和形态的数据。他们的研究表明，对于这种规模的城镇来说，土地新开发空间布局政策的重要变化仅仅对交通燃料的使用具有轻微影响（195 页）。

## 3.3 密度

密度是决定可持续城市形态的一个关键。它是单位面积下人口或者住户的比率。密度与城市之间的关系可以通过门槛概念来理解：城市只有达到一定的密度（门槛），也就是给定面积上达到一定人数，才能具备足够的人与人之间的交流来维持城市的功能和运行。

在一个更广的层面来说，可持续城市就是一个密度的问题（Carl 2000）。密度和住宅形式因为具有不同的能耗、建筑材料、住宅用地、交通以及城市基础设施需求，从而影响城市可持续性（Walker and Rees 1997）。高密度和整合的土地利用不仅可以保护资源，也能够提供紧凑性以强化社会互动。

Newman和Kenworthy（1989，33页）总结说：有些政策通过“提高城市密度，强化城市中心，扩大城市内土地开发的份额，提供一个好的交通选择，限制私人汽车基础设施的供给”可以显著地节约能源。他们提倡发展新型大运量轨道交通系统，认为其是改善“低效率”城市的处方。

密度是与公共交通使用量联系最为紧密的概念（Transportation Research Board of the National Academy 1996）。当密度提高时，汽车拥有率下降，汽车出行——由油耗或者人均汽车出行距离（VMT）来衡量——也同样下降，而公共交通使用量会随着密度的上升而上升。在一个基于十一个大都市地区的样本中，居住密度显著地影响到通勤方式的选择。在土地混合利用情况下，高密度区域的居民相比居住在低密度区域的居民更有可能使用公共交通、走路、自行车或混合的出行方式，而不大可能选择开车（Transportation Research Board of the National Academy 1996）。

低密度与良好的交通系统的内在矛盾在于低密度发展必然鼓励小汽车的使用。Freeman（1984）认为规划师、建筑师以及地方政府在降低城市的发展密度以及低密度的郊区发展方面负有责任。这样的低密度使得一定程度的汽车出行成为提供城市服务设施的必需，也对环境造成了破坏。

然而，也有部分学者号召分散居住、降低密度。Clark、Burall和Roberts（1993，146页）提出，可持续发展预示着“自给自足的经济”并要求“更多户外活动的土地……以及净居住密度的下降”。同样，Robertson（1990）也认为随着回归农村与乡土价值观的复兴，未来会出现分散化发展。

### 3.4　土地混合利用

学者和规划师普遍认为，土地混合利用在实现可持续发展的城市形态中起着重要作用。混合利用或者异质性的区划使得功能相容的地块紧凑相连，从而降低了不同活动之间的交通距离（Parker 1994）。土地混合利用意味着土地利用功能的多样，包括居住、商业、工业、行政以及交通功能等。可持续城市形态的目标之一就是要减少交通的需求，土地混合利用则能够很好地实现这个目标。因为工作、购物和休闲设施都在附近，土地混合利用减少了使用汽车通勤、购物、休闲出行的可能性（Alberti 2000；Van and Senior 2000）。土地混合利用保证了很多服务设施都在一个合理的范围之内，从而鼓励步行与自行车的使用（Thorne and Filmer-Sankey 2003）。此外，土地混合利用还能够复兴城市内的许多区域，增强公共空间的安全性，从而保障了弱势群体（Elkin，McLaren and Hillman 1991，22页）。

过去几十年中，城市规划一直通过僵化的区划将城市地块涂成单一的功能单元，将城市变得“非混合”。这样做的结果就是城市缺乏多样性，交通大量增加，街道的安全性和吸引力降低（Newman 1997）。可持续的城市形态则要求抑制区划的使用，鼓励土地混合利用（参见Breheny 1992b，22页）。

虽然研究城市设计与通勤行为之间关系的文献与日俱增，但是仍然存在大量的未知领域和不同的认识（Crane 1999）。最有意思的一个问题就是如何通过物质环境设计减少汽车出行的需求，从而减少空气污染和交通堵塞，同时通过提高步行的总量增强邻里社区的亲和力，加强居民之间的交流。大量研究表明，高密度、土地混合利用、更多开放式的环状格局以及行人友好的环境都有助于减少汽车出行。但也有人认为这些因果关系难以实证确认和解释（Rutherford，McCormack and Wilkinson 1996）。

若干研究发现，土地混合利用带来与交通相关的好处包括减低了车辆的使用率和使用时间，同时提高了步行总量（参见Institute of Transportation Engineers 1989；Ewing，Haliyurand Page 1994）。也有人认为因为问题的复杂性必须对该因果关系提高警惕。Frank（2000，12页）认为因为指标衡量的复杂性、小地块数据难以获取以及很难精确地将研究结论转换成公共政策等原因，关于土地混合利用与通勤行为的实证研究是有局限的。而且，怀疑者指出现有研究缺乏对非城市形态因素的控制，如家庭收入和替换交通模式的可用性等（Parker 1994；JHK & Associates 1995）。

### 3.5　多样性

多样性对于城市的可持续发展至关重要。简·雅各布斯（1961）使人们知道多样性的重要意义，随后其被各种规划方法所广泛接受和采用，诸如新城市主义、精明增长以及可持续发展。如果没有集中式的多样性，人们必将通过汽车满足几乎所有的需求。雅各布斯写道，“在密集、多样化的城市地区，人们依然会走路，而走路这一活动显然在郊区或者大部分灰色地带是不可行的。地区内越多的差异化与多样性，步行就会越多。即使人们通过汽车或者公共交通进入一个富有生气的、多样化的地区，但他们到达之后就会步行"（230页）。对于雅各布斯而言，多样性至关重要；没有它，城市系统作为一个生活的空间和生存的空间就会衰落。

多样性与土地混合利用有一些相似之处。然而，多样性是一个"多维度的现象"（Turner, Robyneand Murray 2001, 320页），注重于提倡更多样化的居住类型、建筑密度、家庭规模、年龄、文化以及收入（参见 the Congress for the New Urbanism and U.S.Department of Housing and Urban Development 2000）。因此，多样性还代表着城市形态的社会与文化背景。

多样化发展包含着土地利用、建筑与住房类型、建筑样式以及租赁方式的混合。"如果发展并不是多样化的，那么同化的城市形态会产生缺乏吸引力、单调的城市景观，缺乏针对各种收入群体的住房保障，阶级和种族空间隔离，同时工作－居住的不平衡也会带来更多的汽车行驶、交通拥堵和空气污染"（Wheeler 2002, 328页）。

## 3.6 被动式太阳能设计

被动式太阳能设计是实现可持续城市形态的中心议题。总体来说，该设计的核心理念就是通过具体的设计手段，减少能源的需求并充分利用被动式能源，以实现可持续发展。设计将改变物质环境的形态，比如改变建筑的朝向或者城市的密度等（Thomas 2003）。通过设计、选址、方位、布局、景观等充分利用太阳能和微气候条件，从而减少用于供暖或制冷的常规能源的需求（Owens 1992）。

城市地区，在气候学上有时也被称为"城市微气候"，与乡村具有完全不同的气候（Barry and Chorley 1998）。与空旷的乡村相比，城市建成区单位地表暴露在外的面积更大。因此，理论上城市地区能够吸收更多的太阳能，尤其是在冬天。在既定时间内，城市建筑物表面的暴露程度与建筑形态紧密相关，同时也受街道宽度和朝向的影响。Yannas（1998, 43页）总结了改进城市微气候、实现环境可持续发展的设计要素：①建筑形态——密度和类型，影响空气气流、太阳和天空的直射以及暴露的表面区域；②街道空间——宽高比和朝向，影响升温和降温过程、保暖与视觉的舒适性以及污染物扩散；③建筑设计——影响建筑热量的获取与流失、反射率和外表的保温能力、过渡空间的利用；④城市材料和表面抛光——影响热量吸收、存储和扩散；⑤植被与水体——影响建筑表面或开放空间的蒸发降温过程；⑥交通——通过削减交通量、分散交通、重定线路来减少空气和噪音污染以及热量排放。

能源系统与城市结构的交互作用发生在区域、城市、邻里、单体建筑等所有的空间尺度上（Owens 1992, 81–82页）。至今为止，可持续的城市形态对减少能源至关重要。Edwards（1996, XV页）认为"与其他职业相比，建筑师更应该为世界化石燃料的消耗和全球温室气体排放承担责任"。在英国建筑消耗半数的能源，同样世界大多数的能源消耗也与建筑有关。显然，生态设计与土地混合利用规划政策有利于提高能源使用效率。

## 3.7 绿化

城市的绿化，或者说绿色城市主义，是可持续城市形态的一个重要设计理念。绿色空间对城市地区实现包括可持续发展在内的重大目标具有积极作用（Swanwick, Dunnettand Woolley 2003）。绿化致力于将自然作为有机部分引入城市，并通过开放式景观的多样化将自然引入城市居民生活（Elkin, McLaren and Hillman 1991, 116页）。城市的绿化使得城市和郊区地带更富有吸引力、使人愉悦（Van der Ryn and Cowan 1995; Nassauer 1997），而且更加可持续（Dumreicher et al.2000）。

城市中绿化空间还具有众多其他优点（Swanwick, Dunnett and Woolley 2003; Beer, Delshammar, and Schildwacht 2003）：①绿化空间保留并提高了城市栖息者的种类，从而有利于维持生物多样性（Gilbert 1991; Kendle and Forbes 1997; Niemela 1999）；②通过减少污染、减轻城市极端气候、形成低成本高效可持续的城市下水道系统，有效改善城市物质环境（Von Stulpnagel, Horbert, and Sukopp 1990; Plummer and Shewan 1992; Hough 1995）；③有助于实现可持续发展以改善城市形象；④改进城市形象和生活质量（DoE 1996）；⑤增加城市的经济吸引力，培养社区荣誉感（Beer, Delshammar, and Schildwacht 2003）。绿化还有利于健康（Ulrich 1999）；作为自然的象征或代表，绿化也具有教育功能（Forman 2002）。最后，绿化同样有助于保存和提升城市环境的生态多样性。

在《绿色城市主义》一书中，Timothy Beatley（2000）强调了城市和积极的城市主义在打造可持续的空间、社区和生活方式中扮演重要角色。他认为既有的城市主义路径并不完整，需要包含更多的对生态环境负责任的生活和居住形态。Beatley 认为，一个典型实现绿色城市主义的城市包括①致力于在生态容量之内生活；②与自然过程类似的城市功能运行设计；③致力于实现循环体系而非线性的新陈代谢；④致力于地区和区域自给自足；⑤实现更可持续的生活方式；⑥强调邻里和社区生活的高质量（6–8 页）。

## 4. 城市形态

前文分析了与可持续城市形态相关的七种设计理念。通过文献分析，我们发现这些理念的不同组合形成了不同的城市形态。基于此，本文确认了四种可持续城市形态的模式。

### 4.1 新传统式发展

传统式的城市建设给规划师和建筑师以灵感，激励他们以高质量的建设为基础，寻求更好的城市形态，这就是所谓的"新传统式城镇规划"运动（Nasar 2003，58 页）。新城市主义是新传统式发展中最广为人知的规划方式。新城市主义倡导基于传统城市形态、有助于控制郊区蔓延和内城衰落、重建邻里和城市的设计策略。Charles Bohl（2000）指出，新城市主义就是一种规划设计的策略，利用历史上传统城市建设的先例，通过邻里而非超大街区、郊区或巨型工程的方式，将不同的居住类型融合起来。

新城市主义者相信具有特色的居住区设计能够满足居住需求，鼓励本地步行和邻里往来，培养社区感，从而使得居住密度高于通常的郊区地区（Leccese and McCormick 2000）。新城市主义和新传统式居住区设计的关键在于提供涵盖不同收入和家庭结构类型的多样化住宅，提高密度、加强邻里人际交流以及通过抑制汽车提高邻里的人性化（Audirac and Shermyen 1994；Leccese and McCormick 2000）。新城市主义者认为狭窄的街道、朝向街道的阳台、位于屋后的车库、房屋建筑在临街面小距离后退、行道树可以促使小镇回到 20 世纪 20 年代那种亲切的邻里氛围。Wheller（2002）认为 19 世纪那些具有多样化建筑类型和土地利用的邻里，如今成为最活跃、最吸引、最受欢迎的街区。他总结说区划制度是阻碍城市形态多样化的主要制度因素。

新传统式发展，或者说新城市主义，强调了可持续城市形态中的一些特定理念。交通方面，新传统式发展推崇以步行为导向以及适合步行的村庄小镇。密度方面，它偏向于比传统郊区更高的建筑密度。土地混合利用方面，它强调居住、商业和市政的混合使用。据此，理想的新传统式城镇应该是自给自足、紧凑聚集、适合步行，类似第二次世界大战以前美国小镇的模式。它具有混合利用的土地以及更高的密度，可以给司机和行人提供不同的道路选择（鼓励人们步行）；独特的传统建筑风格；通过较窄的街道、朝向街道的阳台和公共开放空间等形式推动街区生活（Nasar 2003；Audirac and Shermyen 1994；Calthorpe 1993；Duany and Plater–Zyberk 1992；Fulton 1992；MacBurnie 1992；Lerner–Lam et al.1992；Sutro 1990）。

新传统式发展的另一种模式可称为"公共交通导向型开发"（TOD 模式）。近年来还有很多其他术语传承了 TOD 的理念，例如"公共交通村庄"、"公共交通支持型开发"，"公共交通友好型设计"等，但 TOD 是最广泛使用的术语。大多数关于 TOD 的定义具有一些共同点：功能混合的开发、与公共交通及其服务相邻的开发以及有助于公共交通利用率的开发（Transportation Research Board of the National Academy 2002，5–7 页）。Boarnet 和 Crane（1997）将 TOD 定义为对轨道交通站点周边居住用地的集约化开发。斯蒂尔（Still 2002）认为 TOD 意味着一个土地混合利用的社区，它鼓励人们居住在公共交通设施附近而减少对私人交通的依赖。

作为 TOD 应用之一，"公共交通村庄"是"一个紧凑、土地混合利用的社区，以公共交通车站为中心，通过设计促使居民、工人、店家等减少私人交通的使用，加大公共交通的乘坐……公共交通村庄的中心是公交车站以及周边的市政设施和公共空间"（Bernick and Cervero 1997，5 页）。

"城市村庄"是新传统式发展的另一个模型，它最早出现于 20 世纪 80 年代早期的美国和 20 世纪 80 年代末期的英国（参见 Aldous 1992）。20 世纪 90 年代，可持续发展思想的盛行推动了城市村庄建设目标的形成。根据城市村庄论坛（Urban Villages Forum），城市村庄是建设在绿地、废弃的工商业用地或现有开发地之外的定居地。城市村庄的特点包括：高密度，土地混合利用，不同的房屋种类、年限和不同阶层的居住混合，高生活质量，适合步行（Aldous 1992）。基于美国和加拿大的案例，Kenworthy（1991）认为城市村庄是一种趋势，它试图改善社区生活的空虚感，真正实现人们对方便、效率、美观以及与更多人建立往来联系的需求。其他推动城市村庄发展趋势的因素还包括交通拥挤、污染、基础设施成本以及生活质量。

Douglas Kelbaugh（1997）认为，城市村庄和区划制度改革是对现有城市和郊区有益的策略。出于以下几点原因，他坚信"西雅图的村庄规划有意义"。其一，它是一个保证城市公平分享区域增长的有效方式；其二，通过使用现有的社会公共机构而节约成本；其三，它适合步行、睦邻亲密、公交友好并且可持续，提供了一个生动丰富的生活环境（121–27 页）。

一些学者认为新城市主义的美丽蓝图与现实中的应用存在很大差距。Beatley（2000，65 页）表示新城市主义的设计相比郊区密度更高、更紧凑、更适宜步行。但现实中的一些项目在很多方面并不与其美好愿望相吻合，发展密度常常并不高于通常的郊区开发，同样缺少公共交通、土地混合利用以及其他能够使其更具有可持续性的要素。Beatley 批评新城市主义项目很少关心降低生态影响或推进更加生态可持续的生活方式等问题。因此，"当今我们所需要的城市是另一种新城市主义，这种新城市主义在设计和功能上更加生态，其核心应该是尊重生态的局限。"（5 页）

Alex Kreiger（1988，74 页）认为至今为止，新城市主义项目产生了更多的开发区而不是城镇；密度太低而无法支撑土地混合利用和公共交通。表现为相对单一的人口类型，而远非"多元的人口聚居"。虽然有一个新的、有吸引力、人们渴望的居住规划形态，但实质上仍未完全落实。这些新城市主义项目还引发了一轮决定论浪潮，号称能够通过设计实现理想的社区；鼓吹能够在田园中创造和维持城市环境。Kreiger 认为这些项目及其所倡导的思想，为位于城市外围低密度、住宅主导的房地产开发提供了新的合理性依据。

## 4.2 遏制城市蔓延

20 世纪初，大多数城市地区十分紧凑，大多数的美国人口也集中在城市内部。然而这种格局到 20 世纪 60 年代开始转变（EPA 2000，4–19）。70 年代至 80 年代间，超过 95% 的人口增长发生在城市外围的郊区地带。如今美国，更多的人口工作和居住在郊区而非城市地区（Gillham 2002）。因此，过度依赖汽车使用、低密度住宅以及带状商业开发混杂分布的城市"蔓延"出现并成为遍及美国大部分地区的主要发展模式（Ewing 1997；Gillham 2002）。这种分散的、低密度开发的蔓延比多层的、高密度的城市中心占用更多土地，严重影响了土地和自然资源。除美国之外，迅速提升的城市化和蔓延式发展在世界许多其他地区也产生明显影响（Vitousek et al.1997；Alberti et al.2003）。

对蔓延成本的认识推动美国、其他发达国家以及一些发展中国家的政策制定者制定遏制城市蔓延的发展政策，通过地理边界的限制来遏制城市蔓延、抑制城市增长。本质上，遏制城市蔓延阻止城市的外向扩张，迫使城市开发向内发展。它通过运用一系列公共政策手段来控制"推力"与"拉力"，使得都市地区能够形成理想的地理形态。遏制城市蔓延的政策目标十分广泛，包括保护自然土地以及农田和资源开采型土地，因为这些用地的经济价值无法与城市用地竞争；成本低廉的建设和城市基础设施的利用；对被忽视的现有城市地区再投资；以及建立更高密度的土地利用模式，鼓励混合利用和公共交通的使用，从而实现城市化地区土地更有效的利用（Pendall, Martin and Fulton 2004）。

遏制城市蔓延政策包括确立城市增长边界、对公共设施延展到城市外围的限制、绿化带的设计与实施、开发模式和密度的控制、限制农村地区新居住区的开发、根据已有基础设施的容量调控新的城市开发、控制签发新居住开发许可证、土地保护项目、税收激励以及其他措施（Porter 1997；Razin 1998；Tjallingii 2000；Gillham 2002；Nelson et al.2004）。总体来说，遏制城市发展的政策通过至少三种不同手段控制都市区的增长，"绿化带"和"城市增长边界"影响"推力"，"城市服务区"则影响"拉力"。

绿化带是一种遏制城市蔓延的空间技术。绿化带常为一个紧密环绕城市区域的带状环，规划师往往期望这个环能永久保留，或难以改变。绿化带通常由政府或非营利组织购买开放空间或农田开发权而形成。它可以是保留的开放空间，也可是城市开发很少、保护受开发影响的土地或水资源的缓冲区域。即使在开发成片的地区，这些保留的高质量栖息地与野生动物廊道相连接，能够保护野生动物和生态系统。野生动物廊道可作为生态"栖息岛"间的"路桥"，也可以是本身就有动物居住的栖息地（Ewing 1995，95 页）。

城市增长边界（UGBs）超越行政区划的范围对土地开发加以限制，目的是遏制蔓延、保护开放空间、鼓励城内邻里的再开发（Staley，Edgens and Mildner 1999）。城市增长边界是一条区别城市化地区和农村之间的边界线，而不是一个实体区域。一些地区使用城市限制线（ULL）、蓝线或绿线来指代分开城市和乡村地区的实体范围。

在美国，城市增长边界（不同于绿化带）的确定通常是为能容纳一定时期内（20至30年）的城市增长，并根据用地需求的定期评估而进行改变。各地政府通过很多方法实施城市增长边界，很多方法将在下文涉及。总体来说，城市增长边界体系被人们熟知的主要途径是通过法律法规（如土地区划）来阻止增长边界之外的城市开发。

以华盛顿州为例，政府为了解决城市蔓延问题而以乡村为基础建立了城市增长边界。1990年，华盛顿州颁布了增长管理法，其首要目标就是通过将增长集中在城市区域，减少土地开发和对环境的影响。各级政府，如市政府或县政府，需要合作制定总体规划以平衡增长、经济和土地利用之间的关系，同时提供可以承受的住房和其他公共服务。地方政府需要依据2012年人口和经济增长的预测，制定特定时期内的城市增长边界（Robinson，Newell and Marzluff 2005）。

Staley、Edgens和Mildner（1999）检验了不同案例中增长边界作为增长管理手段的有效性和局限性。俄勒冈州波特兰市的增长边界是区域土地利用规划的成功案例，它帮助都市区重塑为一个更高密度、更加紧凑、公交主导型的城市。宾夕法尼亚州兰开斯特县的增长边界在县域范围内努力保护农田和当地特色文化。科罗拉多州博尔德县作为丹佛市一个高收入卫星城的同时，也正在尝试使用城市增长边界和严格的县域增长控制以降低开发速度。

遏制城市蔓延与城市增长管理在一定程度上有所重叠。如Nelson等（2002）定义，增长管理是州政府和地方政府谨慎、综合地利用规划、监管、财政权力，来影响增长和发展的格局以满足预期需求。一些遏制城市蔓延的政策忽略了预期需求，也并非所有的增长管理政策都会遏制城市蔓延，但是基于预测和规划所需增长的遏制城市蔓延政策可以被视为城市增长管理政策（Pendall，Martin and Fulton 2004）。Robinson、Newell和Marzluff（2005）检验了1974～1998年增长管理对华盛顿州皮吉特湾城市边缘地区的影响作用，发现期间郊区和远郊区土地开发快速增加，其代价是农地和荒地的大量减少。现在城市增长管理的首要任务是在提高城市增长边界内居住密度的同时，限制边界外围地区的密度。研究显示边界内的房屋密度确实有所上升，但与此同时，农村地区低密度的住房蔓延占据了研究范围内72%的土地面积。这个研究对美国及其他国家城市地区有关城市增长管理策略的考量有一定意义。

那些满足经济、社会、环境需求的同时也实现增长的管理策略，通常称为精明增长策略。这些项目通常包含上述策略的组合，或偏重于某一途径（Porter 1997；Benfield，Terris and Vorsanger 2001；Gillham 2002）。精明增长只是强调了一部分可持续城市形态的理念。例如，在不同的尺度上利用紧凑度这个概念；也就是说，它旨在阻止城市边缘的无序扩张而非支持单纯的紧凑或者强化开发（参见 Ben-Josef 2000，122）。此外，精明增长倡导土地混合利用以实现住房选择和机遇的多样性，倡导多种交通模式，并通过紧凑发展策略抑制蔓延（Talen and Ellis 2002，42页；DeGrove 1991）。实际上，美国有关精明增长的讨论在很大程度上借鉴了新城市主义形态的原理，但更加强调城市内向发展和通过遏制蔓延而节约资源。同时也强调具体技术的应用，例如城市增长边界、利于步行的街道设计和混合利用区划等。

## 4.3 紧凑城市

在可持续发展理念取得国际共识之前，勒·柯布西耶在《光明城》（La Ville Radieuse）中提出的"光明城"被认为是解决维多利亚时代城市问题的方案。它通过清除旧楼修建塔楼，允许人口高密度集中同时有大片开放空间。继柯布西耶"光明城"的思想之后，Dantzing和Saaty（1973）提出了紧凑城市。他们意在提高生活质量但并不需要"下一代"为此付出代价（10页）——这个理念与今日可持续发展的原则十分相似。总体来说，紧凑城市包括一系列战略措施，力求实现紧凑性和高密度，从而避免现代设计和城市中面临的所有问题。

可持续发展理念的普及提升了人们对生态和环境的重视，进而推动了紧凑城市理念的流行。自20世纪90年代以来，大量研究促使人们更偏好空间紧凑、混合利用的城市。一些学者认为因为工作和娱乐设施更加接近，紧凑城市可以减少交通过程中的燃料消耗（ECOTEC 1993；Newman and Kenworthy 1989；Hillman 1996）。紧凑城市受青睐的原因也包括城市土地可以被再利用，而城市边缘的农村土地可以被保护。人们最终会发现即使人口高度密集，高质量的生活还是可以实现和持续的。

紧凑的城市形态可以在不同尺度得以实施，从城市内向发展到建造一个全新的居住地，如英国的城市乡村和美国的新城市主义（Breheny, Gent and Lock 1993；Urban Villages Group 1992；Leccese and McCormick 2000）。总之，紧凑性意味着建筑环境的高密度和社会经济活动的高强度、有效的土地规划、多样土地混合利用以及有效的交通体系。

欧盟绿皮书（Commission of European Communities 1990）大力倡导"紧凑城市"，认为紧凑城市使得城市环境更具可持续性，并可提高生活质量。作为应对不可持续问题的一种对策，紧凑城市在英国和欧洲地区大范围推广。在更紧凑的城市中，交通距离减少了（因此减少了燃料消耗）、农村土地得以保存、地方设施得到支撑、地方也更加容易自治。然而，Williams、Burton 和 Jenks（1996，83）认为，这些紧凑城市的益处在实践中并不十分确定。

可持续发展通常被用来为紧凑城市的争论提供基础（Welbank 1996）。Peter Newman（2000）发现紧凑城市是城市形态中燃料使用效率最高的。他认为城市形态确实重要，而并非只是对城市空气质量有所影响。而另外一些学者则认为，极端的紧凑城市设想是不真实的，也不是人们所想要的。相反，基于中心城市或城镇组团、表现为"分散化集中"的城市形态才是适合的（Breheny 1992b）。

不同城市形态对交通行为和交通供给、资源有效利用、社会公平、可达性以及经济活力的影响，通常是备受关注的争论焦点。这些争论的结果是对"紧凑城市"模型强烈拥护和支持，尤其在欧洲、美国和澳大利亚。实质上，紧凑城市是一个高密度、土地混合利用、拥有明显（例如：非蔓延式的）边界的城市（Jenks, Burton and Williams 1996；Williams, Burton and Jenks 2000）。支持这个模型的原因有以下几点：第一，紧凑城市可以有效支持更可持续的交通模式；第二，紧凑城市有助于土地利用的可持续，通过减少城市蔓延，乡村地区的土地得以保留，城镇土地可以重新整理和开发；第三，从社会意义来说，紧凑性和混合利用通常与多样性、社会凝聚力和文化发展相联系，因为可提供好的可达性，也有人认为紧凑城市是具有公平性的城市形态；第四，紧凑城市被认为是经济上可行的，因为道路、街灯等基础设施可以以较小的人均成本提供。同时，人口密度也足够来支撑本地服务和商业（Williams, Burton and Jenks 2000）。

## 4.4 生态城市

生态城市包含了各种各样力图实现城市可持续发展的城市生态方案。这些方案提出了广泛的环境、社会、制度政策，用于管理城市空间使其具有可持续性。生态城市提升了生态方面的对策，强调通过一系列制度和政策手段进行环境管理。

生态城市的特有理念包括绿化和被动式太阳能设计。对于密度和其他理念而言，生态城市或许可以被视为一个"无形"的城市，或是一个生态化但并无标准形态的城市。有些方案特别强调被动式太阳能设计，包括生态村庄、太阳能村庄（Van der Ryn and Calthorpe 1986）、共同住宅（Roelofs 1999，240—42 页）、可持续住宅（Edwards and Turrent 2000；Boonstra 2000）等。同时，也有其他方案强调绿化和被动式能源设计，包括环境城市、绿色城市、可持续城市（Girardet 1999；Nijkamp and Perrels 1994；Gibbs, Longhurst and Braithwaite 1998）、生态城市（Roseland 1997；Engwicht 1992）、生态型城市（OECD 1995）、可持续城市生活（Girardet 1992）、可持续小区（Nozick 1992；Paulson 1997）、可持续邻里（Rudin and Falk 1999）和生活机器（Todd and Todd 1994）等。

虽然名称不同，这些方案的核心都在于城市的管理，而非对具体城市形态的建议。人们认为城市的物质形态和建设环境不是最重要的，而城市社会的组织和管理方式更具重要意义。Talen 和 Ellis（2002，37 页）提出类似的观点，他们认为"社会、经济、文化变量比任何关于空间布局的选择更能决定一个城市的好坏"。因此，城市能够通过不同的土地利用、环境、制度、社会、经济政策实现可持续性（Robinson and Tinker 1998；United Nations Conference on Environment and Development 1992；United Nations Framework Convention on Climate Change 1992；Council of Europe 1993；European Commission 1994）。例如，著名的 21 世纪议程（UNCED 1992）提出了城市尺度上的综合管理，确保将环境、社会、经济因素置于同一框架中考虑以实现城市可持续发展。

在实践中，地方政府、规划咨询师、景观设计师等正从事大量关于生态、步行导向、可持续城市形态等方面的具体项目和研究。笔者强烈建议读者去了解这些实践中的案例。

## 5. 城市形态的可持续性评价

尽管本文未能提供详细的数据来阐述最可持续的城市形态，但还是提出了一个可持续城市形态的矩阵，以帮助专家、政策制定者以及其他人士根据上述设计理念，分析评价不同城市形态的可持续性。

矩阵中选取了城市形态的设计理念作为指标（见表 1）。对每个指标进行 3 个等级的划分，其中 1 分代表较低程度的可持续性，2 分代表中等程度的可持续性，3 分代表较高程度的可持续性。例如，高密度（等级为 3）意味着城市形态更具有可持续性，而低密度（例如，城市蔓延）则意味着城市形态的可持续性较低（等级为 1）。同样，

**可持续城市形态的矩阵：评价城市形态的可持续性**　　**表 1**

| 设计概念（特征） | 新传统式发展 | 紧凑城市 | 遏制城市蔓延 | 生态城市 |
|---|---|---|---|---|
| 密度 | 1. 低　**2. 中等**　3. 高 | 1. 低　2. 中等　**3. 高** | 1. 低　**2. 中等**　3. 高 | 1. 低　**2. 中等**　3. 高 |
| 多样化 | 1. 低　2. 中等　**3. 高** | 1. 低　2. 中等　**3. 高** | 1. 低　**2. 中等**　3. 高 | 1. 低　**2. 中等**　3. 高 |
| 土地混合利用 | 1. 低　2. 中等　**3. 高** | 1. 低　2. 中等　**3. 高** | 1. 低　**2. 中等**　3. 高 | 1. 低　**2. 中等**　3. 高 |
| 紧凑性 | 1. 低　**2. 中等**　3. 高 | 1. 低　2. 中等　**3. 高** | 1. 低　**2. 中等**　3. 高 | **1. 低**　2. 中等　3. 高 |
| 可持续的交通 | 1. 低　**2. 中等**　3. 高 | 1. 低　2. 中等　**3. 高** | 1. 低　**2. 中等**　3. 高 | 1. 低　2. 中等　**3. 高** |
| 被动式太阳能设计 | **1. 低**　2. 中等　3. 高 | **1. 低**　2. 中等　3. 高 | **1. 低**　2. 中等　3. 高 | 1. 低　2. 中等　**3. 高** |
| 绿化（生态设计） | 1. 低　**2. 中等**　3. 高 | **1. 低**　2. 中等　3. 高 | **1. 低**　2. 中等　3. 高 | 1. 低　2. 中等　**3. 高** |
| 总分 | 15 分 | 17 分 | 12 分 | 16 分 |

注：加粗字体为城市形态得分

城市形态的多样化、土地混合利用以及紧凑程度越高，其获得的分值越大。此外，城市形态越是基于可持续交通、绿化、被动式太阳能设计等理念，城市形态的可持续性越高，反之亦然。最后，得分最高的城市形态最具有可持续性。

本文不但提供了一个用于评价不同城市形态可持续性的矩阵，同时也提供了一种筛选不同城市形态的方法。能够更好地满足前文中所述 7 个设计理念（指标）的城市形态，便能更充分地提升城市的可持续性。

可持续城市形态的矩阵（表 1）对不同城市形态的可持续性进行了评价。需要强调的是，这是基于城市形态的相关文献综述而尝试性地进行评价，并非基于实证发现或者实地工作。显然如果有更多的新发现，评价的结论也许会发生改变。笔者的目的是提供一个利用矩阵进行评价的例子。如表 1 所示，城市形态的各项得分通过加粗字体（1，2 或 3）显现，每个城市形态的最后得分即为位于底端的加总得分。评价结果表明，紧凑城市得分最高，接下来依次为生态城市、新传统式发展，遏制城市蔓延得分最低。

## 6. 结论

有关于最理想城市形态的争论可以追溯到十九世纪末霍华德的田园城市。显然，可持续发展的理念重新唤起了人们关于城市形态的探讨，推动了现有对策的进一步发展，通过运用可持续发展和生态设计的原理完善现有对策。

本研究识别了四种可持续的城市形态，它们所蕴含的想法和理念有所重叠。这些不同的形态是相容的，并不完全相互独立。但每个城市形态仍有各自独特的理念和关键之处：

- 紧凑城市——紧凑城市的独特理念是高密度和紧凑性。它强调了土地的混合利用，类似于新城市主义或新传统式发展。
- 生态城市——强调城市绿化、生态和文化多样性以及被动式太阳能设计。另外，生态城市注重环境管理及其他一些关键的环境保护政策。
- 新传统式发展——强调可持续的交通、多样性（例如：住宅类型的多样性）、紧凑性、土地混合利用以及绿化。此外，新传统式发展与设计风格和建筑标准密切相关。
- 遏制城市蔓延——强调实现紧凑性的政策。

正如文中所述，实现可持续城市形态的路径各异。不同的路径运用不同的理念，也可能偏重于其中的某些理念。在实际操作中，许多地方政府、规划咨询师、景观设计师等正通过一系列具体的规划和设计方案和政策试图实现可持续的城

市形态。哪种城市形态最具有可持续性，对环境最友好是其中的关键问题。

本文总结出了七个理念，依据其可以将城市形态“对环境的负担”展开分类；本文还建立了一个用于评估既有城市形态可持续性的可持续城市形态矩阵。目前，学术界和实践者还没有建立起完全可靠的可持续城市形态的模型，也未对这些形态中的组成要素进行过详细论证。本文认为通过对上述七个理念的合理组合，我们可以从理论和实践层面建立起不同的可持续城市形态。

根据可持续城市形态的矩阵，本文得出了不同的城市形态具有不同的可持续性。此外，不同的规划师和学者可以探索一些不同理念的组合来实现城市可持续发展的目标。基于对不同理念的侧重，他们可能会得出不同的城市形态。当然，所有的城市形态都必须强调有益于当代人和后代人的对环境友好的发展模式。

根据可持续城市形态的七个理念，理想的城市形态应该具有高密度和多样性、土地混合利用的紧凑发展，基于可持续交通、绿化以及被动式太阳能的城市设计。从本质上说，不同的可持续城市形态将实现许多不同的目标，而其中最重要的目标包括减少能源消耗、减少垃圾和污染、减少汽车使用、保护开放空间和敏感的生态环境以及宜居的并以社区导向的人居环境。

**作者鸣谢：**

很感谢审稿人极具价值的评论，为本文的想法提供了宝贵贡献。同时，我也感谢 Naomi Carmon 教授给予的学术支持。

**参考文献：**

[1] Alberti, Marina.2000.Urban form and ecosystem dynamics: Empirical evidence and practical implications.In *Achieving sustainable urban form,* ed.K.Williams, E.Burton, and M.Jenks, 84–96. London: E & FN Spon.

[2] Alberti, Marina, Derek Booth, Kristina Hill, Bekkah Coburn, Christina Avolio, Stefan Coe, and Daniele Spirandelli.2003.*The impacts of urban patterns on aquatic ecosystems: An empirical analysis in Puget Lowland Sub-Basins*.Seattle: Department of Urban Design and Planning, University of Washington. http: //www.cfr.washington.edu/research.urbaneco/student_info /classes/Aut2003/Fall_2003_readings/alberti_et_all03_LE.pdf.

[3] Aldous, Tony.1992.*Urban villages——A concept for creating mixed-use urban developments on a sustainable scale*.London: Urban Villages Group.

[4] Audirac, Ivonne, and Anne H.Shermyen.1994. An evaluation of neotraditional design' s social prescription: Postmodern placebo or remedy suburban malaise*Journal of Planning Education and Research 13*: 161–73.

[5] Barry, Rodger G., and Richard J.Chorley.1998. *Atmosphere, weather, and climate*.7th ed.London: Routledge.

[6] Barrett, George.1996.The transport dimension.In *The compact city: A sustainable urban form?* ed.Mike Jenks, Elizabeth Burton, and Katie Williams, 171–80.London: E & FN Spon.

[7] Beatley, Timothy.2000.*Green urbanism: Learning from European cities*.Washington, DC: Island Press.

[8] Beatley, Timothy, and Kristy Manning.1997.*Ecology of place: Planning for environment, economy, and community*.Washington, DC: Island Press.

[9] Beer, Anne, Tim Delshammar, and Peter Schildwacht.2003.A changing understanding of the role of greenspace in highdensity housing: A European perspective.*Built Environment 29* (2): 132–43.

[10] Benfield, Kaid, Jutka Terris, and Nancy Vorsanger.2001. *Solving sprawl: Models of smart growth in communities across America*.Washington, DC: Natural Resources Defense Council.

[11] Ben-Josef, Eran.2000.Smarter standards and regulations: Diversifying the spatial paradigm of subdivisions.In *Smart growth: Form and consequences,* ed.Terry Szold and A.Carbonell, 110–27.Cambridge, MA: Lincoln Institute of Land Policy.

[12] Bernick, Michael, and Robert Cervero.1997.*Transit villages for the 21st century*.New York: McGraw-Hill.

[13] Boarnet, Marlon, and Randall Crane.1997.L.A.story: A reality check for transit-based housing*Journal of the American Planning Association* 63 (2): 189–204.

[14] ____.2001.*Travel by design: The influence of urban form on travel*.New York: Oxford University Press.

[15] Bohl, Charles C.2000.New Urbanism and the city: Potential applications and implications for distressed inner-city neighborhoods.*Housing Policy Debate* 11 (4): 761–801.

[16] Boonstra, Chiel.2000.Sustainable housing: The Dutch experience.In *Sustainable housing: Principles and practice*, ed.Brian Edwards and David Turrent, 66–71.London: E & FN Spon.

[17] Boyatzis, Richard, E.1998.*Transforming qualitative information: Thematic analysis and code development*. Thousand Oaks, CA: Sage.

[18] Breheny, Michael.1992a.The contradictions of the compact city: A review.In *Sustainable development and urban form*, ed.Michael Breheny, 138–59. London: Pion.

[19] ____, ed.1992b.*Sustainable development and urban form*.London: Pion.

[20] Breheny, Michael, T.Gent, and D.Lock.1993. *Alternative development patterns: New settlements*. London: HMSO.

[21] Calthorpe, Peter.1993.*The next American metropolis: Ecology, community, and the American dream*.New York: Princeton Architectural Press.

[22] Carl, Peter.2000.Urban density and block metabolism. In *Architecture, city, environment.Proceedings of PLEA 2000*, ed.Steemers Koen and Simos Yannas, 343–47.London: James & James.

[23] Cervero, Robert.1998.*The transit metropolis: A global inquiry*.Washington, DC: Island Press.

[24] ____.2003.Coping with complexity in America's urban transport sector.Presented at the 2nd International Conference on the Future of Urban Transport, Göteborg, Sweden.

[25] Clark, Mike, Paul Burall, and Peter Roberts.1993. A sustainable economy.In *Planning for a sustainable environment*, ed.Andrew Blowers.London: Earthscan.

[26] Clercq, Frank, and Luca Bertolini.2003.Achieving sustainable accessibility: An evaluation of policy measures in the Amsterdam area.*Built Environment 29* (1): 36–47.

[27] Commission of European Communities.1990.*Green paper on the urban environment*.Eur 12902.Brussels: EEC.

[28] Congress for the New Urbanism and U.S.Department of Housing and Urban Development.2000.*Principles for inner city neighborhood design*.http://www.huduser.org/Publications/pdf/principles.pdf.

[29] Corbett, Judy, and Michael Corbett.2000.*Designing sustainable communities: Learning from Village Homes*.Washington, DC: Island Press.

[30] Council of Europe.1993.*The European urban charter—Standing conference of local and regional authorities of Europe*.http://www.coe.int/T/E/Clrae/.

[31] Crane, Randall.1999.*The impacts of urban form on travel: A critical review*.Cambridge, MA: Lincoln Institute of Land Policy.

[32] Crane, Randall, and Richard Crepeau.1998.*Does neighborhood design influence travel? A behavioral analysis of travel diary and GIS data*.Irvine: Institute of Transportation Studies, Center for Activity Systems Analysis, University of California, Irvine.

[33] Dantzing, George B., and Thomas Saaty.1973. *Compact city: A plan for a livable urban environment*. San Francisco: W.H.Freeman.

[34] DeGrove, John M.1991.*Balanced growth: A planning guide for local government*.Washington, DC: International City/County Management Association.

[35] Duany, Andrés M., and Elizabeth Plater-Zyberk.1992.The second coming of the American small town.*Wilson Quarterly 16*: 19–51.

[36] Dumreicher, Heidi, Richard S.Levine, and Ernest J.Yanarella.2000.The appropriate scale for "low energy": Theory and practice at the Westbahnhof. In *Architecture, city, environment.Proceedings of PLEA 2000*, ed.Steemers Koen and Simos Yannas, 359–63.London: James & James.

[37] Duncan, Bruce, and John Hartman.1996.Sustainable urban transportation initiatives in Canada.Paper submitted to the APEC Forum on Urban Transportation, Seoul, South Korea, November 20–22.

[38] European Commission-Expert Group on the Urban Environment.1994.*European sustainable cities report*. October.Brussels: European Commission.

[39] ECOTEC.1993.*Reducing transport emissions through planning*.London: HMSO.

[40] Edwards, B.1996.*Sustainable architecture: European directives and building design*.Oxford, UK: Architectural Press.

[41] Edwards, Brian, and David Turrent.2000.*Sustainable housing: Principles and practice*.London: E & FN Spon.

[42] Elkin, Tim, Duncan McLaren, and Mayer Hillman.1991.*Reviving the city: Towards sustainable urban development*.London: Friends of the Earth.

[43] Engwicht, David.1992.*Towards an eco-city: Calming the traffic*.Sydney, Australia: Envirobook.

[44] Ewing, Reid.1995.*Best development practices*.Boca Raton: Florida Atlantic University International University, Joint Center for Environmental and Urban Problems.

[45] ____.1997.Is Los Angeles-style sprawl desirable? *Journal of the American Planning Association 63*: 107–27.

[46] Ewing, Reid, Padma Haliyur, and G.William Page.1994.Getting around a traditional city, a suburban PUD, and everything in-between.*Transportation*

*Research Record 1466*: 53–62.

[47] Forman, Richard.1997.*Land mosaics: The ecology of landscapes and regions*.Cambridge: Cambridge University Press.

[48] ____.2002.The missing catalyst: Design and planning with ecology.In *Ecology and design: Frameworks for learning*, ed.Bart T.Johnson and Kristina Hill.Washington, DC: Island Press.

[49] Frank, Lawrence.D.2000.Land use and transportation interaction implications on public health and quality of life.*Journal of Planning Education and Research 20*: 6–22.

[50] Freeman, Hugh.1984.*Mental health and the environment*.London: Churchill Livingstone.

[51] Fulton, Gordon.1992.Future designs for small towns in Canada.*Plan Canada 35*: 29–30.

[52] Gibbs, David C., James Longhurst, and Clare Braithwaite.1998.Struggling with sustainability: Weak and strong interpretations of sustainable development within local authority policy. *Environment and Planning A 30*: 1351–65.

[53] Gilbert, Oliver L.1991.*The ecology of urban habitats*. London: Chapman & Hall.

[54] Gillham, Oliver.2002.*The limitless city: A primer on the urban sprawl debate*.Washington, DC: Island Press.

[55] Girardet, Herbert.1992.*The Gaia atlas of cities: New directions for sustainable urban living*.London: Gaia Books.

[56] ____.1999.*Creating sustainable cities.Schumacher Briefing no.2.*Foxhole, Dartington, Totnes, Devon, UK: Green Books.

[57] Hagan, Susannah.2000.Cities of field: Cyberspace and urban space.In *Architecture, city, environment. Proceedings of PLEA 2000*, ed.Steemers Koen and Simos Yannas, 348–52.London: James & James.

[58] Handy, Susan.1996.Methodologies for exploring the link between urban form and travel behavior. *Transportation Research: Transport and Environment*: D 2 (2): 151–65.

[59] Haughton, G.1999.Environmental justice and the sustainable city.In *Sustainable Cities*, ed.D.Satterthwaite, 62–79. London: Earthscan.

[60] Hildebrand, Frey.1999a.Compact, decentralized or what? The sustainable city debate.In *Designing the city: Towards a more sustainable urban form*, ed.Frey Hildebrand, chap.2, 23–35, London: E & FN Spon.

[61] ____, ed.1999b.*Designing the city: Towards a more sustainable urban form*.London: E & FN Spon.

[62] Hillman, Mayer.1996.In favour of the compact city. In *The compact city: A sustainable Urban Form?* ed.Mike Jenks, Elizabeth Burton, and Katie Williams, 36–44.London: E & FN Spon.

[63] Hough, Michael.1995.*City form and natural processes*.London: Routledge.

[64] Institute of Transportation Engineers.1989.*A toolbox for alleviating traffic congestion*.Washington, DC: Institute of Transportation Engineers.

[65] Jabareen, Yosef.2004.A knowledge map for describing variegated and conflict domains of sustainable development.*Journal of Environmental Planning and Management 47* (4): 632–42.

[66] Jacobs, Jane.1961.*The death and life of great American cities*.New York: Random House.

[67] Jenks, Mike.2000.The acceptability of urban intensification.In *Achieving sustainable urban form*, ed.Katie Williams, Elizabeth Burton, and Mike Jenks.London: E & FN Spon.

[68] Jenks, Mike, Elizabeth Burton, and Katie Williams.1996.A sustainable future through the compact city? Urban intensification in the United Kingdom. *Environment by Design 1* (1): 5–20.

[69] JHK & Associates, Inc.1995.*Transportation-related land use strategies to minimize motor vehicle emissions: An indirect source research study.Final report prepared for California Air Resources Board*, El Monte, CA.

[70] Jordan, Daniel, and Thomas Horan.1997.Intelligent transportation systems and sustainable communities findings of a national study.Paper presented at the Transportation Research Board 76th annual meeting, Washington, DC, January 12–16.

[71] Kelbaugh, Douglas.1997.*Common place: Toward neighborhood and regional design*.Seattle: University of Washington Press.

[72] Kendle, Tony, and Stephen Forbes.1997.*Urban nature conservation*.London: Spon Press.

[73] Kenworthy, Jeffrey.1991.From urban consolidation to urban village.*Urban Policy and Research 9* (1): 96–99.

[74] Kreiger, Alex.1998.Whose urbanism? *Architecture Magazine*, November, pp.73–76.

[75] Leccese, Michael, and Kathleen McCormick.2000. *Charter of the new urbanism*.New York: McGraw–Hill.

[76] Lerner–Lam, Eva, Stephen P.Celniker, Gary W.Halbert, Chester Chellman, and Sherry Ryan.1992.Neo–traditional neighborhood design and its implications for traffic engineering.*ITE Journal 62*: 17–25.

[77] Lozano, Eduardo E.1990.*Community design and the culture of cities: The crossroad and the wall*. Cambridge: Cambridge University Press.

[78] Lynch, Kevin.1981.*A theory of good city form*. Cambridge, MA: MIT Press.

[79] MacBurnie, I.1992.Reconsidering the dream: Alternative design for sustainable development.*Plan Canada 35*: 19–23.

[80] McLaren, Duncan.1992.Compact or dispersed? Dilution is no solution.*Built Environment 18*: 268–84.

[81] Miles, Matthew B., and A.Michael Huberman.1994. *Qualitative data analysis: An expanded source book*.2nd ed.Newbury Park, CA: Sage.

[82] Mishler, Elliot.1990.Validation in inquiry–guided research: The role of exemplars in narrative studies. *Harvard Educational Review 60*: 415–41.

[83] Nasar, Jack L.2003.Does neotraditional development build community? *Journal of Planning Education and Research 23*: 58–68.

[84] Nassauer, Joan Iverson, ed.1997.*Placing nature: Culture and landscape ecology*.Washington DC: Island Press.

[85] Nelson, Arthur C., Raymond J.Burby, Edward Feser, Casey J.Dawkins, Emil E.Malizia, and Roberto Quercia.2004.Urban containment and central–city revitalization*Journal of the American Planning Association 70* (4): 411–25.

[86] Nelson, Arthur C., Rolf Pendall, Casey Dawkins, and Gerrit Knaap.2002.*The link between growth management and housing affordability: The academic evidence*.Washington, DC: Brookings Institution.

[87] Newman, Peter.1997.Greening the city: The ecological and human dimensions of the city can be part of town planning.In *Eco–city dimensions: Healthy communities, healthy planet*, ed.Roseland Mark, 14–24.Gabriola Island, British Columbia, Canada: New Society Publishers.

[88] ____.2000.Urban form and environmental performance. In *Achieving sustainable urban form*, ed.Katie Williams, Elizabeth Burton, and Mike Jenks, 46–53.London: E & FN Spon.

[89] Newman, Peter, and J.Kenworthy.1989.Gasoline consumption and cities: A comparison of US cities with a global survey*Journal of the American Planning Association 55*: 23–37.

[90] Niemela, Jari.1999.Ecology and urban planning. *Biodiversity and Conservation 8*: 119–31.

[91] Nijkamp, Peter, and Adriaan Perrels.1994. *Sustainable cities in Europe*.London: Earthscan.

[92] Nozick, Marcia.1992.*No place like the home: Building sustainable communities*.Ottawa: Canadian Council on Social Development.

[93] OECD.1995.*Ecological cities project*.http: //www.oecd.org.

[94] Owens, Susan.1992.Energy, environmental sustainability and land–use planning.In *Sustainable development and urban form*, ed.Michael Breheny, 79–105.London: Pion.

[95] Parker, Terry.1994.*The land use—air quality linkage: How land use and transportation affect air quality*.Sacramento: California Air Resources Board.

[96] Paulson, Belden.1997.Toward global sustainable community: a view from Wisconsin.In *Sustainable global community in the information age: Vision from future studies*, ed.Kaoru Yamaguchi.Praeger Studies on the 21st Century.Westport, CT: Praeger.

[97] Pendall, Rolf, Jonathan Martin, and William Fulton.2004.*Holding the line: Urban containment in the United States*.Washington, DC: Brookings Institution Center on Urban and Metropolitan Policy.

[98] Plummer, Brian, and Don Shewan.1992.City open spaces and pollution.In *City gardens: An open space survey in the city of London*, ed.Brian Plummer and Don Shewan, 111–19.London: Belhaven.

[99] Porter, R.Douglas.1997.*Managing growth in America's communities*.Washington, DC: Island Press.

[100] Pratt, Richard, and Peter Larkham.1996.Who will care for compact city? In *The compact city: A sustainable urban form*? ed.Mike Jenks, Elizabeth Burton, and Katie Williams, 277–88.London: E & FN Spon.

[101] Razin, Eran.1998.Policies to control urban sprawl: Planning regulations or changes in the "rules of the game"? *Urban Studies 35* (2): 321–40.

[102] Rickaby, P.A., J.P.Steadman, and M.Barrett.1992. Patterns of land use in English towns: Implications for energy use and carbon dioxide emissions. In *Sustainable development and urban form*, ed.Michael Breheny, 182–96.London: Pion.

[103] Robertson, James.1990.Alternative futures for cities.In *The living city: Towards a sustainable future*, ed.David Cadman and Geoffrey K.Payne, 127–35.London: Routledge & Kegan Paul.

[104] Robinson, John, and John Tinker.1998. Reconciling ecological, economic, and social imperatives.In *The cornerstone of development: Integrating environmental, social, and economic policies*, ed.Jamie Schnurr and Susan Holtz, 9–43.

Ottawa, Canada: IDRC International Development Research Center and Lewis Publishers.

[105] Robinson, Lin, Joshua P.Newell, and John M.Marzluff.2005.Twenty-five years of sprawl in the Seattle region: Growth management responses and implications for conservation.*Landscape and Urban Planning 71* (1): 51-72.

[106] Roelofs, Joan.1999.Building and designing with nature: Urban design.In *Sustainable cities*, ed.David Satterthwaite, 234-50.London: Earthscan.

[107] Roseland, Mark.1997.*Eco-city dimensions: Healthy communities, healthy planet*.Gabriola Island, British Columbia, Canada: New Society Publisher.

[108] ____.2000.Sustainable community development: Integrating environmental, economic, and social objectives.*Progress in Planning 54* (2): 73-132.

[109] Rudin, David, and Nicholas Falk.1999.*Building the 21st century home: The sustainable urban neighborhood*.Oxford, UK: Architectural Press.

[110] Rutherford, G.Scott, Edward McCormack, and Martina Wilkinson.1996.Travel impacts of urban form: Implications from an analysis of two Seattle area travel diaries.Presented at the TMIP Conference on Urban Design, Telecommuting, and Travel Behavior, October 27-30.http: //tmip.fhwa.dot.gov/clearinghouse/docs/udes/mccormack.pdf.

[111] Sherlock, Harley.1990.*Cities are good for us: The case for high densities, friendly streets, local shops and public transport*.London: Transport 2000.

[112] Staley, Samuel R., Jefferson G.Edgens, and Gerard C.S.Mildner.1999.*A line in the land: Urban-growth boundaries, smart growth, and housing affordability*.Reason Public Policy Institute (RPPI).http: //www.rppi.org/urban/ps263.html.

[113] Still, Tom.2002.Transit-oriented development: Reshaping America's metropolitan landscape.*On Common Ground*, Winter, pp.44-47.

[114] Sutro, Suzanne.1990.*Reinventing the village*. American Planning Society Report no.430.Washington, DC: American Planning Association.

[115] Swanwick, Carys, Nigel Dunnett, and Helen Woolley.2003.Nature, role and value of green space in towns and cities: An overview.*Built Environment 29* (2): 94-106.

[116] Talen, Emily, and Cliff Ellis.2002.Beyond relativism: Reclaiming the search for good city form.*Journal of Planning Education and Research 22*: 36-49.

[117] Thomas, Randall.2003.Building design.In *Sustainable urban design: An environmental approach*, ed.Randall Thomas and M.Fordham, 46-88. London: Spon Press.

[118] Thorne, Robert, and William Filmer-Sankey.2003. Transportation.In *Sustainable urban design*, ed.Thomas Randall and M.Fordham, 25-32.London: Spon Press.

[119] Tjallingii, Sybrand.2000.Ecology on the edge: Landscape and ecology between town and country. *Landscape Urban Plan 48*: 103-19.

[120] Todd, John, and Nancy Todd.1994.*From eco-cities to living machines: Principles of ecological design*.Berkeley, CA: North Atlantic Books.

[121] Tomita, Yasuo, Terashima Daisuke, Hammad Amin, and Hayashi Y.Yoshitsugu.2003.Backcast analysis for realizing sustainable urban form in Nagoya.*Built Environment 29* (1): 16-24.

[122] Transportation Research Board of the National Academy.1996.*Transit and urban form*.Report 16, vol.2.Washington, DC: National Academy Press.

[123] ____.2002.*Transit-oriented development and joint development in the United States: A literature review*.Transit Cooperative Research Program, Research Results Digest, October, no.52. Washington, DC: National Academy Press.

[124] Turner S., S.Robyne, and Margaret S.Murray.2001. Managing growth in a climate of urban diversity: South Florida's Eastward ho! Initiative.*Journal of Planning Education and Research 20*: 308-28.

[125] U.K.Department of the Environment (DoE).1996. *Greening the city: A guide to good practice*.London: Crown.

[126] Ulrich, Roger.S.1999.Effects of gardens on health outcomes: Theory and research.In *Healing gardens: Therapeutic benefits and design recommendations*, ed.Clare Cooper Marcus and Marni Barnes.New York: Wiley.

[127] United Nations Framework Convention on Climate Change, 1992.

[128] Urban Villages Group.1992.*Urban villages*.London: Urban Villages Group.

[129] U.S.Environmental Protection Agency (EPA).2001. *Our built and natural environments: A technical review of the interactions between land use, transportation, and environmental quality*.EPA 231-R-01-002.

[130] Van, Uyen-Phan, and Martyn Senior.2000.The contribution of mixed land uses to sustainable travel

in cities.In *Achieving sustainable urban form*, ed.Katie Williams, Elizabeth Burton, and Mike Jenks, 139-48.London: E & FN Spon.

[131] Van der Ryn, Sim, and Peter Calthorpe.1991. *Sustainable communities: A new design synthesis for cities, suburbs, and towns*.San Francisco: Sierra Club Books.

[132] Van der Ryn, Sim, and Stuart Cowan.1995. *Ecological design*.Washington, DC: Island Press.

[133] Vitousek, M.Peter, Harold A.Mooney, Jane Lubchenco, and Jerry M.Melillo.1997.Human domination of earth' s ecosystems.*Science 277* (5325): 494-99.

[134] Von Stulpnagel, A., M.Horbert, and Herbert Sukopp.1990.The importance of vegetation for the urban climate.In *Urban ecology: Plants and plant communities in urban environments*, ed.Herbert Sukopp and Hejny Slavomil, 175-93.The Hague, the Netherlands: SPB Academic Publishing.

[135] Walker, Lyle, and William Rees.1997.Urban density and ecological footprints——An analysis of Canadian households.In *Eco-city dimensions: Healthy communities, healthy planet*, ed.Mark Roseland.Gabriola Island, British Columbia, Canada: New Society Publishers.

[136] Welbank, Michael.1996.The search for a sustainable urban form.In *The compact city: A sustainable urban form?* ed.Mike Jenks, Elizabeth Burton, and Katie Williams, 74-82.London: E & FN Spon.

[137] Wheeler, Stephen.M.2000.Planning for metropolitan sustainability.*Journal of Planning Education and Research 20*: 133-45.

[138] ____.2002.Constructing sustainable development/ safeguarding our common future: Rethinking sustainable development.*Journal of the American Planning Association 68* (1): 110-11.

[139] Williams, Katie, Elizabeth Burton, and Mike Jenks.1996.Achieving the compact city through intensification: An acceptable option.In *The compact city: A sustainable urban form?* ed.Mike Jenks, Elizabeth Burton, and Katie Williams, 83-96.London: E & FN Spon.

[140] ____.2000.Achieving sustainable urban form: Conclusions.In *Achieving sustainable urban form*, ed.Katie Williams, Elizabeth Burton, and Mike Jenks, 347-55.London: E & FN Spon.

[141] Woolley, Tom, Sam Kimmins, and Rob Harrison.1997. *Green building handbook*.London: E & FN Spon.

[142] Yannas, Simon.1998.Living with the city: Urban design and environmental sustainability. In *Environmentally friendly cities*, ed.Maldonado Eduardo and Simon Yannas, 41-48.London: James & James.

New Urbanism and Sprawl: A Toronto Case Study

# 新城市主义和城市蔓延——多伦多康奈尔社区案例研究

Andrejs Skaburskis 文

邻艳丽 韩柯子 刘海燕 朱倩 译

【摘要】本文提出了一种全新的评价城市开发对城市形态和城市蔓延的方法。相关的研究表明康奈尔新城市主义社区发展会增加多伦多城市郊区密度，但与多伦多传统郊区密度相比，康奈尔新城市主义社区密度增加并不明显，这主要是因为大多数住在较高密度住宅类型的家庭最终还会选择搬到独立式住宅中。对康奈尔新城市主义社区住户进行随机调查的研究结果表明：若采用新城市主义发展模式来代替普遍的、传统的郊区发展模式，新城市主义住宅建设项目中独立式住宅比例必须比康奈尔新城市主义社区规划的独立式住宅比例（37%）要高。新城市主义的发展模式可以通过吸引住户搬入占地面积较小的独立式住宅进行居住的方式，以达到减缓城市蔓延的目的。

【关键词】新城市主义；蔓延；需求评价；分析方法

## 1. 研究问题

本文以康奈尔社区为案例，评价新城市主义设计对城市密度影响的实际效果。康奈尔社区是一个位于多伦多郊区、设计精妙、规模庞大的新城市主义社区。康奈尔的总密度是传统社区的两倍（Vipond 2000；Gordon and Vipond 2005）。目前相关研究表明新城市主义可以作为缓解城市蔓延的一种方式，是一种更加“可持续”的城市发展模式[1]。然而该结论仅从城市发展供给方的角度来看，而没有考虑住户作为新城市主义住宅需求方的角度。长期而言，城市形态最终是由需求决定。因为居民对住宅项目类型和居住密度需求是多样化的，较高密度住宅类型作为多样化选择的一种，同样会被接受。短期而言，新城市主义可能会重新分配较高密度的城市空间布局情况，但并不会影响城市整体密度。若搬入新城市主义社区的住户来自于更高密度的地区，无论新城市主义社区密度与传统郊区密度相比多么明显，都会增加城市蔓延速度，住户可能会受新城市主义社区相对较低的住房价格吸引，搬入联排式住宅，从而加快了城市蔓延。因此要想弄清楚新城市主义对城市蔓延的影响和作用，就必须揭示住户作为新城市主义需求方的特性，证明人们是否愿意用较高密度的居住条件来换取良好的邻里关系。

本研究试图弄清楚康奈尔在多大程度上能改变居住者的住房需求。研究设置一系列调查问题：例如住户搬离原来住处的原因，新城市主义对住户选择居住方式是否有作用，住户原来住房的类型和居住面积，住户现有住宅占地的增减情况，住户选择住处重点考虑因素，住户选择住处距离市中心的位置，住户是主动还是被动搬入更高密度的地区，如果没有康奈尔住户会选择什么类型的住房、会搬入更密还是更稀的住宅，住户选择康奈尔的原因，住户对新城市主义社区的位置、邻里关系和住宅特点等关心的重点，住户是否会对邻里关系与住宅大小选择进行权衡，住户是否会长久的留下来、或者将打算搬入什么样类型的住宅等问题。本文发掘住户在搬家过程中的选择行为，探讨以下三个政策性相关问题：

（1）为获得邻里关系，居民是否愿意接受较小面积的住宅和较高密度的居住环境。

（2）如果不是搬入康奈尔，住户是否也会减少他们的住宅用地量。

（3）康奈尔设计是否能够推广成为未来城市郊区发展的普遍模式。

这些相关问题答案有助于评估新城市主义对

**作者简介：**

Andrejs Skaburskis，博士，加拿大皇后大学教授，讲授住房政策、土地经济学和分析规范方法。在美国加利福尼亚大学伯克利分校获得城市规划博士学位，在此之前从事建筑设计。

**译者简介：**

邻艳丽，中国人民大学公共管理学院城市规划系副教授，主要研究方向为城市规划、区域规划、城市规划管理。

韩柯子，中国人民大学公共管理学院城市规划与管理系硕士研究生；

刘海燕，中国城市建设研究院规划师，博士；

朱 倩，住房和城乡建设部市长之家。

本文原载于 *Journal of Planning Education and Research*，2006，Vol.25（3）：233–248

延缓城市蔓延的作用。现有的所有焦点都集中于对新城市主义和“紧凑城市”的探寻，而新城市主义“机会成本评估法”却在相关研究中鲜有体现。大多数新城市主义者的论断是站在供给方的角度，将新城市主义住宅项目和传统郊区住宅项目进行比较，并未考虑新城市主义住宅项目规划建设的实际效果或该住宅项目在住户需求方面的可持续性如何。

这方面的讨论正是城市规划者的兴趣所在。了解住户对新城市主义设计的喜好和评价，有助于增加对塑造城市形态的影响因素的更加全面的认识。长期以来，城市郊区发展密度被认为与城市可持续性发展息息相关（Danielson，Lang，and Fulton 1999；Myers and Kitsuse 1999）。这促使我们寻找一种在以往文献中没有出现过的、评估住宅项目实际效果的全新方法。住户对住宅建设项目各方面的评价既可以直接被设计师们采纳，也可直接被用来预测新城市主义在未来郊区住宅市场的发展潜力和渗透影响力。

文中首先对住户在邻里关系与居住密度之间的取舍情况和相关的研究采用方法和限制条件进行说明。以康奈尔为案例，对相关数据图表进行分析，主要包括住户搬离先前居住地的原因、康奈尔社区吸引住户的主要因素、住户住房的可能替代选择以及住户住宅用地消耗变化等方面的分析研究。在对居住用地消耗变化的评估中也考虑了住户对住房需求的变化，讨论住户对康奈尔社区的满意程度。最后，提出未来新城市主义社区的发展方向，并引出结论。

## 2. 新城市主义和空间结构

新城市主义规划设计为延缓城市蔓延提供了一种选择。新城市主义能够提供良好的邻里关系、具有吸引力的街道和生机勃勃的生活景象。重点是通过增加居住密度、土地混合使用和良好的邻里关系等城市设计，推出新城市主义的特质和魅力。其支持者认为该种发展模式可以极大地延缓城市蔓延。然而20世纪初以来，政府支持住宅项目形成的市场力量一直倾向于传统的郊区住宅发展模式，即使该种发展模式自一开始就受到批评和谴责。

Alonso（1964）和Muth（1969）曾发表论文对低密度郊区发展的驱动因素进行说明。他们运用新古典主义经济模型，认为城市空间结构由居住位置决定，住户选择居住地点是通勤成本与购房成本综合权衡的结果。距离市中心越远，通勤成本将越高。对住房尺寸需求较高的人愿意支付较高的通勤成本，换取城市周边的低廉地价，从整体上节省居住开支。随后McKenzie（1933）、Clark（1951）以及Clawson、Held和Stoddard（1960）等人先后采用实证分析，并将结果表现为建筑密度呈几何级数下降的曲线图[2]。模型显示住宅需求的增加和收入的增加会吸引人们搬往地价较低的城市周边居住，进而刺激郊区的经济增长。结果也表明，老年人的住房选择不会太改变曲线，因为越有钱的老年住户，越愿留在原先的大住宅里或购买独立式住宅（Skaburskis 1999）。相关研究还表明，随着收入水平的提高，人们对住房需求的增加，会增强对城市郊区低价土地的开发，进而刺激城市郊区的发展。但是该结论对老年人群体不太明显，因为越有钱的老年人住户越倾向于住在原先的大房子里或者购买独栋别墅，老龄化社会不会明显改变城市密度（Skaburskis 1999）。新古典经济模型还说明，不断增长的财富会使城市土地租金梯度和建筑密度曲线变得缓和，进而增加城市蔓延的速度。由模型结果可知，在城市外围低价土地上建设高密度住宅项目是否具有可行性，能否成为传统郊区住房的替代品是值得商榷的。因为传统郊区住房更符合新古典主义理论中福利最大化的条件以及满足城市居住者的喜好。

目前，还很难通过建筑设计创新对城市空间形态变化做出有力的解释[3]。但新城市主义方式通过增加开发密度，不仅会带来街景的变化，还能为居住者带来更加和谐的邻里关系，这正是新城市主义社区的优点，把密度这个“不利”因素转化为“有利”因素[4]。有些住户宁愿搬离传统的占地面积较大的独立式住宅，搬入以较高密度为特征的、精心设计的、具有良好邻里关系的新城市主义社区。正如Ewing（1997）对消费者偏好研究结果表明，许多郊区住户喜欢他们的独立住宅，但不喜欢“郊区居住带来的其他一些缺点”，而这些“缺点”正是新城市主义居住方式要加以纠正的。从某种意义上来说，消费者对传统郊区住宅所显示的偏好也许正是住户消费者被动在有限选择里做决定的结果。

新古典主义模型偏重于与城市中心的通勤距离，而忽视了邻里因素。Adam Smith以后的古典经济学家揭示了地租如何反映土地肥沃程度上的价值差异变化，而忽略了位置因素。土地肥沃程度的价值差异正如邻里质量的差别，可以用城市居住环境解释（Ricardo[1817]1969）。可以认为土地价值和城市密度分布遵循新古典主义理论中的向心力和离心力作用，新城市主义设计通过权衡通勤时间和居住面积大小会形成差异化租金，将高密度转化为有价值的属性，Ricardian模型可以为这种观点提供经济学依据。Eppli和Tu（1999）、Song和Knaap（2003）认为，新城市主义社区存在着一个附加价格，一个资本化的李嘉图租金附加在新城市主义社区的住宅上。住户似乎愿意为新城市主义较高密度住宅埋单，享受新城市主义社区中良好的邻里关系。

邻里质量对于住房类型选择和房地产估价至关重要，新古典经济模型与提高住房品味以及回归市区现象并不矛盾。随着家庭结构、婚姻情况和生育率的变化，加之妇女劳动就业率的提高和全球就业机会改变，预计对较高密度住宅和趋近市区中心位置需求会有所增长（Skaburskis，1988）。我们也会继续看到非家庭型住户对郊区独立式住宅需求的增加。迎合这一需求的是在城市边缘低价土地上开发建设较高密度的住宅。如果我们接受新古典主义模型，那么可以预见新城市主义设计在过去城市蛙跳式增长造成的城市空地上推出住宅项目将是最有效的方式。本文探讨了住户对城市郊区较高密度住宅的需求，这既为开发商房产开发，也为住户购买绿树环绕的住宅带来了机会。

## 3. 研究方法和条件

本文的结论是以相关的调查研究和分析探讨为依据的。从住户对过去住房情况和目前居住情况的回答获得对本文研究有用的信息。尽管受访者对下一步搬家意向和满意度的回答会受主观愿望的影响，然而答案的规律性可以显示住户基本的态度和期望值。尽管该结果不能被推广至所有的新城市主义住宅项目，但可用于对新城市主义设计效果进行普适性评估。如果采纳新城市主义设计能够减缓城市蔓延或增加城市密度的话，就应该能预期见到采用新城市主义设计的每个住宅项目所产生的成效，除因某些相关条件不足造成的例外。当然我们不能利用康奈尔住宅项目的数据来概括人们搬到其他新城市主义住宅项目的动因，因为案例研究可能仅够成为对住宅区各方面进行综合分析的一个方面（Nasar 2003，66页）。

本调查采用问卷调查法，在每三家住户中随机抽取一户进行调查，共计发送300份问卷，回收了203份。剔除一栋有48套单元的公寓楼，以确保样本集中于独立式住宅，双拼式住宅和联排式住宅三种住宅类型[5]。访问者向被访住户说明调查目的，并要求住户次日交还具有8页纸的调查问卷。为提高答案的内在一致性，调查问卷将开放式回答设置在前，要求受访住户对住宅小区优缺点进行排序的封闭式回答放在后面。

调查问卷要求回答住户过去的住宅和位置情况，以便了解住户搬离从前住宅的原因以及新城市主义社区在住户搬家决定中所起到的作用。问卷也问到被访住户对住房需求可能发生的变化，以便了解被访住户搬到较高或较低密度住房类型的原因。该调查问卷还问及住户住房的选择范围；考虑过的替代住宅；如果不搬入目前住宅而最有可能的住房选择；若现在他们还想搬家的话希望搬入哪种住宅类型。问卷设置了住户对新城市主义社区的位置、邻里关系和居住条件等因素考虑的重要性程度。最后还对住户对现有住宅的满意度进行调查。

## 4. 康奈尔社区概况

多伦多是北美发展增长第二快的大都市区，在北美最大城市中排名第五，也是世界上新城市主义项目最多的城市（Steuteville 2000）。仅仅马卡姆市中被批准的按照新城市主义原则建设的二级规划住宅小区就达11个，超过45000个居住单位（Gordon and Tamminga 2002）。图1为马卡姆市新城市主义社区分布情况，并与肯特兰市（位于美国马里兰州）和滨海市（位于美国佛罗里达州）相比的图示。康奈尔位于多伦多市郊外马卡姆市。

1992年，市议员们预期未来10年马卡姆市人口将翻番达到225000人。委托Duany和Plater-Zyberk设计一个拥有10000套住宅，可以容纳27000人的新城市主义住宅社区（图2）。该设计包含十所小学、两所中学、三个社区中心、250000平方英尺的店铺面积、能雇用10000人的各种公司。在调查时，康奈尔社区刚建成超过1000套的住宅单元、社区三面绿地环绕（图3）。其中，1500英亩的未开发土地归省政府所有，计划建设多伦多第二个机场，于1973年征得土地，后因暂不必要建而搁置。1998年开始，住户开始搬往康奈尔居住，受访住户中有一半在此地居住了至少两年。按人口规模，康奈尔社区是北美第一个大型新城市主义社区建设项目之一，住户都

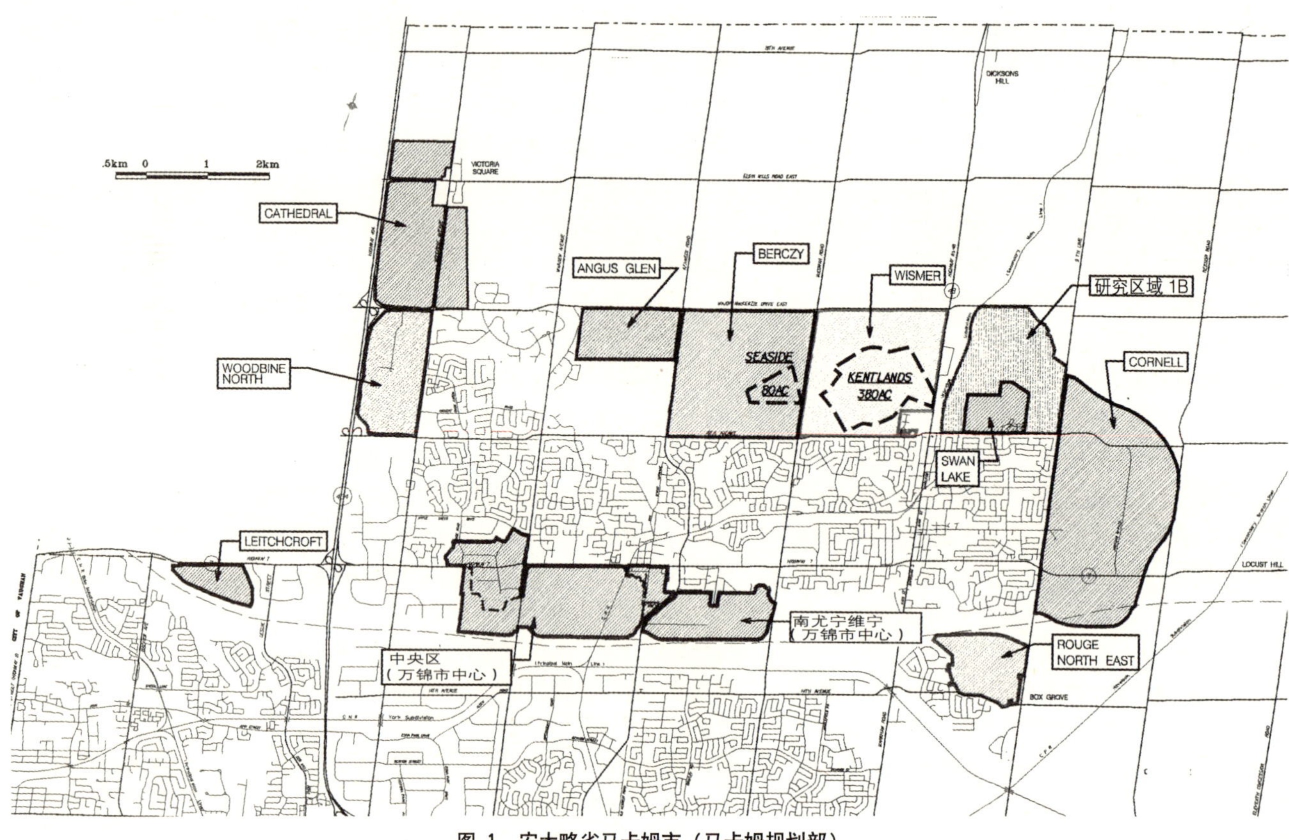


图 1 安大略省马卡姆市（马卡姆规划部）

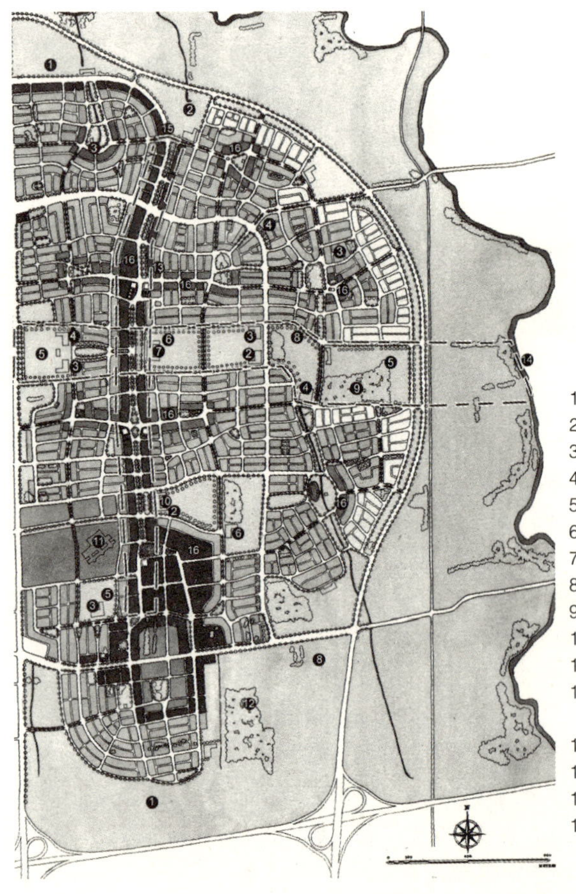


图 2 康奈尔住宅区总体规划（马卡姆规划部）

对新城市主义社区的生活方式已经有了较长时间的亲身体验，应该能够对该种居住方式的优缺点做出公正的评价。

不堵车时，康奈尔到多伦多市中心需半个小时车程，拥堵时段乘坐公共交通需要一个半小时。社区中 11% 的通勤者会选择搭乘公共交通出行。社区的住宅密度为每英亩 5 ~ 6 户，高于通常界定"低密度发展"的 3 ~ 4 户(Ewing 1997,111 页)。马卡姆市一般地区每英亩有 4 ~ 8 户居民（Blais 2000；Bustard 2003）。尽管该社区的密度并不算高，该住区设计还是遭到当地人士的抵制。有效的规划设计和无数的公众会议让该项目最终广为人知，并让当地人的态度发生了转变，康奈尔社区作为一个振奋人心的住宅开发的新概念而被逐渐接纳。然而马卡姆市内获批的其他一些新城市主义社区最终还是被开发成为传统的独栋住宅用地，可以看出开发商在申请批准的住宅密度与实际建房时的密度之间显然是有差别的。城市规划师希望康奈尔社区的建设能严格按照规划设计的较高密度住宅和混合用地来完成，但最后的结果并不能保证达到规划师的要求，因为市场需求将决定康奈尔社区未来的方向。

康奈尔社区内的联排式住宅比例（42.7%）大于多伦多市内（10%），也大于马卡姆市

图 3 康奈尔住宅区发展

图 4 康奈尔的联排别墅

(10.6%) 其余地区 (图 4)。马卡姆市有 75.6% 的家庭居住在独立式住宅中，康奈尔有 37.0% 的家庭居住在独栋住宅，低于多伦多大都市区 (43.3%) 的平均水平。图 5 是独立式住宅形成的街景，图 6 是住宅后街巷，图 7 是面向公园的一排独立式住宅。多伦多市新建郊区中等大小的住宅区占地面积超过 2300 平方英尺，康奈尔同等规模的住宅区占地面积为 2037 平方英尺。多伦多市郊区典型独立住宅区占地面积均超过 4000 平方英尺，康奈尔独立住宅区占地面积为 3300 平方英尺。马卡姆市的大部分新建住宅区被宣传为 “加拿大的硅谷”，住宅以价格高、面积大著称。康奈尔社区的房屋售价在 24 万到 36 万加元之间，联排式住宅售价在 14 万至 19 万加元之间。一套两层楼的房屋，多伦多市的平均售价为 34.3 万加元，马卡姆市的售价会更高，而康奈尔小区的价格总体是偏低的。由此可见，康奈尔小区跟很多其他新城市主义小区不同，不是 “精英” 飞地。

康奈尔社区对年轻家庭具有较强的吸引力，其住户平均年龄不到 40 岁，低于多伦多大都市区 48 岁的平均年龄。与 Bookout (1992) 认为的新城市主义社区吸引的大都为有孩子或没孩子的单身成人的论断相悖，康奈尔社区的平均家庭人数为 3.10，高于多伦多大都市区 2.82 人的家庭成员数。根据调查数据，超过一半 (55.7%) 的受访住户是初次购房者，其中 15.3% 的受访住户在搬到康奈尔社区之前没有自己的住宅。康奈尔社区的住户大多来自周边郊区，而没有吸引到内城公寓市场住户的居住需求。超过 1/3 的受访住户曾考虑过搬出大多伦多都市区，康奈尔社区住宅项目可以视为一种 “干预机会”，防止了住户把城市边界推至更远的内陆[6]。康奈尔社区具有明显供应郊区市场居住的需求特征。

图 5 独立住宅街景

图 6 住宅巷道

图 7 独立式住宅

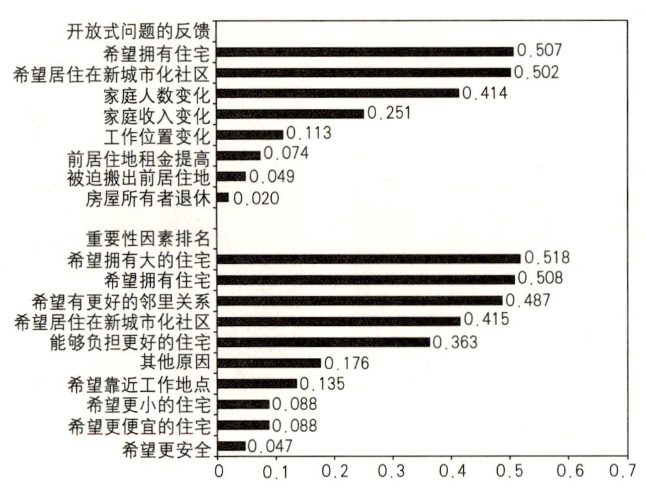


**图 8 决定从先前住所搬出的原因**

## 5. 搬迁动因调查

调查受访住户搬离先前住所是否受新城市主义居住区项目影响时，先设置了一些开放式问题，问到一些搬家决定性影响因素以及影响排名。图 8 中对开放式问题的回答位于顶端，搬家影响因素排序位于下端。在调查中，50.7% 的受访住户认为购置第一套住房需求是搬家的主要原因，50.2% 的受访住户认为他们愿意搬到新城市主义居住社区。首次购房和选择在新城市主义居住社区生活之间并没有关联（p=0.83）。家庭成员变化（41.4%）和家庭收入变化（25.1%）是住户选择搬家的其他主要原因。受访住户对搬迁理由答案列表的选择得到类似的结果：51.8% 的住户希望搬入更大的住宅；41.5% 的住户表示希望搬到新城市主义居住社区，获得更好的邻里关系，这是从原住所搬出的前三个主要原因之一。

## 6. 康奈尔的吸引力

调查受访住户对居住位置、邻里关系和住宅类型在居住地选择影响上的重要性时，大多数的受访者认为邻里关系是影响他们选择住宅的最主要的影响因素。56.1% 的受访住户认为靠近亲友是其搬到康奈尔的三个主要因素之一，38.8% 的受访住户表明受康奈尔居住区生活方式的吸引，43.5% 的受访住户表明受康奈尔社区提供工作机会的吸引，仅 14.1% 的受访住户表明受公共交通的影响。另外，36.2% 的受访住户认为新城市主义的社区公园和公共服务设施对他们也具有重要的吸引力[7]。

71.9% 的受访住户认为邻里设计质量是吸引他们搬入康奈尔的三个重要理由之一，58.2% 的受访住户认为该住宅项目的总体外观吸引了他们，超过 1/3 的受访住户认为该社区多种化的可选房型吸引了他们来这里居住，同样比例的受访住户认为该社区的投资价值是其购买住宅的三个主要原因之一，1/4 的受访住户认为社区的人行道和公园系统对他们的生活很重要。而房地产开发商的品牌效应、公共交通网络、本项目知名度、混合用地和车位配置等似乎并不是被主要考虑的因素。在住宅质量方面，80.6% 的受访住户认为这里的住宅平面布局设计吸引他们做出购买的决定，几乎半数的受访住户认为后院小街很不错。虽然社区住宅的门廊和阳台设计比杜安尼提出的六英尺标准窄两英尺，但仍有 1/3 受访住户认为还不错。住宅场地大小、浴室数量及额外储物空间也会吸引人们到此居住。

调查统计数据显示，不同住宅类型间最显著的区别在于住户在面临较高密度住宅选址时，更倾向于节约成本和靠近工作地点。大多数通勤者多倾向去往马卡姆市而非多伦多市中心区，因此新古典主义经济学关于密度梯度逐渐降低的论点必须加以修正，接受正在逐渐成长的多伦多大都市区内存在多中心及多个较高密度住区的事实。邻里关系因素对大多数住户搬来康奈尔居住发挥了重要的作用。受访住户都注意到了康奈尔新城市主义社区的特色并喜爱这些特点。有理由相信，新城市主义社区特色能够促使住户接受较高密度的居住环境。

## 7. 住宅类型变化

通过调查受访住户先前的住宅情况、选择现

有住宅前曾考虑过的其他购房方案，以及将来再搬家有可能选择的住房方案，可以推断在没有康奈尔的情况下他们选择的替代住房方案。表1(A)显示了受访住户目前住宅与先前居住类型之间的相关性情况，调查访问发现二者之间并不存在有机联系，肯德尔（Kendall' s tau–b）等级相关系数接近为0（0.017）。这说明受访住户的先前住宅类型并不会影响到他们购买康奈尔的住宅类型。先前住在独立住宅的受访住户有39.1%的仍购买了康奈尔的独栋住宅，先前住在双拼型住宅的受访住户仅有22.7%的仍然选择康奈尔的双拼型住宅住宅，超过半数（56.3%）曾住在联排住宅的受访住户购买了康奈尔独立住宅。这说明该人们在选择住宅类型时具有异质性特征，部分住户的住房类型较先前有所升格，部分住户的住房类型较先前则有所降格。

表1（B）显示了住户选择购买四种住房类型的答案。双拼型住宅（86.1%）和联排型住宅（67.9%）住户中大部分都曾考虑过购买独立住宅，也考虑过双拼型住宅（88.3%）和联排型住宅（55.6%）。少数受访住户（11.3%）考虑过购买公寓，这说明公寓不是康奈尔的替代品。新城市主义社区对较高密度住宅市场的主要影响是通过过滤过程产生的：即康奈尔社区中每四户住户中离开一户公寓，给其他人入住。

表1（C）是调查受访住户如果没有康奈尔他们会选择的住房类型，过半（56.2%）的受访住户会选择独栋住宅，比现在居住在独栋住宅（41.8%）的家庭比例要高，但并没有高出很多，说明康奈尔至多吸引了14.4%的家庭离开郊区独栋住宅市场，但是该数据仅能从一定程度上支持新城市主义通过节约土地减缓城市蔓延的说法。表中正相关性显示大部分住户在搬到康奈尔后没有改变住宅类型。若没有康奈尔的话，21.9%的受访住户表示会选择联排住宅，大部分住户（80.8%）会搬到独立式住宅。想搬到康奈尔联排型住宅的住户分布情况比较平稳，说明若没有康奈尔，他们可能会选择较高密度的住宅类型，也可能购买独立住宅。

表1（D）描述了受访住户如果正在寻找新住宅可能会选择的住宅类型。大多数人（86.6%）表示会搬到独立式住宅，其中大多数人（82.8%）表示将会选择新城市主义社区；仅3.4%的人不会选择新城市主义社区[8]。在康奈尔目前的混合型住宅中，有37%的独立式住宅，还存在50%的供应缺口不能满足人们对独立式住宅的需求。然而在欲选择独立式住宅的住户中，82.3%的受访者表示会选择新城市主义社区中的独立式住宅。这说明对独立式住宅的追求并没有削弱受访住户对新城市主义的兴趣。该结果支持其他文献中结论：即郊区住户喜欢独立式住宅，但对郊区"其他方面条件"不满意（Ewing 1997，111页）。该结果也支持用地变化使住户需要在密度与邻里关系之间做出取舍的论断。

**当前住宅类型与其他因素的对比** **表1**

| | | 独栋别墅 | 双拼别墅 | 联排式住宅 | 公寓 | n |
|---|---|---|---|---|---|---|
| A | 以前的住宅类型对比当前住宅类型 | | | | | |
| | 以前的／当前的 | | | | | |
| | 独栋别墅 | 39.1 | 19.1 | 41.8 | | 110 |
| | 双拼别墅 | 36.4 | 22.7 | 40.9 | | 22 |
| | 联排式住宅 | 56.3 | 12.5 | 31.3 | | 16 |
| | 公寓 | 41.8 | 14.6 | 43.6 | | 55 |
| | 全部 | 41.4 | 17.7 | 40.9 | | 203 |
| | 卡方检验（6.df.）＝2.5889 | | | | | |
| | Pr ＝ 0.858 | | | | | |
| | Kendall' s *tau*–b 等级相关系数 ＝ 0.017 | | | | | |
| B | 搬入康奈尔之前考虑的其他住宅类型 | | | | | |
| | 当前的／其他的 | | | | | |
| | 独栋别墅 | 95.2 | 38.6 | 27.7 | 4.8 | 83 |
| | 双拼别墅 | 86.1 | 83.3 | 55.6 | 19.4 | 36 |
| | 联排式住宅 | 67.9 | 69.1 | 86.9 | 14.3 | 84 |
| | 全部 | 82.3 | 59.1 | 57.1 | 11.3 | 203 |
| | 卡方检验（3.df.） | 26.6 | 64.9 | 59.8 | 6.6 | |
| | *p* 值 | 0.000 | 0.000 | 0.000 | 0.037 | |

续表

| | | 独栋别墅 | 双拼别墅 | 联排式住宅 | 公寓 | n |
|---|---|---|---|---|---|---|
| C | 无法搬入康奈尔最希望选的住宅类型 | | | | | |
| | 当前的／其他选择 | | | | | |
| | 独栋别墅 | 80.8 | 10.3 | 9.0 | 0.0 | 78 |
| | 双拼别墅 | 52.8 | 30.6 | 16.7 | 0.0 | 36 |
| | 联排式住宅 | 33.3 | 26.9 | 37.2 | 2.6 | 78 |
| | 全部 | 56.2 | 20.8 | 21.9 | 1.0 | 192 |
| | 卡方检验（6.df.）= 40.5620 | | | | | |
| | Pr=0.000 | | | | | |
| | Kendall's *tau*-b 等级相关系数 = 0.401 | | | | | |
| D | 实际选择的新的住宅类型 | | | | | |
| | 当前的／实际选择 | | | | | |
| | 独栋别墅 | 98.8 | 0.0 | 1.3 | 0.0 | 80 |
| | 双拼别墅 | 88.6 | 8.6 | 2.9 | 0.0 | 35 |
| | 联排式住宅 | 73.4 | 8.9 | 17.7 | 0.0 | 79 |
| | 全部 | 86.6 | 5.2 | 8.2 | 0.0 | 194 |
| | 卡方检验（4.df.）= 24.5665 | | | | | |
| | Pr = 0.000 | | | | | |
| | Kendall's *tau*-b 等级相关系数 = 0.318 | | | | | |

## 8. 土地消耗变化

调查住户先前住宅与目前住宅的面积变化情况时，从公寓搬来的住户可选择“不适用”选项。因为康奈尔公寓住宅密度低于多伦多市典型的公寓密度，从公寓搬来的住户将会增加土地耗费量。调查结果显示，土地耗费减少的比例（47.8%）与增加的比例（45.8%）相当，只有6.4%的住户基本无土地耗费的变动[9]。大部分从独栋式住宅搬来的住户（76.4%）会减少土地消耗，大部分来自其他住宅类型的住户会增加土地消耗（图9），U形分布的结果与由弗兰克、莱文及查普曼（2004）调查的结果一致。目前，超过半数居住在联排型住宅的住户（58.3%）降低了对土地的消耗，而仅有较少数的独栋式住宅住户（31.3%）减少了对土地的消耗（图10）[10]。相关统计数据表明更多的联排式住宅会减缓城市蔓延的速度。然而，很多住户虽然住在独立住宅，但是愿意接受较小住宅面积，这一现象说明他们既能够在放弃住宅面积的同时获得新城市主义社区邻里关系的品质，又能够通过家庭结构和收入的变化来降低他们的房屋消费。

图11显示的是当前住户住宅类型与表1（D）中描述的将要搬入的住宅类型的土地消耗变化关系。分析结果表明独栋式住宅的住户不打算搬到较高密度的住宅类型。而大部分较高密度住宅住户将要搬至耗费更多土地的住宅类型中。整体上，大约半数的康奈尔住户如果搬家将会选择增加居住对土地的消耗，另外半数将保持他们现有居住对土地的消耗。

图12显示的是搬入康奈尔住户既降低其土地消耗又保留了先前住宅类型的住户比例。该图

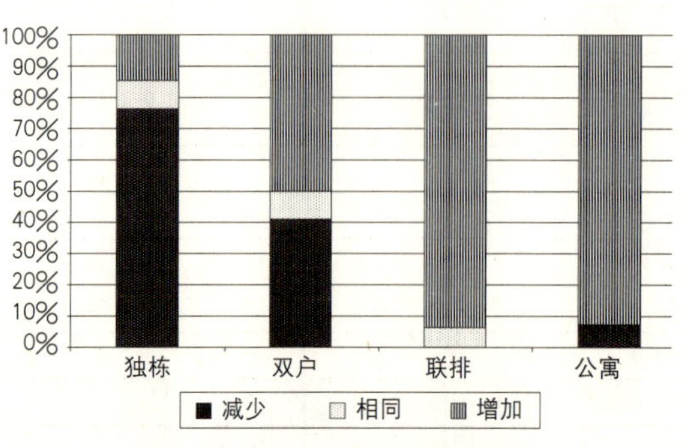


**图 9　先前住宅类型土地消耗变化**

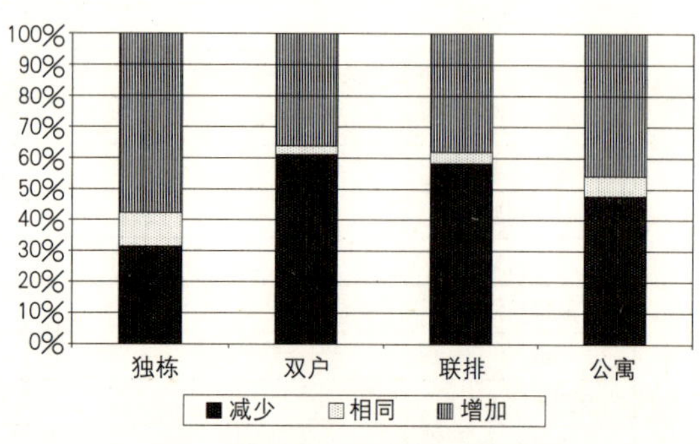


**图 10　现有住宅类型土地消耗变化**

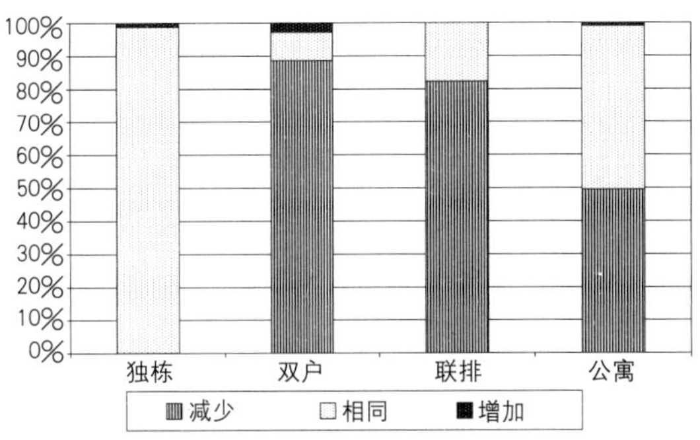

**图 11　先前住宅类型土地消耗变化**

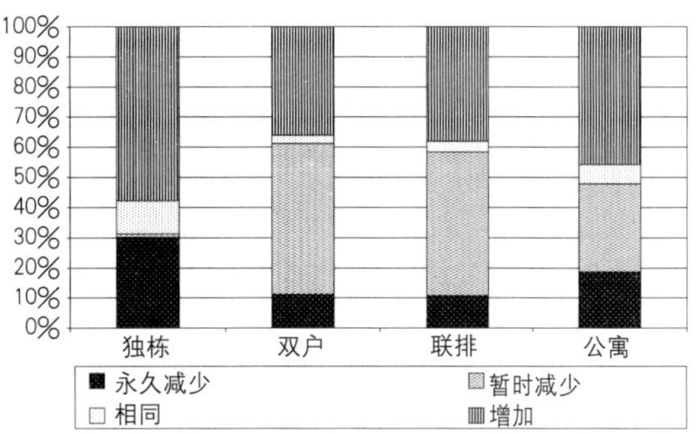

**图 12　现有住宅类型土地消耗变化**

分为永久性降低土地消耗和未来可能会增加土地消耗的住户类型。黑柱显示 30% 的独栋式住户在搬入康奈尔后会选择永久性入住较低密度的住宅，双拼式和联排式住宅类型中有一半住户搬入康奈尔后降低了居住对土地的消耗，但下次搬家将会选择增加土地消耗。然而新城市主义的独栋式住宅要比传统住区的独栋式住宅耗费较少的土地，这说明康奈尔对永久性降低土地消耗的贡献在于提供了更多比例的独立式住宅。

表 2（A）和（B）显示，63.1% 的康奈尔住户增加了其住宅面积，45.8% 的住户增加了住宅土地的消耗。整体上康奈尔居住面积的增加要多于住宅土地消耗的增加。尽管表 2（C）显示了住房面积大小的变化和占地面积大小的变化之间有很强的关联性，但是其中有 25.8% 的住户（占所有住户的 16%）在增加其住宅面积的同时减少了居住对土地的消耗。康奈尔新城市主义鼓励打算扩大土地消费的住户用较小的场地换取良好邻里关系。康奈尔新城市主义住宅与北美住宅发展趋势一致，用较小的住房场地，建设更大的独立

**土地及房屋消耗的变化　　表 2**

| | | 下降 | 相等 | 增加 | n |
|---|---|---|---|---|---|
| A | 以前的住宅类型对比之前住宅面积 | | | | |
| | 以前的／当前的 | | | | |
| | 独栋别墅 | 50.9 | 8.2 | 40.9 | 110 |
| | 双拼别墅 | 9.1 | 18.2 | 72.7 | 22 |
| | 连排别墅 | 12.5 | 12.5 | 75.0 | 16 |
| | 公寓 | 0.0 | 0.0 | 100.0 | 55 |
| | 全部 | 29.6 | 7.4 | 63.1 | 203 |
| | 卡方检验（6.df.）= 67.2582 | | | | |
| | Pr=0.000 | | | | |
| | Kendall's *tau*–b 等级相关系数 = 0.503 | | | | |
| B | 当前的住宅类型对比当前住宅面积 | | | | |
| | 当前的／住宅面积 | | | | |
| | 独栋别墅 | 24.1 | 7.4 | 63.1 | 84 |
| | 双拼别墅 | 38.9 | 5.6 | 55.6 | 36 |
| | 连排别墅 | 31.0 | 13.1 | 56.0 | 83 |
| | 全部 | 29.6 | 7.4 | 63.1 | 203 |
| | 卡方检验（4.df.）= 11.0313 | | | | |
| | Pr=0.026 | | | | |
| | Kendall's *tau*–b 等级相关系数 = 0.126 | | | | |

续表

| | | 下降 | 相等 | 增加 | n |
|---|---|---|---|---|---|
| C | 每单位土地消耗产生的住宅面积的改变 | | | | |
| | 住宅面积／土地消耗 | | | | |
| | 下降 | 86.7 | 10.0 | 3.3 | 60 |
| | 相等 | 80.0 | 6.7 | 13.3 | 15 |
| | 增加 | 25.8 | 4.7 | 69.5 | 128 |
| | 全部 | 47.8 | 6.4 | 45.8 | 203 |
| | 卡方检验（4.df.）＝ 79.8717 | | | | |
| | Pr=0.000 | | | | |
| | Kendall's *tau*-b 等级相关系数 =0.581 | | | | |

住宅，不建造汽车库门街景。

## 9. 住房需求变化

住户家庭成员增加时需要更大的居住空间，也会增加居住的土地消耗。调查结果显示，半数住户（48.3%）家庭人员数发生了变化，这些住户搬家是要满足增加住房空间的需求。其中，孩子出生的占15.8%，离开父母组建新家的占12.3%，结婚（7.4%）和分居或离婚（6.9%）的比例几乎相同，抵消了对房屋需求总量的实际影响。数据分析表明康奈尔没有吸引空巢老人；没有改变家庭成员的住户随机分布在三种住宅类型中，有四分之三（75.9%）的住户改变了住宅面积，占一半的住户（53.7%）增加了土地消耗。这说明康奈尔能够在增加住宅面积的同时减少土地消耗。家庭成员减少的住户倾向于搬入联排式住宅（56.3%），家庭成员增加的住户倾向于搬入独立式住宅（55.3%）。由表3（A、B）部分可知家庭成员变化与土地消耗及住宅面积具有相关性：成员减少的住户更易降低其住宅面积（66.7%）和减少土地消耗（77.1%）；家庭

**家庭人数变化对土地消耗、住宅面积及住宅类型的影响** **表3**

| | | 下降 | 相等 | 增加 | n |
|---|---|---|---|---|---|
| A | 每单位土地消耗产生的住宅面积的改变 | | | | |
| | 家庭人数／土地消耗 | | | | |
| | 下降 | 77.1 | 8.3 | 14.6 | 48 |
| | 相等 | 39.0 | 7.4 | 53.7 | 108 |
| | 增加 | 38.3 | 2.1 | 59.6 | 47 |
| | 全部 | 47.8 | 6.4 | 45.8 | 203 |
| | 卡方检验（4.df.）＝ 26.7170 | | | | |
| | Pr=0.000 | | | | |
| | Kendall's *tau*-b 等级相关系数 =0.275 | | | | |
| B | 每单位家庭人数改变产生的住宅面积的改变 | | | | |
| | 家庭人数／住宅类型改变 | | | | |
| | 下降 | 66.7 | 4.2 | 29.2 | 48 |
| | 相等 | 15.7 | 8.3 | 75.9 | 108 |
| | 增加 | 23.4 | 8.5 | 68.1 | 47 |
| | 全部 | 29.6 | 7.4 | 63.1 | 203 |
| | 卡方检验（4.df.）＝ 45.5949 | | | | |
| | Pr=0.000 | | | | |
| | Kendall's *tau*-b 等级相关系数 =0.282 | | | | |

续表

| | | 下降 | 相等 | 增加 | n |
|---|---|---|---|---|---|
| C | 当前家庭人数改变产生的住宅面积的改变 | | | | |
| | 家庭人数／土地消耗 | | | | |
| | 下降 | 20.8 | 22.9 | 56.3 | 48 |
| | 相等 | 43.5 | 15.7 | 40.7 | 108 |
| | 增加 | 55.3 | 17.0 | 27.7 | 47 |
| | 全部 | 40.9 | 17.7 | 41.4 | 203 |
| | 卡方检验（4.df.）=12.9946 | | | | |
| | Pr=0.011 | | | | |
| | Kendall's *tau*–b 等级相关系数 =0.215 | | | | |

成员增加的住户中有 38.3% 的减少了土地消耗，23.8% 的降低了住宅面积，接受了康奈尔较小的场地和较高的居住密度，换取了良好的邻里关系，但是这些家庭的规模比例并不高。

康奈尔社区产生的净影响还取决于提供低于均价的住房使人们尽早扩大其住宅面积的程度有多大。大多数受访住户在搬来康奈尔居住之前都具有广泛的（67.0%）或者有限的（26.7%）选择其他居住地的条件。调查结果显示，相当大比例的受访住户表示希望搬到新城市主义社区生活，所以我们推测没有人是被不利的市场条件所迫而搬到康奈尔居住的。

## 10. 满意度调查

对康奈尔住户进行居住满意度调查时，199 位受访住户中有 91.4% 认为与其预期的居住效果相当。有近半数的人（43.3%）认为比预期的满意度更高，其中有 12.0% 的住户认为比预期的满意度高出很多[11]。仅有 8.6% 的住户认为低于预期，当调查需要改进的方面时，30% 的受访住户提到本地街道交通，18% 的受访住户提到缺乏商业配套，12.4% 的受访住户（大多数是独栋式住户）抱怨房子间靠得过近。当调查受访住户特别喜欢康奈尔哪些方面时，回答主要包括社区精神（58.2%）、邻里设计（57.2%）、位置（21.9%）和开放空间（18.9%）四个方面。没有达到预期的住户不大可能提及社区精神（35%，相对 60%，$p$=0.045），而是更可能提及开放空间（41.2% 相比 16.9%，$p$=0.014）。总而言之，调查结果显示了一个满意现状的客户群。

调查结果表明：康奈尔社区对邻里、临近亲朋好友、住宅平面以及住区后巷等方面的设计为住户决定搬入康奈尔居住起重要作用。这与 Tu 和 Eppli（1999）对肯特兰房价 12% 的溢价归功于邻里平面设计的解释，以及 Lee 和 Stabin–Nesmith（2001）关于雷德本的房价 16% 的溢价归功于良好住宅选址，还有 Chang–Moo 和 Kun–Hyuck（2003，68 页）认为高品质的城市设计能够让高密度住宅适销的结论一致。另外，根据 Song 和 Knaap（2003）的创新性分析，俄勒冈州新城市主义设计带来的房产增值要高于场地减小带来的损失。

## 11. 结论

几乎所有的康奈尔受访住户对自己的住房和社区都满意。邻里设计理念是吸引大部分家庭来康奈尔社区居住的重要因素，这说明住户为了获得邻里关系可以接受较高密度的住宅。这与李嘉图土地价值是基于土地肥沃程度（质量）的模型具有一致性。注重节约成本的家庭愿意住在密度较高、面积较小的住宅中，他们更希望接近工作，这与新古典理论模型是一致的。本研究表明一些家庭正在对住宅场地面积和邻里质量两者进行权衡和博弈，因为存在这样的需求，所以新城市主义能够产生实际作用，有助于减缓城市蔓延。

调查表明，搬到康奈尔的住户半数增加了土地消耗，半数降低了土地消耗。康奈尔社区吸引本来就打算在郊区居住的家庭，不会同高密度公寓市场形成竞争。康奈尔住户要么留在独立式住宅，要么将来最终会搬入独立式住宅。虽然康奈尔社区密度是周边传统郊区住宅密度的两倍，但它对城市整体密度的影响并没有那么高。很多居民选择了较低的价格和较高密度的住宅类型。如果没有康奈尔，他们就会在这个阶段搬到其他联排式住宅居住。因此，可以说新城市主义的出现能减缓城市蔓延现象，但减缓速度远低于其超过传统郊区住宅密度的比例。

康奈尔新城市主义社区并没有在郊区普及，仍然有一半人口没有搬入他们满意的住宅，88.6% 的人表示他们将搬到独立式住宅，而康奈尔新城市主义社区中只有 37% 的独栋式住宅。虽然老龄化家庭确实会减少住房消费，但远没有年轻家庭对住房土地消费需求增长得快。随着家庭结构变化，住在康奈尔联排式住宅的年轻家庭将会搬入更大的住宅。而随着收入的增加，会有更多的家庭趋向于购买独立式住宅，并且这种趋势仍将继续下去。大多数康奈尔居民希望能住进独立式住宅，并希望能住进新城市主义社区，因此可以说结合新城市主义设计的独立式住宅类型和社区具有美好的发展前景。新城市主义社区可以通过增加独立式住宅的比例，来增加郊区居住密度，同时达到减缓城市蔓延的目标。

**作者鸣谢：**

感谢加拿大社会科学与人文研究理事会对该项调查的资助，感谢 Paula Bustard 女士的研究援助，感谢 Lew Hopkins、David Gordon 和杂志评审人对本项研究工作给予的各种帮助。

**注释：**

1 增加密度只是新城市主义对城市可持续发展所做贡献的一个方面（Grant 2002）。搬家行为的影响研究可能是另外一个更重要的方面（Lund 2003；Crane 1996）。正如 Talen（1999，2002）所说的新城市主义的社会目标及社区意义也被视为城市可持续发展的一个方面。建筑师和规划师如 Calthorp（1993）及 Duany，Plater-Zyberk 和 Speck（2000）的设计避免了传统式发展的不良作用而获益，并进一步刺激了调查与创新。

2 多核心城市会在多个峰值点外围推进城市边界，此论点应该成立。Skaburskis（1989）预测未来变化的新模型也指出城市密度的不连续分布。

3 城市形态的新古典主义经济模型减缓规划师的创新和工作。究其原因，正如 Hack 和 Skaburskis（1992）、Skaburskis 和 Hack（1993）所认为的只有观察很古旧的建筑才能发现大多数的变化（Schon 1967）。开发者试图创新但却无法获得项目融资（Gyourko and Rybczynski 2000）。然而 20 世纪 70 年代初的公寓就是设计创新改变城市空中轮廓线的例子，它给予人们安全、免维修、靠近市中心福利设施的住宅。Alonso 的出租地价曲线呈 U 形，表明居住在市中心公寓大楼中与郊区农场房子中一样令人满意。

4 随着收入的增加，人们对劣质品的需求不断减少，对优质品的需求不断增加。这就如同教科书中所说的汉堡包和 T 骨牛排对肉食者的吸引力是不同的。

5 本次调查没有包含公寓。因为仅有大约八份问卷反馈，不足以进行对该种类型建筑的调查。后续工作将集中于多单元的住户调查。

6 几乎 1/3（31.5%）的康奈尔住户来自周围的居民区，1/4（26.6%）来自多伦多的各下级城市，只有 15.3% 的康奈尔住户是来自马卡姆市南面的斯卡伯勒市。另有 1/4（25.1%）的康奈尔居民都搬去比先前居住地更接近多伦多市中心的地方，这部分居民大多也来自马卡姆市。

7 本次调查没有考察居民的交通方式和行为。几个受访住户讽刺地说在这个本该鼓励步行的地方，每个人却都开车去当地的商店和社区设施。在其他几个新城市主义社区也发现了同样的问题（Brown and Copper 2001）。

8 Myers 和 Gerin（2001）1999 年全国住宅建筑商协会的调查报告指出："即使需要更长的通勤时间，83% 的家庭依然喜欢居住在独立式住宅中"（639 页）。这一发现与 Day（1999）的结论一致，也符合 Michelson（1977）提出的独立住宅是大多数人理想的观点。

9 U 型分布的观点与 Frank、Levine 和 Chapman（2004）的结论一致。

10 先前住宅和现有住宅类型及场地大小变化的关联在概率数值 0.000~0.002 间存在显著差异。住宅类型及土地消耗增长的 Kendall' s tau-b 等级相关系数分别是 0.64 和 −0.20。

11 大多近期购房者都非常满意自己的住宅，55% 的住户满意度比我曾经在其他新城市主义住宅项目上看到的数据要高（温哥华的 False Creek）。在一次对加拿大公寓住户的大调查中，37% 的住户表示他们的居住生活要好于预期，31% 和 30% 的住户表示他们的现状居住生活要远远好于预期（Skaburskis 1988）。Talen（2001，202）指出居民倾向于邻里依附，这使他们愿意接受其他负面条件。没有对比研究是很难推出结论的，例如 Rybczynski（1998）1995 年的调查报告推断 21% 的人愿意接受新城市主义设计。

**参考文献：**

[1] Alonso，William.1964.*Location and land use.* Cambridge，MA：Harvard University Press.

[2] Blais，Pamela.2000.*Inching toward sustainability*：*The evolving urban structure of the Greater Toronto area.*Toronto，Ontario，Canada：University of Toronto and Metropole Consultants.

[3] Bookout，LloydW.1992.Neotraditional town planning：The test of the marketplace.*Urban Land* 51：12–17.

[4] Brown，Barbara，John Burton，and Anne Sweeney.1998.

Neighbors, households, and front porches.*Environment and Behavior* 30 (5): 579–600.

[5] Brown, Barbara, and Vivian L.Cropper.2001. New urbanism and standard suburban subdivisions: Evaluating psychological and social goals.*Journal of the American Planning Association* 67 (4): 412–17.

[6] Bustard, Paula.2003.A post–occupancy evaluation of the Cornell new urbanist community in Markham, Ontario.Unpublished thesis, School of Urban and Regional Planning, Queen' s University at Kingston, Ontario.

[7] Calthorp, Peter.1993.*The next American metropolis: Ecology, community and the American dream.*New York: Princeton Architectural Press.

[8] Chang–Moo, I., and A.Kun–Hyuck.2003.Is Kentlands better than Radburn? The American garden city and the new urbanist paradigm.*Journal of the American Planning Association* 69 (1): 50–71.

[9] Clark, Colin.1951.Urban population densities.*Journal of the Royal Statistical Society*, Series A, 114: 490–96.

[10] Clawson, Marion, R.Burnell Held, and Charles Stoddard.1960.*Land for the future.*Baltimore: Johns Hopkins University Press.

[11] Crane, Randy.1996.Cars and drivers in the new suburbs: Linking access to travel in neotraditional planning.*Journal of the American Planning Association* 62 (1): 51–65.

[12] Danielsen, Karen A., Robert E.Lang, and William Fulton.1999.Retracting suburbia: Smart growth and the future of housing.*Housing Policy Debate* 10 (3): 513–53.

[13] Day, Linda L.1999.Choosing a house: The relationship between dwelling type, perception of privacy, and residential satisfaction.*Journal of Planning Education and Research* 19 (3): 265–75.

[14] Duany, Andres, and Elizabeth Plater–Zyberk.1992. The second coming of the American small town. *Wilson Quarterly* 16: 19–52.

[15] Duany, Andres, Elizabeth Plater–Zyberk, and J.Speck.2000.*Suburban nation: The rise of sprawl and the decline of the American dream.*New York: North Point Press.

[16] Eppli, Mark J., and Charles C.Tu.1999.*Valuing the new urbanism: The impact of the new urbanism on prices of single family homes.*Washington, DC: Urban Land Institute.

[17] Ewing, Reid.1997.Is Los Angeles–style sprawl desirable? *Journal of the American Planning Association* 63 (1): 107–26.

[18] Frank, Lawrence, Jonathan Levine, and J.Chapman.2004. *Transportation and land-use preferences and Atlanta residents' neighborhood choices—Implementing transit oriented development in the Atlanta region.* Project CM–000–00 (339) m O.I.0000339, Georgia Regional Transportation Authority and Georgia Department of Transportation.

[19] Gordon, David L.A., and Ken Tamminga.2002. Large–scale traditional neighbourhood development and pre–emptive ecosystem planning: The Markham experience, 1989–2001.*Journal of Urban Design* 7 (3): 321–40.

[20] Gordon, David L.A., and S.Vipond.2005.Gross density and implementation of new urbanist plans in Markham, Ontario.*Journal of the American Planning Association* 71 (1): 41–55.Grant, Jill.2002.Mixing use in theory and practice: Canadian experience with implementing a planning principle.*Journal of the American Planning Association* 68 (1): 71–84.

[21] Gyourko, Joseph E., and Witold Rybczynski.2000. Financing new urbanist projects: Obstacles and solutions.*Housing Policy Debate* 11 (3): 733–50.

[22] Hack, Garry, and Andrejs Skaburskis.1992.Lessons from Canada's housingR&Dexperience.*Environment and PlanningC* 10: 61–76.Lee, Chang–Moo, and Barbara Stabin–Nesmith.2001.The continuing value of a planned community: Radburn in the evolution of suburban development. *Journal of Urban Design* 6 (2): 151–84.

[23] Lund, Hollie.2003.Testing the claims of new urbanism: Local access, pedestrian travel, and neighboring behaviors.*Journal of the American Planning Association* 69 (4): 414–29.

[24] McKenzie, Roderick Duncan.1933.*The metropolitan community.*Chicago: University of Chicago Press.

[25] Michelson, William.1977.*Environmental choice, human behavior, and residential satisfaction.*New York.Oxford University Press.

[26] Muth, Richard.1969.*Cities and housing.*Chicago: University of Chicago Press.

[27] Myers, Dowell, and E.Gearin.2001.Current preferences and future demand for denser residential environments.*Housing Policy Debate* 12 (4): 633–59.

[28] Myers, Dowell, and Allicia Kitsuse.1999.The debate over future density of development: An interpretive review.Working Paper WP99DM1, Lincoln Institute of Land Policy, Cambridge, MA.

[29] Nasar, Jack L.2003.Does neo–traditional development

build community? *Journal of Planning Education and Research* 23：58–68.

[ 30 ] Ricardo，David.[1817] 1969.*The principles of political economy and taxation*.London：Everyman's Library，J.M.Dent.

[ 31 ] Rybczynski，Witold.1998.（Some）people like new urbanism.*Wharton Real Estate Review* 2：49–53.

[ 32 ] Schon，Donald A.1967.*Technology and change：The impact of invention and innovation on American social and economic development*.New York：Delta.

[ 33 ] Skaburskis，Andrejs.1988.The nature of Canadian condominium submarkets and their effect on the evolving urban spatial structure.

[ 34 ] ____.1989.Inversions in urban density gradients：A brief look at Vancouver metropolitan area's density profile.*Urban Studies* 26：397–401.

[ 35 ] ____.1997.Gender differences in housing demand. *Urban Studies* 34（2）：275–320.

[ 36 ] ____.1999.Modelling the choice of tenure and building type.*Urban Studies* 36（13）：2199–215.

[ 37 ] Skaburskis，Andrejs，and H.Hack.1993.Designing Alberta's contemplated housing R&D program.*Journal of Architectural and Planning Research* 10（1）：23–39.

[ 38 ] Song，Yan，and Gerrit–Jan Knaap.2003.New urbanism and housing values：A disaggregate assessment.*Journal of Urban Economics* 54：218–38.

[ 39 ] Steuteville，Rob.2000.*New urbanism and traditional neighborhood development：Comprehensive report and best practices guide*.Ithaca，NY：New Urban News.

[ 40 ] Talen，Emily.1999.Sense of community and neighborhood form：An assessment of the social doctrine of new urbanism.*Urban Studies* 36（8）：1361–79.

[ 41 ] ____.2001.Traditional urbanism meets residential affluence：An analysis of the variability of suburban preferences.*Journal of the American Planning Association* 67（2）：199–216.

[ 42 ] ____.2002.The social goals of new urbanism.*Housing Policy Debate* 13（1）：165–88.

[ 43 ] Tu，Charles C.，and Mark J.Eppli.1999.Valuing new urbanism：The case of Kentlands.*Real Estate Economics* 27（3）：425–51.

[ 44 ] Vipond，S.2000.A comparison of gross density：Conventional and new urbanism areas in suburban Markham，Ontario.Unpublished master's report，School of Urban and Regional Planning，Queen's University at Kingston，Ontario，Canada.

Implications of Private-Public Partnerships on the Development of Urban Public Transit Infrastructure: The Case of Vancouver, Canada

# PPP 模式应用于城市公共交通设施发展的启示
## ——以加拿大温哥华市为例

Matti Siemiatycki 文
杨励雅 杨蕾 译

【摘要】近年来，加拿大政府在实施大型交通基础设施建设项目时，广泛采用了贯穿于规划、建设、运营、转让等各个环节的公私合作关系模式，即PPP模式。其支持者认为，在公共基础设施建设中引入竞争和市场机制能使决策更具责任感，带来更多的技术创新，同时能削减潜在的建设成本，而高昂的建设成本往往是交通项目失败的重要原因。然而，本篇论文旨在说明，对于加拿大温哥华市的一种新型快速轨道交通建设项目，PPP公私合作模式的实施却没有带来预期中的技术创新以及规划建设成本的削减。

【关键词】公共交通；基础设施；大型项目；公私合作关系（PPP）

在加拿大以及世界各地，促成竞争和自由市场问责制的项目规划进程在公共设施项目的交付中已经变得越来越受欢迎。尤其是最近，PPP（公私合作关系）模式中的DBFO模型（设计、建造、融资、运营）因其能够在项目规划阶段引入竞争和自由市场问责制，已经成为一种交付机制的选择，在中央政府的左右翼以及类似世界银行和联合国那样的国际发展机构中渐渐流行。

从理论上来说，PPP模式下的DBFO模型从保护广大市民利益的角度，在公共服务设施的交付中引入竞争力量来提高劳动生产效率，以平衡政府对稀缺资源的战略分配优势。它的支持者认为，一个能鼓励政府和私营部门合作的项目会话方式，可将带动社区活力和促进当地经济发展结合起来，创造出双赢的局面（Miraftab 2004）。在城市交通领域，PPP模式的日益流行可被看作是在项目设计、融资和运营期间内，将公共部门的政治干扰、薄弱的程序问责体制、不断上升的建筑成本和项目性能不足等问题进行纠正。(Pickrell 1992；Flyvbjerg，Bruzelius，and Rothengatter 2003)。与此同时，这样的合作方式也可看作是资金紧张的政府利用私营合作者来获得项目的资金资助、实现创新，以及在公共部门不放弃对战略目标的控制下，对风险进行管理。

然而时至今日，在加拿大对于评估采用DBFO合作模式开展交通基础设施交付影响的研究很少。其中一部分原因是DBFO合作模式的应用在加拿大交通规划中是一种相对较新的现象；另一部分原因是，就像Miraftab（2004）提出的，关于公私合作伙伴关系（PPP）的研究主要集中在伙伴关系的类型、准备和权力分配问题上，例如合约设计与风险转移等。

PPP的分类如图1所示。

因此，除了拥护者们对PPP模式的赞同和著

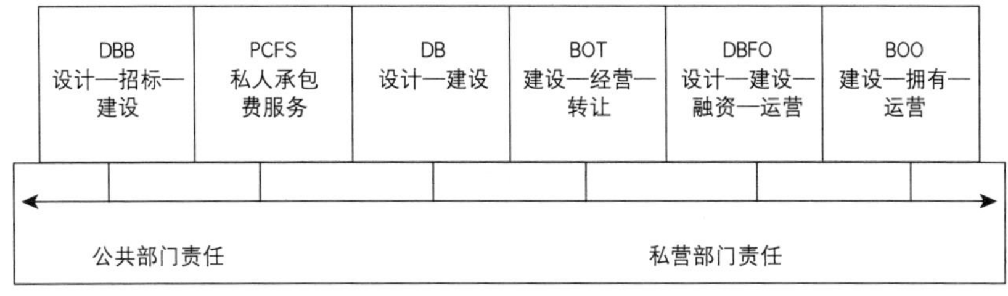


**图1 PPP的分类**
资料来源：加拿大联邦交通运输部（2005）

**作者简介：**
Matti Siemiatycki，多伦多大学城市规划助理教授，主要研究规划融资、超大型基础设施项目。

**译者简介：**
杨励雅，中国人民大学公共管理学院城市规划与管理系讲师，博士，主要研究方向为城市交通规划、城市管理。
杨蕾，中国人民大学公共管理学院城市规划与管理系硕士研究生。

本文原载于 *Journal of Planning Education and Research*，2006，Vol.26（2）：137–151

名学者提出的理论优势外，PPP 模式是否为政府提供了有用工具来筹集必要的资金和实施大型基础设施项目，这依然是个悬而未决的问题。再者，在实际应用中，DBFO 模型是否真正有助于纠正政治影响力、利益集团游说、薄弱的透明度等问题呢（Flyvbjerg，2003；Wachs，1988；Altshuler 和 Luberoff，2003）？以上都是早期大型交通项目在规划阶段最易遇到的问题。

必须清楚的是，从交通基础设施项目交付的演变历史来看，DBFO 会显露出与其他模式相似的缺点。这就引发了这样一个问题：是否观测到的挑战都普遍存在于实施一个项目所使用的模型，或者事实上这些挑战更深地扎根于引导规划决策的政治、金融、管理、象征和权力关系之中呢？这其中当然有值得关注的事项，20 多年来研究人员已经摸索出了在特定时刻对某一具体基础设施项目进行投资的多种支持力量（Hall 1982；Mackett and Edwards 1998；Altshuler and Luberoff 2003；Olds 2001；Richmond 2005；Siemiatycki 2005b）。然而，由于 DBFO 模式是当代国际上先进的用于规划和实施大型交通基础设施项目交付的方式，因此，单独研究这个项目的交付方法，探究其理论优点是否与实际经验相匹配，是很有意义和必要的。

为了探究这个问题，本文分为两个部分。第一部分将回顾公共项目融资的历史演变，描述 PPP 模式下 DBFO 模型的特点，并分析其优势和劣势。

第二部分例举了不列颠哥伦比亚省（British Columbia）温哥华市（Vancouver）的 Richmond–Airport–Vancouver（以下简称 RAV）城市轨道项目，这是加拿大在城市公共交通项目中运用 DBFO 模式的最大项目。通过对项目主要参与者的深入采访、公开会议的观察、规划文件的分析以及媒体报道的回顾，可以得出一些 RAV 项目实施过程的观察结果，这为笔者提供了一个在交通部门 PPP 模式应用下探究机制和公平问题的机会。

本文中笔者将会简明扼要地强调 PPP 模式在规划中的一些更为广泛的影响，而不是逐一列举案例研究中的细节。具体来说，笔者将展示在 RAV 项目规划阶段应用 DBFO 模式，在减少成本上升，提供更大技术创新以及完善问责程序方面的不足。虽然温哥华的经验对于在其他背景下或者使用 PPP 模式下的其他模型的项目，不具有可推广的结果，但是它提出了在应用 DBFO 模型中遇到的一些问题，这是非常宝贵的。

## 1.PPP 模式下的 DBFO 模型理论

据美国交通运输部门称，私营和公共部门合作实施基础设施项目建设有多种方法，可以从更多的公共责任到更多的私有责任的范围内连续地进行划分（图 1）。

按照惯例，在发达国家，公共部门的基础设施项目建设是通过一系列的设计投标建设方法，由专门的公共代理人设计一个方案来突出一个特定的问题，然后举办招投标来确定项目特许经营权的归属，并建立起私营设计师要求的技术系统，最后由私营部门的工作人员来运行这个系统直到项目完成。在这种项目交付模式下，政府部门利用贷款和债券来进行投资，用项目使用费和税收来偿还资本费用。

在 20 世纪 80 年代和 90 年代早期，为了在市场竞争的环境中减少政府财政支出和利用私营个体的创新能力，发达国家政府纷纷鼓励私营部门大范围参与公共基础设施项目的融资和交付，从项目可能产生的利益上来说，私营企业家只能选择那些能最大限度满足公共部门利益的项目，然后对其进行设计、融资、所有以及运营，利润则来源于对使用者的收费以及公共补贴。

从 20 世纪 90 年代早期开始，由英国提出倡议，DBFO 模型作为一种国际上先进的大型公共基础设施项目交付的方式，开始渐渐崭露头角。它已经在包括美国、澳大利亚、加拿大、英国、爱尔兰、荷兰和丹麦在内的多个国家的交通项目中得到使用。

PPP 模式下的 DBFO 模型，旨在将私营部门在市场竞争中体现出的创新能力和公共部门制定项目细则和实施监督的角色结合起来。在 DBFO 项目的实施中，公共部门首先根据某一明确目标来设计出一系列该项目应体现出的利益价值，然后邀请私营特许经营权获得者制定出一个技术方案，以最低的价格来最大限度地满足这些利益要求。私营特许经营权获得者同时也被要求部分地或者完全地对资本成本进行融资，这项费用将随着政府部门在运营期间必要阶段收取的使用费和补贴来偿还，通常是在 30 至 50 年之间。一旦承包经营期限到期，公共部门可以对项目重新招标，也可以自行运营。

根据 Flyvbjerg，Bruzelius 以及 Rothengatter 的理论，DBFO 模型有以下 3 个优点：

（1）它为项目进行的选择提供了更合理的技术标准。这些技术标准可以通过对设计任务说明书的使用来获得。据此，政府的规划组织建立了一系列的政策目标来满足公众利益，然后通过设计招标吸引私营部门参与其中，并比较谁能以最低的价格来提供最好的技术方案。在此竞争过程中，技术革新是有可能出现的。这就与公共部门的规划者形成对比，他们往往只在某一技术领域拥有专长，但缺乏促使他们提出符合成本效益或者创新思维的项目的直接诱因。

（2）它有助于改进被选实施项目的程序问责制和经济责任制。在一个先前非竞争的环境中注入市场的力量是非常关键的。有争议认为在没有责任担保（责任担保，即若主债务人违约，政府需负责任）的情况下，私营部门至少投入达到项目资本成本的三分之一才能决定项目是否继续进行。在项目发展和运营期间，风险资本可能会导致大量私营个人的损失，因此，这种模式对切实地审查项目建议和鼓励严密的财务控制方面有着更大的激励作用。同时，此期间也会产生更多关于项目是否该继续进行的精确评议和决定。也有专业人士建议，应该更多地鼓励私营部门参与其中，这不仅可以加强对公共部门投资的问责测试，同时也对增加项目的透明度以及合法的公众参与起到了辅助作用。

（3）它把风险转移到了最有能力驾驭风险的一方。由于大型交通基础设施项目一贯的大量成本超支和使用者多异性的特点，风险转移贯穿于整个DBFO模型的使用进程。在一个大型基础设施项目的规划、融资和运营阶段大量引入私营参与，这就有可能把各种风险，比如建筑成本超支和工期延误、利率波动、系统表现以及赞助风险，转移到有最大能力和动力去解决它们的一方。对于交通工程项目来说，风险往往是在项目的供应和需求中划分的。在公共部门和私营部门之间进行风险转换是伴随着成本溢价进行的。DBFO模型下的风险转移进程与传统的公共部门项目交付模式是不同的，对于后者，相关政府代理机构和纳税人必须对项目的所有不同风险承担责任。

将理论应用于实际，表1列举了有关PPP模式影响更广泛的文献总结，说明了应用PPP模式来实施大型基础设施项目建设时潜在的广泛利润和成本。

由公共和私营部门发起人以及有关学者引导，关于PPP模式的合作成果叙述已广为流传，PPP模式作为一种项目交付机制的应用选择已渐渐被制度化，并纳入许多国家的政治结构中，而且负责促进和组织合作伙伴关系的政府决策部门也参与强化这种制度。

**应用DBFO模型实施交通基础设施项目的潜在优点和缺陷**　　**表1**

| 观　点 | 来　源 |
|---|---|
| PPP模式的优点 | |
| 来自英国的证据显示，使用PPP模式完成项目交付能够减少开发成本超支的情况，改善项目完工的准时性 | HM Treasury（2003） |
| 通过私营部门资本对基础设施项目进行融资，可以减少广大纳税人的财政负担和潜在风险 | Savas（2000） |
| 与私营部门签订严格的合同来规划和发展项目，可以控制政府官员在项目发展期间增加高昂的机会成本，从而导致最终项目成本的增加 | Walker and Smith（1995）；Debande（2002） |
| PPP模式的缺陷 | |
| 发散的目标、方法以及不同股东的看重点同时参与一个合作规划进程中，参与者们很有可能因为狭隘的自身利益而削减为项目全力以赴的动力 | Blumenberg（2002） |
| PPP模式会增加大型基础设施项目规划的成本、复杂性和所耗时间 | Walker and Smith（1995） |
| 从一项对英国21个使用PPP模式交付的交通设施项目的研究可以发现其中严重违法问责机制的行为，尤其体现在现行会计方法提供公共资源分配足够透明度的能力 | Edwards et al.（2004） |

在加拿大，无论联邦政府还是省级政府，都设立了自己专用的公司合作伙伴关系办公室（PPP offices），因此在新的大型基础设施项目中应用这种合作伙伴模式也就显得得心应手（Siemiatycki 2005a）。在接下来的部分中，笔者将在理论利润的基础上来检验DBFO模型应用于实际项目实施的有效性。

## 2. DBFO模型的实际应用：以RAV线为例

温哥华（Vancouver），是一个拥有230万人口的加拿大西海岸城市。本部分以温哥华的一条应用DBFO模型进行建设的城市新干线为例，研究其项目计划说明书的制定方法，并进一步探究项目获批的过程。

### 2.1 制定项目计划说明书：伙伴关系和优先权的确定

由于多年城市交通基础建设的资金不足，以及从2004～2008年大约74亿美元的全国项目建设费的需求，加拿大的很多城市开始进入了一个公共交通发展的全新时期（Canadian Urban Transit Association 2003）。然而，由于公共基础设施项目的规模和成本上升（Flyvbjerg，Bruzelius，and Rothengatter 2003），单由某个公共部门或者私营实体来完成一个建设项目已经变得越来越困难。研究者Perl（1993）发现，相对于美国和法国来说，担负在加拿大各级政府肩上的有关城市交通的行政和财政责任要大得多。因此，融资和监管的合作模式对于主要交通项目的尝试就显得尤为关键（McQuaid 2000）。这种情况下，在交通运输新举措上增加开支的呼吁声此起彼伏，而RAV项目之所以受到优先建设则是源自于其能够吸引广大的潜在供资伙伴。

在过去超过30年的时间里，大温哥华地区的规划者和决策者一直从事着这样一个过程，即确定项目优先次序和将项目交付纳入现代化大规模快速运输系统计划。追溯到1975年，大温哥华地区的主要战略交通规划中就包括了一条南北走向的交通快线，连接Richmond和Vancouver中心（Ladner 2004；图2），同样地，在Richmond和Vancouver当地的交通规划中也规划了这样一条线路，尽管在此之前从未有过路线或者技术方案上的统一。

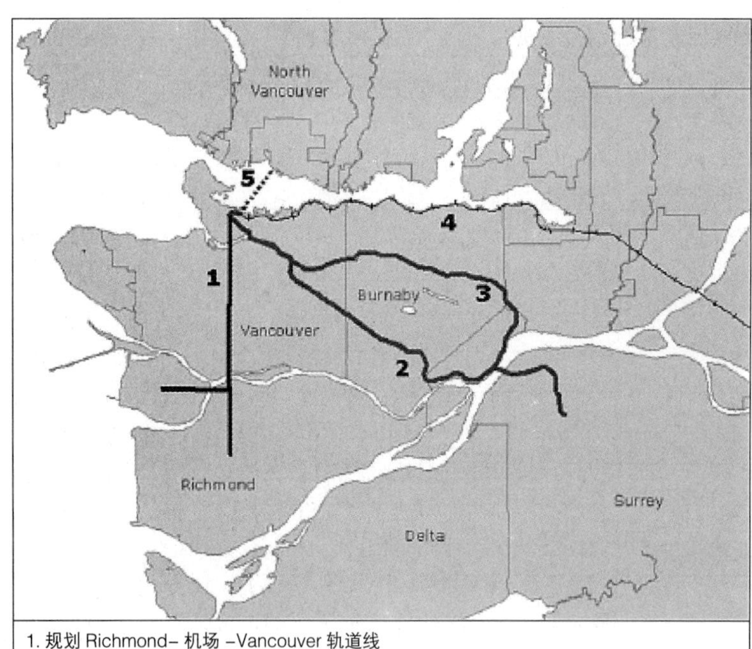


1. 规划Richmond–机场–Vancouver轨道线
2. Skytrain快线
3. Skytrain Millennium线
4. West Coast快线
5. 海上巴士专线

**图2 加拿大温哥华市目前及规划中的快速公交网络**

然而，通过持续的论证，再加上投资的保障，连接Richmond和Vancouver的城市快轨方案作为另外两个方案的替代得以通过。一是从东由Vancouver 开往Burnaby和New Westminster的Expo Skytrain线；另一条是Millennium Skytrain lineB，由Broadway沿着Lougheed走廊向东的线路。也许更重要的是，当主要的建设投资运用于大范围交通快线项目的时候，两项自1980年以来的在区域交通和成长管理计划中最重要的项目，增加当地公共汽车数量规模和实施小规模公交优先的措施，基本上已经得不到承认。从规划的角度来看，当对立的省级政府使用传统的公共部门采购模型来交付先前的两项大型公共交通项目时，规划过程还是面临着相似的批评：它们是被政治驱使的；给纳税人施加了太多负担；缺乏过程透明度。

这样，到了2001年，当自由党右翼执政时，政府部门渐渐意识到British Columbia地区的未来规划进程将更多运用公司合作的方法，以此培养鼓励更多真正意义上的民众参与。

在项目交付中更为集中地使用合作伙伴关系模式这一愿望，在项目优先权的决策上拥有很大影响力。尽管在区域规划中首先考虑的是公共交通网络建设，而不是大型基础设施项目的建设，一个由温哥华当地交管部门Translink设计的、比较主要交通项目潜在资本来源的表格，向读者展示了RAV项目优于其他项目的自身特点（表2）。在众多交通建设项目中，RAV被认为是最能满足各级政府利益的项目，它还由于将在2010年温哥华冬奥会中的使用而获得政府专项资金补助，而且对于需要一种成本回收方式的私营投资者有着巨大的吸引力。基于对潜在资金来源分析的基础上，RAV项目在2001年成功成为当地首要建设的公共交通投资项目。

然而来自其他司法管辖区的调查结果证实，公共交通项目的融资可行性在项目建设优先权的决定上有很大影响作用。这在RAV项目中体现得尤为明显，即优先权的确定不仅在于能满足各级政府的利益，同样还在于设计一个足够吸引私有投资者投资的项目计划（Taylor 2000；Li and Wachs 2004）。而这其中的重点，正如British Columbia地区交通局规划合作部门的区域经理Allan Davidson所说，省级政府以及其他多种合作伙伴关系是交通建设项目的资金来源，如果除此之外还有其他来源，这将使该项目在建设次序名单上的排名上升，因为政府认为，其他的资金来源等同于在减少政府开支的前提下得到了一个新帮手（Hilferink 2004，116页）。

笔者将要在接下来的部分中阐述的，满足能够吸引私营投资者和其他资金的体系需求的项目设计，并不一定能保证项目为公众最大限度地提供利益。

## 2.2 形成项目任务规格说明书

由于多层次政府的利益及优先发展RAV项目的考虑，注意力便转移到在各股东利益目标的基础上来设计形成一个任务规格说明书。2000年，Translink、省政府、联邦政府和温哥华国际机场管理局四大股东签订协议，共同为RAV项目提供资金，并成立了RAVCO作为Translink的子公司来负责RAV项目的采购、设计、融资和实施。同时，温哥华市、里奇曼市、大文化地区和港务局都被赋予了利益相关团体的特权，因他们的利益会受投资决策的影响。

在规划阶段早期，RAVCO雇用了项目融资专家和世界顶级私营基础设施项目推广和交付领导者之一的Macquarie集团来检验应用PPP模式实施RAV项目的可行性。调查结果显示，作为DBFO模型的一部分，快速轨道交通能带来的利益对于私营投资者还是很有吸引力的，同时，公共部门也可以把项目的建设、维护、运营以及融资风险较大地转移给私营合作者（Macquarie Group 2001）。

基于Macquarie集团对RAV项目的研究结果，RAVCO继续设计项目的规划和采购策略，为PPP模式的应用提供条件。具体来说，RAVCO建立了一个具有竞争力的采购过程来选择结合了公共和私营部门合作的项目准则（图3）。

正如Flyvbjerg等（2003）以及很多专业规划机构（United States Department of Transportation 2004；Knight et al.2003）主张的那样，在RAVCO建立的采购模型的第一阶段，应基于政策方向、各参与方的利益以及与公众磋商的结果来确定项目的一系列规格准则。这种项目交付方法旨在为私营部门的自主创新提供空间，以期在一个最低的成本下交付一套最有效的系统技术，同时又可维护政府从公共利益角度来设定项目发展方向的控制能力。项目任务说明书的使用同时也是为了减少政治干预的发生率（Siemiatycki 2005a）。RAVCO关于采购过程的描述（2003a，26页）这样写道，"没有技术层面上的选择"，"给供应商一个建立既符合性能标准，又符合财政可行性的系统的机会"。

然而在实际应用中，用合作模式来定义RAV项目的任务说明书，需要满足各参与方利益。参与方的主要利润，来源于项目路线的设计、立体交叉的数量和类型、技术方案以及项目的融资机制。

需要特别关注的是，出于项目规格和国家政策的考虑，私营合作者的利益被明确纳入项目规划中。在早期的商讨中，区域交通规划管理局（Translink）、省政府和机场管理局均认为，私营融资对项目的实现极为关键。在高级官员的私人会话中，省级政府竟然把附带在项目交付中的财政贡献看作是PPP模式的一种应用（Doyle 2002）。这后来成为了一项政府政策，给公共政策决策和RAV线总体技术规格带来影响。

最值得注意的是在2001年，基于商业咨询顾问Macquarie集团的初步调查结果，RAVCO的CEO Jane Bird和Translink的CEO Ken Dobell向Translink的董事会提出一个建议，即RAV项目在

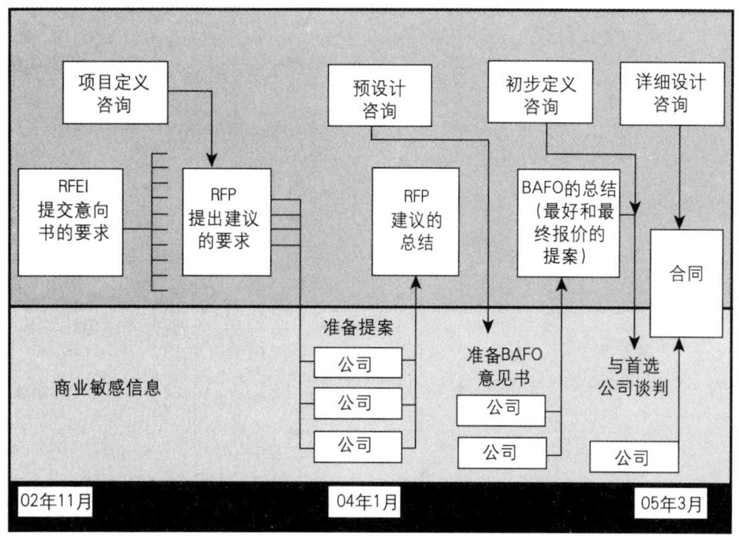


**图3 RAV线的竞争和采购模型**

资料来源：摘自RAVCO（2003b）

表 2

**道路与公共交通在适用性和建设资金来源上的比较**

| 项目 | | 道路客运 | | | 公共交通 | | | |
|---|---|---|---|---|---|---|---|---|
| | | 弗雷泽河横渡线／南弗雷泽河沿岸道路 | 南弗雷泽河沿岸道路 | 重大建设项目的主要路网 | Broadway 西部快线延伸段 | Port Moody/ Coquitlam 快线延伸段 | Richmond/ 机场／Vancouver 快线 | 无轨电车改造线 |
| **解决的问题** | | | | | | | | |
| 货物运输 | | ■ | ■ | ■ | | | | |
| 国际运输 | | ■ | ? | ? | | | ■ | |
| 保护环境 | | ? | | | ■ | ■ | ■ | ■ |
| 奥运会 | | | | | | | ■ | ? |
| 宜居区域战略 | | ■ | ■ | ■ | ■ | ■ | ■ | ■ |
| **股东利益** | | | | | | | | |
| 联邦政府 | | ■ | ■ | ■ | ? | ? | ■ | ? |
| 省政府 | | ■ | ■ | ■ | ■ | ■ | ■ | ? |
| Translink／大温哥华地区 | | ■ | ■ | ■ | ■ | ■ | ■ | ■ |
| 城市 | | Pitt Mead., M. Ridge, Surrey, Langleys, Delta | Coquitlam, New Westminster | 部分自治市 | Vancouver | Burnaby, Port Moody, Coquitlam | Richmond, Vancouver | Vancouver, Burnaby |
| **潜在资金来源** | | | | | | | | |
| 联邦政府 | 基础设施项目基金 | ■ | ■ | ■ | ■ | ■ | ■ | ■ |
| | 奥运会 | | | | | | ■ | |
| 省政府 | 合作伙伴 | ■ | ■ | | ■ | ■ | ■ | |
| | 奥运会 | | | | | | ■ | |
| Translink 预算 | | | ■ | ■ | | | ■ | ■ |
| 其他 | | Pitt Mead., M. Ridge, Surrey, Langleys, Delta | Coquitlam, New Westminster | 部分自治市 | Vancouver | Burnaby, Port Moody, Coquitlam | Richmond, Vancouver | |
| 成本回收（对使用者而言） | | ■ | ? | ? | ■ | ■ | ■ | ■ |
| 潜在的 P3 | | ■ | ? | ? | ? | ? | ■ | ? |

（资料来源：Adapted from Rock and Plewes，2002）

同一水平面上的交叉口选择不应进行进一步的技术论证。这项建议被董事会认可。这就证明了虽然私营方没有直接参与RAV项目的技术设计阶段，但他们对建立一个影响项目未来形态和公共政策方向的性能标准还是有影响的。

总体上来说，通过合作模式实现项目交付，每个参与者都能在财政贡献和司法批准的可能性上提出自己的标准。然而，不是所有的参与者在最后的任务规格说明书中都拥有平等的权利。特别是，一个首要关注的问题就是要设计一个计划，内容是怎样从政府以外的部门获取项目所要求的资金。对于参与其中的组织，首要问题就是建设一个能在奥运之后仍有积极作用，与周围环境不冲突，以及有助于吸引私营投资者参与的交通运输系统。

为了满足主要资金贡献机构的利益，在2003年冬天，当项目的任务说明书向公众发布时，一些评论员注意到，这些性能规格是为满足以下要求而专门设计的：短的行程时间，满足可靠性要求，路线沿着Cambie街，轨道技术的明确应用，以及大量地下部分的建设，这就使得创新的空间很小（Boddy 2003）。正如加拿大太平洋地区交通政策协调部门主管John Mills作为联邦政府代表参与RAV项目的早期规划阶段时，在一次采访中这样说道：

"RAV项目是一个没有做备选分析的案例，在一个高水平的分析结果出来之前，决策的重点已放在Cambie走廊而不是Arbutus走廊。之后你才开始忙于做一个综合性评价，但也只能是把注意力放在一条走廊上。这就决定了项目肯定是一条地铁，在我们的项目分析中，选择范围就已经被限制了。"（Hilferink 2004，145页）

于是，当RAVCO使用项目任务说明书来发挥自营部门的创新能力时，事实证明了这种潜能会被参与项目规划的各方根深蒂固的利益所限制。沿Cambie街路线使用轨道技术已经在当地的区域规划中研究了逾十年，自动化技术也于先前温哥华的两条快速交通线中得到使用，所以这不能被看作是一个具有创新意义的解决方式。此外，按照项目任务说明书来遵循一个规划模型，并不能减轻早期普遍存在于温哥华项目规划中的政治干预问题，相反地，它仅仅只是把政治干预的时期逆向转换了，从设计—采购阶段转换到项目远景规划阶段。笔者将会在下一部分阐述，交通规划中的合作伙伴关系对项目潜在的透明度和问责制有很大影响，并且引导出一个可能达不到运输系统期望利益的项目设计规划。

## 2.3 运用DBFO模型实施RAV项目计划

在制度化的规划合作模式下，我们有必要知道这种结构是如何影响RAV项目规划进程中有关习惯、规范、常规和惯例的行为模式的。在这一部分，笔者将通过摘取2003年春季包含绩效准则的项目定义报告完成后的一段叙述，来描述项目获批的行政过程。

和世界上其他城市一样，大温哥华地区激烈的政治和利益集团的争议总是给大型基础设施项目的规划留下明显特征。尽管在项目规划时使用了PPP模式来减小参与方的公开冲突，但在RAV项目报批的过程中也未能逃脱这一趋势。RAV项目的案例内容可以探究在交通规划项目中遵循DBFO模型将如何影响改进问责制的潜力。根据Flyvbjerg等的研究，问责制改进包括程序透明度、合法的公众参与、通过私营融资的风险转移以及一个明确的规管制度细则。

RAV项目规划中一个限定性的冲突来源是被直接植入PPP模式的应用中的。为了维持竞争招标程序的完善，选择出合适的特许经营权获得者，将两个过程同时进行的规划模型建立起来，这两个过程包括选择特许经营权获得者的竞争和获得政府审批和财政支持的公共过程。

实施RAV项目的官员在采购过程中承受着明显的压力：RAVCO的挑战就是平衡好对外披露的和竞争过程中的公众利益，这个过程需要大量保密工作，目标是来确保招投标过程的公平性。在大型基础设施项目中应用DBFO模型，保密工作的必要性已被世界上多个司法管辖区证实。以爱尔兰为例，已经有超过50个项目是用PPP模式来完成交付的。据国家财政部PPP模式的中心部门报告，对于鼓励私营部门进行技术创新、控制成本、保护商业机密以及重新设计业务的灵活性来说，保密工作是尤为重要的。

同样的观点也在RAV项目的案例中被提出。在该案例中，保密性与在竞标过程中支持者提出的技术方案密切相关；同时，过早地泄露融资信息将会导致竞标过程的不公，创新能力的限制，或是私营部门在谈判中的地位被削弱，因此，同样需要加强保密性。RAVCO打算通过应用诸如加强网上信息和会议纪要的发布，加强公众参与热情以及加强公众获取内部文件的权利等国际上最好的披露、问责和管理的方法，来克服DBFO模型与生俱来的保密需求。然而，明显的保密需要和竞争招标程序中普遍存在的商业机密，似乎与一个负责任的规划过程所要求的公开、透明不相一致。

## 2.4 私营部门特许经营权获得者的激烈筛选

基于为实施RAV线设计的合作采购模型，项目设计阶段的任务，是在一个竞争性的过程引导下选择最合适的私营合作伙伴。从2003年夏到2004年春，RAVCO把原先包括世界上最大的轨道建设商在内的10个竞选财团削减到了两个：SNC Lavalin/Serco和RAVxpress。两个财团都提出了这样一个方案：温哥华部分的均为地下线路，到里士满和机场时则把线路提升到地面，并全程使用轨道自动化技术。SNC Lavalin/Serco更是根据里士满当地委员会的意见，运用手动和自动化结合的技术，提出了一个运作系统。

正当RAVCO要发布两个竞标单位的信息时，媒体广泛报道了项目预期的资本成本将在15亿～17亿美元之间。项目的筛选过程需要对各方案的细则进行高度保密，从而防止商业机密外泄，以维持竞争者之间的公平性以及RAVCO在谈判中坚持的关于具体合同条款的立场。这就意味着在项目规划过程中，任何有关项目的详细条款，包括设计和技术参数、总体成本、融资计划条款或是将要运用的建设方法，均须严格保密。

一些信息是由当地执政的、审批RAV项目融资的政客们所保密的。作为替代，RAVCO发布了一系列由咨询顾问编写、受保密条款约束以确保公众要求的公平性和价值标准原则的报告。从爱尔兰和澳大利亚的经验来看，公共部门的比较报告和项目的价值报告是典型的关键报告，是必须对公众保密的。总的来说，这些报告是用来衡量风险转移到私营部门的程度以及项目中的创新程度，在更高借款利率和边际利润的情况下，是否会超过增加的成本。

计划编制这些报告的公司都是明显的PPP模式拥护者，其中一些在PPP项目规划模型的增值中占有很大股份，另一些则是向省级或联邦政府执政的一方赞助过大量资金，这即使是从最小的层面上来说，也对政府的公正性提出了质疑。再者，其中一些企业对加拿大现有或将来的PPP项目拥有投资兴趣，而其他的则处在建议公共部门进行私有化和如何为私营部门获利提出建议的有利位置上。

尽管可能出现企业的利益冲突，在项目规划阶段由British Columbia总审计处对整个过程进行回顾的要求还是被再三否决了。当公平审计师Ted Hughes鉴定这个激烈筛选过程是公平时，不公开主要技术报告已经引发了公众对RAV规划过程公平性的质疑。

## 2.5 公共审批程序

在私营部门投标过程中所要求的保密需求，对其他同时开展的进程，包括安排资本基金的政治进程和从多个私营股东中获得管辖批准的进程，有着很大的影响。政治审批程序不像选择私营合作者时那样关起门来进行，而是在公众监督下进行的，需要一个高度的信息知晓权和公共咨询来最后制定出一个负责任的决策。为了能在奥运之前完工，这也是RAV项目可能从高层政府获得资金的标准，项目的行政审批进程也大大加快了。

在项目的交付使用合作模式背景下，为RAV项目的进一步发展提供批准文件的各级政府部门承受着巨大的压力。因为任何一级政府的拒绝投资，都将会被看作是破坏一个受公众欢迎且必需的基础设施项目建设的破坏因素。还有，私营部

RAV项目支持者的政治捐款　　**表3**

| 公司名称 | RAV项目的参与部分 | 在PPP模式中的现有权益 | 省级贡献(2001) | 联邦政府贡献(2003) |
|---|---|---|---|---|
| Bombardier Inc. | RAV最终提议者队伍成员 | 建议联邦政府扩大PPP模型并参与多伦多机场快线的PPP项目 | \$5,000 | \$139,795.22 |
| AMEC Inc. | RAV最终提议者队伍成员 | 加拿大PPP模式委员会赞助委员 | \$12,500 | \$9,491 |
| SNC-Lavalin | SNC-Lavalin/Serco最终提议者队伍成员 | 参与加拿大其他PPP项目建设 | \$10,000 | \$91,465 |
| KPMG Consultants | 对公共比较进行独立审查 | 加拿大PPP委员会委员 | \$5,000 | \$18,926 |
| Price Waterhouse Coopers Consultants | 进行财务审查以确认PPP项目的交付并与RAVCO官员协同展开公共比较 | 加拿大PPP委员会委员 | \$1,500 | \$15,784 |
| Canwest Global Communications | 温哥华两家日报所有人 | 不明 | \$35,000 | \$3,500 |

门为基础设施项目部分融资的要求，给公共部门带来了稳固融资协议的紧迫感，因为这不仅将影响原先估计的带给私营贷款方的项目风险，反过来又会影响贷方报给私营特许经营权获得者的利率，继而影响竞标价格。

随着项目审批程序的进行，各级政府在为是否让 RAV 项目获批而犯愁。在一份泄露给当地媒体的机密报告中，联邦政府官员们就使用 DBFO 模型将风险转移给私营部门的水平和该轨道系统能产出的利益提出质疑。但最后，政客们还是批准了项目拨款。在当地市政局历史上最长的一次会议之后，项目由一次投票的结果获得审批。在这次会议进行过程中，一个讨论之前从未泄露给任何官员的机密信息的闭门会议将其打断，最后在长达两个月的时间内，区域运输管理局董事会对项目否决了两次。第三次投票仓促地开始，项目定下 15.59 亿美元的总成本，公共部门最大负担 13.5 亿美元，项目获得审批。

在项目获批到最后招投标阶段的 6 个月时间内，方案中较低的报价是由 SNC Lavalin 提出的，即建设一个地下的自动化轨道系统，总投资 18.99 亿美元，超出资金总额 3.4 亿美元。一般来说，当大部分建筑风险由私营部门承担时，公共部门就能最好地处理与委托人相关的 90% 的风险。根据 Bowman（2003）所说，在由 PPP 模式实现交付的公共交通项目中，风险的分配已成为一个日益典型的问题。在此过程中，投资者已经渐渐发现，交通系统乘客量尤为不可预测。然而，若把乘客量的大部分风险划分给公共部门，那私营部门在评估项目时就会没有动力，因为决策的正确与否对结果只有极小的影响。这一点很重要，那就是需求是决定一个交通项目能否实施的中心因素，同时也是一些项目发起人为了让项目开始实施，而故意高估的因素。

在将一些车站的类似人行道那样的公共便利设施从设计中移除后，由 SNC Lavalin 提议的方案于 2004 年 12 月最终获得审批，总成本为 17.2 亿美元。在公共审批期间，对于一个复杂和有争议的项目是否要继续进行政治激励，是在不断的社会协商中形成的，从由 RAVCO 反复进行的民意投票中发现，RAV 项目的群众支持率很高。然而尽管这样，由工会进行的候补调查发现，公众缺少对应用 PPP 模式进行项目建设的融资成本和潜在风险的认识。

就其本身而言，RAV 项目的规划过程是被加入了一种紧张氛围的，至少可部分归因为 DBFO 模型的应用。在 RAV 项目规划阶段，虽然由公私部门协同承担项目的公共资讯工作，但为了维护采购过程公平性的保密需要和在奥运前完工的权宜之计，减少了项目透明度的可能性；而透明度是 Flyvbjerg 等定义的 DBFO 的优点之一。另外，正如 Throgmorton 在公共投资项目规划过程中所观察到的那样，调查研究、模型以及预测都是被规划者和项目支持者使用的重要手法，已形成具有说服力的叙述，从而影响公共意见。

## 2.6 公私部门的交叉点：成本蠕变和规模变化

Translink 审批通过了 RAV 项目，本应给项目规划的过程画上一个句号，但实际上却没有。在 2004 年 11 月中旬，RAVCO 把项目环境评估意见书中某些文件的细节公布在自己的网站上。文件大多是技术方面的，其中一条吸引了公众的眼球：75% 的地下部分——包括温哥华市中心和温哥华南部的商业区——将会使用明挖建筑方法。它拥有优于其他深孔挖掘方法的特点，包括价格便宜，延期风险低，以及可以让车站建得离地表更近，便于乘客使用。

然而，这条消息在媒体上公布时，引起了公众的恐慌。很多人更是震惊，因先前 RAVCO 提出的将会使用一种深孔挖掘方法。在与 RAVCO 谈判无果后，一个商业联盟对 RAVCO 就该项决策的合法性提出了质疑，即在项目磋商过程中没有预先告知公众将会使用的建筑方法以及在 RAV 项目中使用明挖建筑方法是否合理。这项法律诉讼最后没有成功。

然而，据 Translink 的一个主管 David Gadman 所说，甚至连负责最终决策的董事会成员对项目具体会有多少部分使用明挖也不能准确地知道，因为这在他们看来是 SNC Lavalin 需要考虑的问题。一个温哥华的市政工作人员 Judy Rogers，曾经是 RAVCO 董事会的列席委员，很有可能知道其中的细节，但在项目规划期间，委员们是受到保密守则约束的，包括对涉及专有技术、商业、融资和法律的信息进行严格保密，因此，尽管计划的一些部分可能会对业主的利益有所损害，但 Judy Rogers 也不能泄露有关建筑方法方面的信息。

为了保证 PPP 项目交付过程的公正性，这一级别的保密工作引发了关于 RAV 项目的管理结构是否威胁到了行政事务的受托责任，或者，决定项目审批结果的当选官员是否受限于必要的问责制度的质疑。

施工方法问题并不是RAVCO项目所带来的意外的全部。在2005年7月，当RAVCO与私营财团的最终合同细节向公众公布时，另一个变化出现了。2004年12月对外界公布的项目成本为17.2亿美元，然而最终的定价为19亿美元，比2004年提出的报价高出10%，比2003年高出22%。

当财务安排的细节向社会公布时，人们发现公共部门的财政贡献扩大到14.74亿美元，比Translink批准的限额高出9%。私营部门需做出6.5亿美元的财政贡献，并在整个合同运营期内偿还。合同运营的细节没有向公众发布。公共部门的投资增加，一部分原因是在决策的最后时刻，把一个原先为节省开支而去掉的车站又重新加上了；另一部分原因是公众假设类似安保和架空线的替换属于私营部门的管辖范围。虽然大型项目的成本上升有很多原因，但温哥华的建筑成本从2003年申奥成功以来就急剧上升，RAV项目的成本增加应该多少能被RAVCO的规划者预见。一份日期为2004年3月15日，来自RAVCO投标评价委员会内部的机密文件，这样评价最后获得特许经营权的项目拥护者："非常有竞争性的价格"。

由于没有完整的可利用的财务细节，公众要估算支付给特许经营权获得者的投资回报率和公私合作伙伴之间风险转移的真实数量和成本还是比较困难的。关于风险，最后的惊喜来自2005年8月，当媒体报道SNC Lavalin/Serco财团又招募到一些新的融资伙伴，包括英属哥伦比亚和魁北克两省公共部门的养老基金，这使得项目在建设期间将风险分配出去。这说明了传递到私营部门的风险也不是完全由私营部门承担，正如建设期间的超支成本将由英属哥伦比亚和魁北克两省公共部门的雇员部分承担一样。

## 3. 结论

在本文中，笔者引用RAV项目这样一个案例，描述其从开始到结束的规划进程，试图探讨PPP模式下的DBFO模型在加拿大公共服务建设领域的应用。在把这个复杂而详细的项目规划进程拼凑起来的过程中，笔者强调了对该备选融资与采购模型提出质疑的必要性。

具体来说，尽管British Columbia省政府为了避免先前一直困扰当地大型交通设施项目建设的问题（比如政治干扰、缺乏程序透明度、成本上升等）的再次出现，而采用DBFO模型作为一种缓解问题机制，但最后却并未达到预期的效果。事实上，与先前大温哥华地区使用一贯的公共部门采购模型建设的Skytrain项目相比，RAV项目跟它具有更多的相似点而不是不同点。在RAV的案例中，这种更具竞争力的采购模式理论上会带来的利益，被参与各方根深蒂固的权力关系破坏了。他们要确保最终的项目符合最具经济实力的合作者的利益，而不必提供最大的公共利益。

而且，RAV项目的案例从总体上来说，并不支持Flyvbjerg、Bruzelius和Rothengatter（2003），Walker和Smith（1995），以及Savas（2000）等提出的支持DBFO模型的理论观点。竞争激烈的规划阶段必要的保密程序，与公众需要的程序透明和项目问责无法兼容，RAV项目作为一个有意义的磋商进程，只满足了极少的标准。迄今为止，温哥华RAV项目采购模型的设计者和其他国家PPP模型的发起人一样，还是把项目规划进程中的保密性与更大的创新、更低的开发成本等DBFO采购模式改进后的效果关联起来。因此进一步的研究就显得非常必要，这能帮助我们更彻底了解为什么在DBFO模型中的某些部分保密性是如此重要，以及这种机制能否继续改进，以使在项目规划阶段一些重要的融资和设计信息可以更容易地向公众发布。

此外，私营部门融资的参与，没有把开发成本增加和范围变化的程度最小化，也没有减少政府在资产负债表上的压力，因为在初始资本成本中，政府部门还是负担着超出10亿美元的财政压力。对一个使用绩效标准的有竞争力的交付过程来说，财政捐助并没有产生一个更具创新力的系统设计，这个由SNC Lavalin选择开发的项目将会使用10多年前提出的技术和录像来建设。虽然来自项目建设和运营阶段的证据会告诉我们公私部门之间风险转移的有效程度，但从短期来看，私营部门已经开始采取一定措施把自己承担的部分风险分散到公共部门的某些部分。

作为一个单一的例子，RAV案例的研究结果并不能推广到其他不同的规划伙伴模式中，也不能应用在其他背景下使用DBFO模型交付的项目。然而，随着规划者们越来越多地把目光投向使用更制度化的协作模式来完成大型基础设施项目的交付，RAV项目的经验还是为我们提出了一系列值得探究的问题的。

应用于 RAV 项目的 DBFO 模型的理论与实践　　表 4

| 先前大型项目交付中出现的问题 | DBFO 交付机制建议的解决方法 | 温哥华 RAV 项目的实际结果 |
| --- | --- | --- |
| 公共部门官员选择的系统规格在项目生命周期内不是最有效的；项目路线和技术选择上有政治干扰 | 设计一系列绩效指标，邀请私营部门设计最符合标准，成本最低的系统来建立一个有竞争的进程；邀请一个特许经营权获得者在某一限定时期内对项目进行建设和运营 | 绩效指标为满足各参与方利益而特别设计，给私营部门留下极小创新空间；路线方案和技术已被提议和研究超过十年 |
| 包括建设、执行、乘客量等多数风险都由基金又转移回公共部门 | 在项目运营期间通过私人风险投资和表现报酬把风险转移给私营部门 | 公共部门承担多数乘客量风险；一些私营部门应承担的风险通过养老基金又转移回公共部门 |
| 项目建设期的成本增加，经常因政治驱动而加剧 | 与私营部门签订严格合同，使得项目一旦开始就难以提出范围上的变化 | 项目的成本最终还是在规划期上升了22%，部分上涨的原因是后期项目范围的变化 |
| 项目规划期间薄弱的透明度和问责制 | 为政客和群众广泛地提供项目规划文件，举办各种座谈会促进公众参与，举办政治辩论讨论项目相关利益 | RAV 规划者向公众发布了更多技术性参数，但项目保密需求使得一些重要的财政信息对外保密，这就限制了达到一个知情讨论的程度 |
| 现金拮据的政府要为大型基础设施项目融资，同时要平衡财政预算 | 邀请私营部门为项目部分或完全融资，并在运营合同期间收回资本 | 公共部门还是花费 12.5 亿美元，在 RAV 项目中，私营部门的贷款利率高于公共部门 |

**注释：**

1　在经济视角下，公共部门和私营部门的合作是建立在一个效益等式上的。等式的一边包含三个部分，分别是私营部门在贷款时所花费的较高成本（相较于信用等级高的政府部门的低成本），更高的项目规划与投标费用以及在工程的建设与运营阶段需要支付的企业利润（与此相反的是：如果一项交通工程是由公共部门运营的，在这个阶段是不需要支付边际利润的）。在等式的另一边，由于更大程度的公私合作而增加的工程费用，会由更具创新性的工程设计而节省下来的资金、更强的效用、更低的政府直接借款压力以及从公共部门转移到私有部门的固定风险来平衡。鉴于历史经验，大型工程总是伴随着费用超支和需求变动，因此，风险转移也就成了公私合作关系的核心特征。就像买保单一样，从公共部门转移到私有部门的风险，比如工程建设超支、乘客量不足等，是与固定的、建立在风险可控基础上的费用联系在一起的，而这些费用则由政府通过更高的竞拍价格收回。为此，一般认为在考虑风险转移后，即使由公私合作的方式进行的工程的预期费用要高于传统的“设计—施工”方式，开展这项工程也是划算的。

**参考文献：**

[1] Altshuler, A., and D.Luberoff.2003.*Mega-projects: The changing politics of urban public investments*. Washington, DC: Brookings Institution.

[2] Blumenberg, E.2002.Planning for the transportation needs of welfare participants: Institutional challenges to collaborative planning.*Planning Education and Research* 22 (2): 152–63.

[3] Boddy, T.2003.Politicos see a RAV line paved with votes.*The Vancouver Sun*, August 9, F14.

[4] Boei, W.2005.Final RAV deal up by $180 million: Winning bidder, two new partners will cover the increase.*The Vancouver Sun*, August 3, B1.

[5] Bowman, L.2002.Outside the farebox.*Project Finance* 231: 42–45.Bula, F.2004.Secret plan to explain federal RAV funds.*The Vancouver Sun*, October 4, A1.

[6] Campbell, G.2004.*Speech to the B.C.Road Builders and Heavy Construction Association*.December 2, Vancouver.Retrieved from http: //www.bcliberals.com/premier' s_speeches/b.c._road_builders_and_heavy_construction_association/.

[7] Canada Line Rapid Transit Inc.2006.Canada line final project report: Competitive selection phase.Retrieved from http: //www.canadaline.ca/files/uploads/docs/doc495.pdf.

[8] Canadian Union of Public Employees.2004.*New poll shows 74% back alternative to RAV*.Retrieved from http: //www.cupe.ca/www/media/10046.

[9] Canadian Urban Transit Association.2003.*Report on a survey of transit infrastructure needs for the period 2004-2008*.Ottawa: Canadian Urban Transit Authority.

[10] Davis, K.2005.Policy forum: Financing public infrastructure PPPs and infrastructure investment.*The Australian Economic Review* 38 (4): 439–44.

[11] Debande, O.2002.Private financing of transport infrastructure: An assessment of the UK experience. *Journal of Transport Economics and Policy* 36 (3): 355–87.

[12] Demirag, I., M.Dubnick, and M.I.Khadaroo.2004. A framework for examining accountability and value for money in the UK's private finance initiative.*The Journal of Corporate Citizenship* 15: 63–76.

[13] Dobell, K., and J.Bird.2001.Report to board of directors: RAV project.Burnaby: Translink.Doyle, D.2002.*Letter to Pat Jacobsen*.June 19.Freedom of Information Request.

[14] Edwards, P., J.Shaoul, A.Stafford, and L.Arblaster.2004. *Evaluating the operation of PFI in roads and hospitals*. Association of Certified Chartered Accountants—research report no.84.Retrieved from http: //www.accaglobal.com/research/summaries/2270443.

[15] Flyvbjerg, B.2003.The lying game.*Eurobusiness* (June): 60–62.

[16] Flyvbjerg, B., N.Bruzelius, and W.Rothengatter.2003. *Megaprojects and risk: An anatomy of ambition*.New York: Cambridge University Press.

[17] Greenwood, J.2005.Court to decide if RAV is being done right: B.C.'s $1.7B rapid transit plan faces legal challenge.*National Post*, June 18, FP7.

[18] Hall, P.1982.*Great planning disasters*.Berkeley: University of California Press.

[19] Hilferink, S.2004.*Societal cost benefit analysis: A bridge to more efficient infrastructure decision-making?* Master's thesis, Utrecht University.

[20] HM Treasury.2003.PFI: Meeting the investment challenge.Retrieved from http: //www.hm-treasury.gov.uk/media/648B2/PFI_604.pdf.

[21] Innes, J.E., and D.E.Booher.2004.Reframing public participation strategies for the 21st century.*Planning Theory and Practice* 5 (4): 419–36.

[22] Irish Department of Finance.2003.Assessment, approval, public sector benchmark and procurement of PPP.Presentation to the Joint Oireachtas Committee on Transportation, September 23.Retrieved from http: //www.ppp.gov.ie/.

[23] Knight, M., M.Rich, R.Green, S.Giles, and C.Amyot.2003.Civil infrastructure systems: Technology road map.Canadian Council of Professional Engineers.Retrieved from http: //www.ccpe.ca/e/files/TRMReporteng.pdf.

[24] Ladner, P.2004.*Numbers tell the tale in RAV line controversy: An article by NPA Councillor Peter Ladner*.Retrieved from http: //www.npavancouver.ca/20040713-numbers-tell-the-tale-in-rav-l/.

[25] Li, J., and M.Wachs.2004.The effects of federal transit subsidy policy on investment decisions: The case of San Francisco's Geary Corridor.*Transportation* 31 (1): 43–67.

[26] Mackett, R.L., and M.Edwards.1998.The impact of new urban public transport systems: Will the expectations be met? *Transportation Research-A* 32: 231–45.

[27] Macquarie Group.2001.*PPP review of RAV rapid transit project*.Vancouver: Macquarie Group.Malone, N.2005.The evolution of private financing of government infrastructure in Australia—2005 and beyond.*The Australian Economic Review* 38 (4): 420–30.

[28] McQuaid, R.W.2000.The theory of partnership: Why have partnerships? In *Public-private partnerships: Theory and practice in international perspective*, edited by S.P.Osborne, 9–36.New York: Routledge.

[29] Miraftab, F.2004.Private-public partnerships: The Trojan horse of neoliberal development.*Journal of Planning Education and Research* 24 (1): 89–101.

[30] Olds, K.2001.*Globalization and urban change*.New York: Oxford University Press.

[31] Palmer, V.2003.Feds blow whistle on the RAV line. *The Vancouver Sun*, June 19, A3.

[32] ____.2005.Private-sector portion of RAV risk isn't so private, after all.*The Vancouver Sun*, August 10, A3.

[33] Perl, A.D.1993.Comparative transport finance: The institutional logic of infrastructure development in Canada, France, and the United States.Doctoral thesis, University of Toronto.

[34] Pickrell, D.1992.A desire named streetcar: Fantasy and fact in rail transit planning.*Journal of the American Planning Association* 58 (2): 158–76.

[35] Private-Public Partnership Unit.2003.Presentation to the Joint Oireachtas Committee on Transport, September 23.Ireland Department of Finance.Retrieved from http: //www.ppp.gov.ie/keydocs/pressreleases/.

[36] RAVCO.2003a.*Project definition report*.Vancouver: RAVCO.

[37] ____.2003b.*Project delivery model*.Retrieved from http: //www.ravprapidtransit.com.

[38] ____.2004a.Minutes of a meeting of the board of directors of RAV Project Management Ltd. (RAVCO), held February 6, 2004.

[39] Retrieved December 18, 2005, from http: //www.ravprapidtransit.com/files/uploads/docs/doc210.pdf.

[40] ____.2004b.*Report of the evaluation committee*. Vancouver: RAVCO.

[41] ____.2005.Frequently asked questions.Retrieved from http: //www.ravprapidtransit.com/en/faq.php.

[42] Richmond, J.2005.*Transport of delight*.Akron: University of Akron Press.

[43] Rock, C., and S.Plewes.2002.Major capital projects: Candidates for federal funding.February 12 report to the board of directors.Retrieved from http: //www.translink.bc.ca/files/board_files/meet_agenda_min/2002/02_21_02/0202021_3.2_Major_capital_report.pdf.

[44] Savas, S.2000.*Privatization and public-private partnerships*.New York: Seven Bridges.

[45] Siemiatycki, M.2005a.The making of a mega project in the neoliberal city: The case of mass rapid transit in Vancouver Canada.*City* 9 (1): 67–83.

[46] ____.2005b.Beyond moving people: Excavating the motivations for investing in urban public transit infrastructure in Bilbao Spain.*European Planning Studies* 13 (1): 45–64.

[47] Smith, C.2005.RAVCO digs downtown.*The Georgia Straight*, February 3-10, p.11.

[48] Taylor, B.D.2000.When finance leads planning: Urban planning, highway planning, and metropolitan freeways in California.*Journal of Planning Education and Research* 20 (2): 196–214.

[49] Throgmorton, J.1991.Planning as a rhetorical activity. *Journal of the American Planning Association* 59 (3): 334–46.

[50] United States Department of Transportation.2004. Performance specifications strategic roadmap: A vision for the future.Retrieved from http: //www.fhwa.dot.gov/construction/pssr0403.htm.

[51] ____.2005.PPP options.Retrieved from http: //www.fhwa.dot.gov/ppp/options.htm.

[52] Van den Hemel, M.2004.The bids are in.*Richmond Review*, January 29.Retrieved from http: //www.yourlibrary.ca/community/RichmondReview/Archive/RR20040129/morenews.html.

[53] Wachs, M.1986.Techniques vs.advocacy in rapid rail transit: Astudy of rapid rail transit.*Urban Resources* 4 (1): 23–30.

[54] ____.1988.*When planners lie with numbers: An exploration of data, analysis and planning ethics*.Los Angeles: University of California.

[55] Walker, C., and A.J.Smith.1995.*Privatized infrastructure*.London: Thomas Telford.

Community-Based Planning and Poverty Alleviation in Oaxaca, Mexico

# 墨西哥瓦哈卡州的社区规划与扶贫

David R.Mason　Victoria A.Beard　文
李东泉　李慧　译

【摘要】当前，对通过分权和广泛的公民参与来谋求发展的批评日益增多，作为对其的回应，本文构建了一个理论框架，用来分析社区规划和贫困的关系。这一框架基于集体行动、社会资本和社会运动的研究贡献，确定了一系列影响社区扶贫能力的变量。论文进而运用这个框架，分析了墨西哥瓦哈卡州的三个社区个案。这三个社区均面临自给性农业下降、大量移民外出以及运用侨汇来资助社区规划项目的情况。文章分析了每个社区减轻贫困的能力，认为只有具有强烈的集体行动能力的社区，才能有独立于政府的规划能力，进而逐步采取措施解决贫困问题的结构根源。文章对公认的协作式规划的可行性提出质疑，认为在广泛的社会政治背景下，应该对不同形式的社区规划的优势和局限性进行更加细致的理解。

【关键词】社区规划；农村发展；公众参与；贫困；集体行动；社会资本；社会运动；移民；分权；侨汇；瓦哈卡州；墨西哥

作者简介：
David R.Mason 是加利福尼亚大学洛杉矶分校城市规划系的博士。研究兴趣包括合作治理、乡村发展、非正式聚居地以及拉丁美洲的社会变迁。
Victoria A.Beard 是加利福尼亚大学欧文分校规划政策与设计系副教授。她的研究兴趣包括社区规划、分权、集体行动、社会运动以及扶贫。

译者简介：
李东泉，中国人民大学公共管理学院城市规划与管理系副教授，主要研究方向包括城市规划与城市发展关系、城市规划管理的理论与实务、社区发展规划等；
李慧，中国人民大学公共管理学院城市规划与管理系硕士研究生。

本文原载于 *Journal of Planning Education and Research*，2008，Vol.27 (3)：245—260

国际发展规划领域已逐步由集权、理性综合以及自上而下的规划形式，向分权式、渐进式和自下而上的发展战略转变（Escobar 1992；Scott 1998；Tendler 1997），主要表现在面向社区的资源管理项目的增多，一系列分权政策的出台以及在项目规划、实施和评估阶段的公众参与（比如 Agrawal and Gibson 2001；Manor 1999；Mansuri and Rao 2004）。当然，这种转型需以特定的假设为前提。第一，当地居民需具备通过集体行动来提高福利水平、保护稀缺自然资源、减少社会排斥和不公正的能力（比如 Chambers 1997；Ostrom 1990）。第二，社区层面的集体行动过程能够赋予社区居民更多的自主权，同时建立更加民主的决策机制（比如 Fung and Wright 2003；Heller，Harilal，and Chaudhuri 2007；Sandercock 1998）。

在扶贫研究和实践领域也发生了同样的转型，从自上而下对概念、测量标准和利益目标的界定，转变为社区视角和实现广泛的参与。这种转型明显体现在以下方面：比如《贫困者的声音：有人听得到我们吗？》（Narayan et al.2000）这样的著作中，发展机构的研究重点开始关注民生战略，广泛使用参与式的农村评估方法，以及地方上开始实践小额信贷项目（比如 Beall and Kanji 1999；Chambers 1994；Weiss and Montgomery 2005；Yunus 1998）等。同时，与规划转型相呼应，由于贫困者在界定贫困、确定主动权和扶贫战略的设计中均起着至关重要的作用，因此，理解他们的经历和生存背景成为扶贫的关键（比如 Chambers 1997；Rakodi and Lloyd-Jones 2002）。本文帮助人们从一个更加广泛而深刻的角度来理解贫困，认识到贫困不只是单纯经济上的穷困，更是基本需求的缺乏，包括公共设施的不完备、服务功能的缺失、生存技能的不足以及社会排斥感的内化。本文指出，无论贫困者来自哪里，属于哪个群体（包括妇女、棚户区居民、少数族裔），他们往往有着相似的艰辛和同样的利益诉求。因此，以人为本地解决贫困问题，需调动贫困者自身的积极性，同时具备运用它们的能力和资源。

近十年来，参与式规划和发展招致了广泛的批评（Beard 2007；Cleaver 1999；Cooke and Kothari 2002；Davis 2006；Miraftab 2004；Sanyal 2007）。反对者认为，参与模型未能实现倡导者们所承诺的社会进步和变革（Hichey and Mohan 2005）。Cleaver（1999，597）总结了这些批评，她指出，"与宣传的意义相反，公众参与未能从长远上改变大多数参与者的物质生存条件，也不是一项促进社会变革的发展战略。”为什么会出现这种情况？一种解释认为，无论是学者还是实践者都忽略了一个重要事实，即社区规划的不同形式会对扶贫结果产生不同的影响。这些不同包括州政府直接领导的规划实践，依赖政府和社会合作的协作式规划（Evans 2002），以及更为隐秘的、激进的甚至是反叛式的规划实践（Beard 2002，2003；Miraftab and Wills 2005；Sandercock 1998）。

本文认为，在不同形式的社区规划的指导下，扶贫结果会存在巨大差异。同时，文章列举了一些社区实践的例子，有些社区仅仅关注满足贫困者的基本需求，单纯从物质层面上来减少贫困，而有些社区则更加注重从导致贫困的制度和政治权利的不对称等结构性原因中寻求解决问题的办法。文章首先对集体行动、社会资本和社会运动进行文献综述，在综述的基础上构建了理论框架，并确定了一些解释性变量来界定不同形式的社区规划。然后，文章介绍了墨西哥实施分权政策和一系列扶贫项目的情况，为文中的案例分析确定了相应的政治背景。基于瓦哈卡州的实证研究，文章指出了理解不同形式的移民、侨汇和跨国界的社会网络的重要性。接下来，文章介绍了研究策略、数据和方法。最后，基于对三个社区案例的研究[1]，文章得出结论，参与国家支持的项目仅仅有助于缓解物质形式上的贫困，而更加彻底的规划形式则有能力解决结构性贫困问题。

## 1. 理论框架

规划在社区层面表现为社会指导式的规划和社会改造式的规划的连续系列（Friedmann，1987）。在社会指导式规划一端，社区规划开始表现为在政府主导的规划中引入公众参与；而在社会改造式规划的一端，则提倡实施更加隐秘的、激进的乃至反叛式的规划形式。本文认为，社会指导式规划更多地是从表面上解决贫困问题，如克服基础设施、服务、失业等方面碰到的困难；虽然不能低估这些物质和经济的困难，但本文认为社会改造式规划则可以凭借其对抗结构性不平等和挑战权力关系的潜力，从根源上解决贫困问题。

本文用来分析社区规划与扶贫关系的理论框架来自三个领域的文献，即集体行动、社会资本和社会运动。尽管这三个领域存在一定程度的概念重合和交叉，但往往被分开来独立分析。正因为被单独分析，规划师和决策者才会对社区规划与贫困之间的关系认识不清。基于此，本文将这三个领域最近的研究成果进行综合分析，确定了一系列的解释变量，并构建了一个理论框架，以分析社区规划和扶贫之间的关系。

### 1.1 集体行动

有关集体行动的研究极大地促进了社区规划对共有资源（如水，森林等）、公共物品以及服务的管理和使用。“个体理性最终导致集体非理性”（Kollock，1998，183；Ostrom，2005）。这一社会困境已成为长期困扰集体行动的问题，在社区规划层面该困境主要体现为两个问题：第一，个体缺乏向其所在的群体提供公共产品和服务的动机，因此，个体往往倾向于作为搭便车者，而不去考虑为集体做出贡献，从而导致集体资源的缺乏；第二个问题是共有资源的管理问题，个体对共有资源的使用将会造成其他人可使用的资源减少，因此，如果对个人的使用不加限制，将造成对资源的过分使用而最终导致共有资源的破坏，正如哈丁（1968）在公地的悲剧中所描绘的那样。

早期的集体行动理论（Olson 1965；Hardin 1968）正受到一大批学者的质疑和挑战（Agrawal 2001；Baland and Platteau 1996；Bromley et al.1992；Gibson，McKean，and Ostrom 2000；O'Rourke 2002；Ostrom 1990；Ostrom 2005；Wade 1988）。比如，Ostrom（1990，2005）研究发现，不同的个体有能力通过长期磨合，以协议、规章制度和系统化的管理等方式，防止“公地悲剧”的发生。通过一系列案例研究，Ostrom发现，在不同情境下，身处不同群体中的人当彼此有利益关系时，虽然面对诱惑而想去搭便车或者推卸责任，但依然可以组织起来，并进行自我管理，以便谋求共同利益（Ostrom，1990）。近期，她更将关注点放在不同类型社会准则对公共物品和共有资源管理的影响以及克服集体困境的能力上（Ostrom，2005）。

Agrawal（2001，1659页）在对集体行动的三个开创性研究进行总结的基础上，发展出“共有资源可持续发展的关键条件”，对理解自然资源的管理非常重要。他将这些条件归类为：①资源系统的特征（如边界清楚）；②群体特征（如规模、标准、身份和利益需求的同质性）；③资源系统特征和群体特征之间的关系（如共有资源的利益分配)；④制度安排（如规则的执行）；⑤资源系统和制度安排之间的关系（如将特有资源利用的限制条件与其再生模式相匹配）；⑥外部环境（如技术、中央政府的角色、与外部市场的关系）(Agrawal，2001，1654)。虽然本文的案例研究涉及的是贫困而非对自然资源的管理，但是Agrawal定义的许多因素对于社区规划之下的集体行动同样具有指导意义。表2列出了上述指标和本文确定的其他一些指标，文章将运用这些指标对案例社区进行深入剖析。

### 1.2 社会资本、社会网络和社会信任

研究集体行动的学者们开始关注行动者的社会关系的特性以及这些社会关系是怎样影响系统的结果（Beard and Dasgupta 2006；Gibson et al.2005；Ostrom 1995，2005；Takahashi and Smutny 2001)。政策制定者也开始对社会网络和信任关系如何促进社会发展感兴趣。这些研究大都属于社会资本的研究范畴（Carpenter，Daniere，and Takahashi 2004；Daniere，Takahashi，and NaRanong 2002；Dasgupta and Serageldin 2000；Grootaert 1998；Grootaert and van Bastelaer 2002；Hutchinson and Vidal 2004；Larsen et al.2004；Narayan and Pritchett 1999；Stein and Harper 2003；Wetterberg 2007；Woolcock 1998；Woolcock and Narayan 2000)。总结起来，这方面的研究通常从以下角度认识社会资本：第一，社会资本是社会成员从社会网络或契约中获得的好处；第二，社会资本是一种基于信任和互惠的个人关系。本文在案例分析中对二者兼有涉及。

Putnam认为社会资本在社区规划中的作用不可低估。他指出，"社会组织所具备的一些特征，包括信任、规范和社会网络，可以通过协调集体行动来提高社会运行的效率"（Putnam 1993，167页)。他认为，人们之间建立起的互惠关系可以在一定程度上缓解对个体不利的机会主义的发生。首先，因为所有社区成员意识到扩大参与的风险，因此，必须对新的参与者进行仔细的甄别；其次，在交流网络较为成熟的社区，被排除在群体之外的危险成为制裁社区成员的重要工具(Putnam 1993，168页)。在本文的案例研究中，社区成员和移民之间的物理距离，使筛选、排斥以及其他制裁更加难以执行，因此，从跨国距离来维持这种基于信任和互惠形成的关系，就变得更为复杂。

根据有关文献，社会资本的形成需具备三个条件：封闭、稳定和社群主义思想（Coleman 1990)。封闭是指社区成员因为彼此对家庭和个人历史相互了解，使得大家能够为了共同利益，对成员施压（如实施制裁）(Coleman 1990，314页)。第二个条件稳定，是形成社会资本不可缺少的条件，当前，社会、经济和环境的流动正在威胁社会结构的稳定以及相应的社会资本（Coleman 1990，320页)。在本文的案例社区中，由于受跨国移民的影响，可以预见封闭和稳定对其社会资本形成的影响较小。社会资本形成的第三个条件是社群主义思想的存在。在本文案例研究的社区中，社区成员大多数为萨巴特克族，因此，社群主义思想较为浓厚，实践中主要有两种表现：一种被称为*tequios*，即集体参加社区义务劳动以改善社区环境质量，如挖井、基建、清理河床等；还有一种被称为*cargo*，即个人自愿履行的义务和责任，如清洁教堂、为发布信息而敲钟以及提供有关信息等。

在最初对社会资本的研究中，学者们往往过于关注其积极作用，而忽略了其对社会发展的消极影响。近期研究中，学者们发现有必要重视社会资本可能放大现有社会等级体系和性别不平等中存在的权利关系不对称现象（Mayoux 2001；Portes 1998；Silvey and Elmhirst 2003；Smith 2000)。Cohen对瓦哈卡纺织工业的研究恰恰验证了这点（2001)。他发现社区层面的合作往往有利于最富有的生产者，这种合作强化了既有社会中的分层和专业分工的不平等，从而不利于生产要素的自由流动。基于此，我们应该正确看待社会资本的作用，重视其在社区规划中对减少贫困的贡献，同时还应看到其对现有的社会分层中的不公平的强化效应。

### 1.3 社会运动与政治机遇

有关集体行动的研究往往忽视了权力机制的重要作用，而社会运动在这方面所做的研究恰恰弥补了这一空白（Diani and McAdam 2003；Goodwin and Jasper 2004；McAdam，Tarrow，and Tilly 2001；Meyer 2004；Meyer，Whittier，and Robnett 2002；Snow，Soule，and Kriesi 2004；Tarrow 1998)。社会运动与集体行动是截然不同的，集体行动强调通过合作来管理公共物品和分享共有资源，而社会运动则强调解决权力分配的不公。近年来，社区规划中有不少社会运动的参与，包括：巴西阿雷格里港的左翼政党发起的社区组织运动，全球范围的妇女和土著

人民运动，拉丁美洲和菲律宾发生的城市棚户区居民的反抗运动等（Abers 2000；Alvarez 1990；Desai 2002；Escobar and Alvarez 1992；Friedmann 1989；Peattie 1968；Shatkin 2000；Sidel 1997）。

McAdam、Tarrow 和 Tilly（2001，41）确定的一些变量对我们分析与本文案例有关的更激进的集体行动和社会运动有现实意义。第一个变量是在政治、文化或经济环境下发生的更广泛的社会变迁过程。第二个是政治活动家所面临的政治机遇和挑战。第三个是特定时间内组织和结社的自由。第四个，概括地说，就是将不满化为集体行动，并让人们感到能够借此解决问题的能力。第五是集体行动中要将内部争论储存起来，一致对外。同时，作者也指出了该模型的一些缺陷：①它倾向于认为社会关系和个体行为是稳定不变的；②该框架是在 20 世纪 60 年代独特的美国政治背景下产生的；③它过于强调社会运动的起点。(McAdam，Tarrow，and Tilly 2001，42)。

为弥补原有模型的缺陷，上文作者又提出了一个动态模型，该模型"通过对不同历史情景下不同要素的结合所造成的不同结果的研究，分析了小尺度下反复出现的因果机制"（McAdam，Tarrow，and Tilly 2001，24）。他们将"机制"定义为"在不同情况下以完全相同或大致相同的方式改变特定要素的关系的一类事件"。"过程"是指"特定机制所引发的行动导致产生相似的（一般来说是比较复杂和偶然的）要素变化"。最后，"事件"是指一个"对其他利益相关者造成威胁的一种持续不断的包括集体声明的争论态势"。在社区规划中，"机制"是指当居民意识到他们对土地所拥有的权利受到威胁时，他们作出集体主张的可能。案例中的"过程"就是社区规划的过程，比如居民组织集会，选举领导和代表，同时对集体行动进行统一部署和策划等。而"事件"就是居民对他们所受到的威胁所采取的一系列对抗性行动，包括对土地使用权的集体声明、侵占土地等。

现在，学者们愈加强调政治机遇和社会运动的关系（Meyer 2004；Tarrow 1998）。"政治机遇"是指在广泛的社会经济背景下适应社会运动发生的大的政治结构和制度安排。为了说明社区规划及其后的集体行动具有对抗性并有演变为社会运动的迹象，本文的分析运用了代表社会运动的经典变量，小尺度的因果机制，以及案例研究中的社区所包含的代表更广泛的政治结构的变量。

### 1.4 左翼政治、分权和扶贫项目

文章有必要对拉丁美洲，尤其是墨西哥的政治背景予以简单介绍。目前，左翼政党主要控制了拉美的选举和政权。近十年来，委内瑞拉、尼加拉瓜、厄瓜多尔、玻利维亚、阿根廷、智利和巴西等国均实行积极干预经济和社会发展的政策。这种政治格局的改变可以看作是 20 世纪 80 年代末 90 年代初一些保守学者、技术官僚和国际贷款机构所倡导的以自由贸易和小政府为主要表征的新自由主义的反弹（Grindle 2000）。在墨西哥，民众对选举过程的不满导致选举竞争越发激烈，从而削弱了执政党 PRI（Partido Revolucionario Institucional）对州和地方政府的控制，这种趋势在 2000 年达到顶峰，最终导致执政党 70 年来的首次下台。在 2006 年的总统选举中，墨西哥的右翼政党 PAN（Partido Acción Nacional 国家行动党）在与左翼政党 PRD（Partido Revolucionario Democrático 民主中心革命党）的竞争中勉强获胜。失利的一方宣布选举舞弊、结果无效，并宣称要另行建立政府。

墨西哥也受到了国际发展政策转变的影响，主张分权。20 世纪 80 年代墨西哥开始逐步实行权力下放，主要原因包括：20 世纪 80 年代初国家的经济和政治危机，新兴的移民浪潮和国内对工业发展的重视，对政府提高其服务效率的不断呼吁，选举法的修改和体制改革等（Beer 2004，180—1 页）。近 20 年来，一系列的体制改革和联邦法令的发布，使墨西哥通过社会发展项目的实施，构建了一个在税收征集和分配中更加合作的联邦系统。突出的变化包括联邦政府开始授权州和地方政府通过税收增加收入，管理公共工程和社会发展项目。比如，《国家规划法》规定在州政府和市政府建立发展规划委员会，它们有权选择公共投资项目；税法改革则规定地方政府可以从联邦政府手中得到更多的税收分成（Cinnéide and Keane 2004，128）[2]。

Rodríguez（1997）认为，尽管这些政策乍看起来有其进步意义，但是，这只是执政党用以笼络民心和实施惩罚的一种手段而已，他们试图通过立法和机构改革来赢得州和地方政府的支持。她举例说，尽管联邦政府实行了权力下放政策，但是却并没有从根本上赋予州和地方政府更多的行政权力。因此，几十年来，联邦政府在支持地方政府发展项目上有很大的灵活自主性，就像过去一直沿用的客户方式。扶贫计划正是在这样的背景下展开，因此，该计划往往惠及的是那些有

区位优势和政治组织能力相对较好的社区（Fox and Aranda 1996；Molinar Horcasitas and Weldon 1994）。

20世纪60年代以后，墨西哥联邦扶贫计划所覆盖的范围无论是在深度上还是在广度上都有了很大的拓展（Ordóñez Barba 2002；Cossio and Winder 1985），比如健全国家社会保障体系，发起联邦住房计划以及提出基本农作物生产与运输补贴计划。在20世纪70年代，政府开始致力于通过一系列的项目来改善穷人（尤其是农村居民）的生活，包括住房、交通以及基本医疗保健设施等公共服务的资助（Cossio and Winder 1985）[3]。这些资助计划在1980年代初的经济危机和之后的结构调整政策的影响下有所削弱。1988年Carlos Salinas（卡洛斯·萨利纳斯，墨西哥前总统，1988～1994年在职）上台，开始实施"全国团结计划"（PRONASOL），并于1992年建立了综合性的社会发展部（SEDESOL）负责管理该项目，扶贫和农村发展再次被提上日程。

在宪法和立法机构分权改革的支持下，全国团结计划强调州和地方政府在扶贫中的积极参与而不是大型的官僚机构，鼓励社区组织向地方和州政府申请社区改良和公共工程项目，可以通过提供劳动力和其他有用的资源，跟政府换取部分资金支持。于1997年开始实施的PROGRESA（Programa de Educación, Salud y Alimentación，现被称为Oportunidades），就是为了实现这种资金转换而设立的项目。该项目为有子女的家庭提供教育和卫生保健费用，作为交换，这些家庭需定期接种疫苗和进行健康检查，并连续几年参加营养和健康教育的课程。该项目发展迅速，并逐渐覆盖了城市中的贫困者。2000年，项目支出占了全部扶贫资金的1/5（Cinnéide and Keane 2004，135页）。还有一个扶贫项目是于2002年提出的"三合一移民计划"（*Programa 3x1 para Migrantes*），该计划鼓励社区与移民协作募集社区建设资金，同时州和地方政府将提供配套的资金支持。"三合一移民计划"将在后文中详细阐述。

## 1.5 移民、侨汇和跨国的社会网络

移民、侨汇和跨国的社会网络在瓦哈卡州的社区规划中发挥着至关重要的作用。新近出现的移民模式对传统社区业已形成的邻里关系形成挑战[4]。本文分析的三个案例均来自于塞拉高地，那里许多村庄都有大量外迁的移民。通过对位处瓦哈卡中心谷地的萨巴特克族村庄的研究，我们发现，居民是否外迁取决于他们的家庭关系、社会地位、已有的社会网络和当地习俗（Conway and Cohen 2003；de Hass 2005）。移民在外迁后仍与其原有的社区保持着密切的联系以及相应的政治和社会义务。

侨汇是移民与他们的村庄维持联系的一种方式。Conway和Cohen（2003）认为，可以通过移民外迁的距离和他们与原有村庄的联系来解释他们与侨汇行为之间复杂而微妙的关系。作者跟踪描述了劳工逐渐远离家乡，向经济中心移民的演变过程。移民工作的地点离家乡越远，就越会通过汇款的形式来替代他们直接参与社区活动。同时，他们还与其他移民建立了新的社会网络。通过这种双重网络，他们维持着自己的社区成员身份，尽管他们生活在几千英里之外，最多一年回家一次。

公众参与汇款投资的程度还取决于社区的历史经济特性。中心谷地的萨巴特克族村庄主要以旅游业为主（如纺织业和木雕），当地人移民外出的很少（Cohen 2001；Cohen and Rodriguez 2005；Conway and Cohen 2003）。那些有外出移民的村庄也都倾向于支持将侨汇投资于社区的旅游业。在更加偏远的农村，如案例研究中的社区，侨汇对日益萧条的自给性农业给予了很大的资助。一部分侨汇还支持了本地的治理实践，比如cuota，就是一种有义务用于支持社区发展的货币捐款（Kearney and Besserer 2004）。通过这种方式，侨汇不仅成为维持移民与自己村庄联络的纽带，还成为支持社区发展的工具。

在本文的案例分析中，移民虽然远离了自己的家园，但是仍对自己故乡的社区负有责任和义务。尤其是，村干部们对这些移民支援社区发展和建设寄予了很高的期望。不论移民们走得多远，仍然需要传统的自愿任务（cargo）和为集体社区改造（tequio）提供劳力。同乡会或移民组织的集体汇款成为移民履行支援家乡建设义务的最常见形式[5]。

## 1.6 三合一移民计划

墨西哥政府于2002年开始实施"三合一移民计划"。该项目旨在作为一种金融杠杆，寻求提供与同乡会募集到的资金相匹配的资金，用于地方社区领导推荐的项目建设。"三合一移民计划"规定，参与资助的项目建设必须有助于改善援建社区的生活条件，如教育、健康、交通、经济发展等。项目一经批准，联邦政府、州和市政

府必须拿出三倍于侨汇的钱来资助社区发展，资助的最大限额为每个项目 8 万比索（约 74000 美元）。

尽管一些研究认为该项目成效显著（Lowell, Garza, and Hogg 2000; Orozco 2003; Wise and Rodriguez Ramirez 2003），但对于该项目进展的调查却很少，更少有研究涉及该项目对于侨汇在援建社区之间的不公平分配问题。大多数文献都集中于介绍北部中心州（如萨卡特卡斯、哈里斯科和瓜纳华托州）的经验，这里自 20 世纪初就有移民外迁美国，因而同乡会的侨汇数额最大（Rivera-Salgado and Escala Rabadán 2004，149 页）。"三合一移民计划"也正是首先在这些州进行试点，进而被联邦政府和前任总统福克斯（同时也是前瓜纳华托州州长）采纳继而推广至全国的。

瓦哈卡州移民外迁到美国的历史则十分短暂，但近期呈现出不断增加的势头。据 2000 年的人口普查显示，约有 55839 的瓦哈卡州人外迁至美国（Instituto Nacional de Estadística, Geografía e Informática 2000）；同时，在 2003 年，国家人口委员会报告称，该数目已增至 194785 人（Dirección General de Población de Oaxaca 2000）。由于民众对这类调查往往心存戒备，因此，这个数目很有可能还是被低估了。据瓦哈卡州移民服务机构 IOAM（*Instituto Oaxaqueño de Atención al Migrante*）的官员估计，外迁美国的移民将近有 100 万人。

瓦哈卡的经济社会条件与北部富庶的州存在着显著差异（世界银行，2003）。因此，瓦哈卡州的同乡会很难找到可以通过"三合一移民计划"进行资助的社区。Lopez, Escala Rabadan 和 Hinjosa-Ojeda 于 2001 年在洛杉矶开展了针对于瓦哈卡州同乡会领导人的一些调查，调查显示，缺乏项目信息、不懂西班牙语以及不愿参与国家资助项目等，成为他们参与三合一项目的主要障碍（López, Escala Rabadán, and Hinojosa-Ojeda 2001，41）。

## 2. 研究策略和方法

本文以墨西哥瓦哈卡州塞拉高地三个社区为例，分析社区规划和扶贫之间的关系。这三个社区不是随机抽取的，而是在调查基础上有目的地遴选出来的。每个社区在美国均有一个同乡会定期组织向社区汇款以支援其社区发展项目。三个社区的社会人口特征、经济发展、地方政府结构以及地形地貌均极其类似。这种背景变量的相似性有助于国内不同地区的比较，这些地区往往在自然地理、经济和社会特征方面差异巨大。

案例研究的数据均来自于深度访谈、非正式访谈、直接观察和对二手数据的分析。调查对象包括当地村民、联邦以及州政府里负责"三合一移民计划"的官员。在两个半月的实地调研中，每个社区各选取了约 30 名调查对象。深度访谈主要针对关键人物展开，非正式访谈的对象主要来自便利抽样。深度访谈的大纲覆盖面十分广泛，包括贫困、外迁历史、国外同乡会情况、社区治理以及同乡会和社区规划的关系等。理论框架中的特定变量的数据来自于上述方法的综合。

## 3. 案例研究背景：维拉阿尔塔

瓦哈卡州位于墨西哥南部（图 1）[6]。该州拥有常住人口 350 万，约 1/3 人口有 1/16 的少数民族血统（Dirección General de Población de Oaxaca 2000，39）。州的首府瓦哈卡位于中央谷地区域，是重要的农业和工业中心，同时还有通往墨西哥城的最好的公路。两座山脉，北塞拉山和南塞拉山环绕着中央谷地。围绕首府的山区和丘陵地，就是最大的瓦哈卡本地居民聚居地，同时也是外迁移民比例最大的社区所在地。本文所列举的三个社区均坐落于此，同属于维拉阿尔塔区。

瓦哈卡州拥有 570 个地方政府（*municipios*），它们（*municipios*）是墨西哥最基本的市级或村级行政单位，这个数量比其他任何州都多（Ward and Rodríguez 1999，699 页）[7]。每个地方政府有一个行政中心（*cabecera*）和一些下属聚落（*agencias*）。三个案例研究社区均是地方政府的行政中心所在地。该州地形条件恶劣，因此商业投资和工业发展较为滞后。该州大部分农村地区以自给性农业为生，约 70% 的迁居美国的瓦哈卡居民均主要从事农业（Ruiz García 2002，27 页）。

在瓦哈卡州 570 个地方政府中，有 412 个实行本土化的管理体制，称为 usos ycostumbres，这一管理体制已经持续了几个世纪（Ward and Rodríguez 1999，699 页）。瓦哈卡州政府采取的这一管理体制，不仅可以保留当地的传统习俗，同时也为了对抗外界统治。地方政府的治理基于民主选举，所有的村民投票选出主席以及一定数量的管理人员和助手，任期一年。管理者主要负

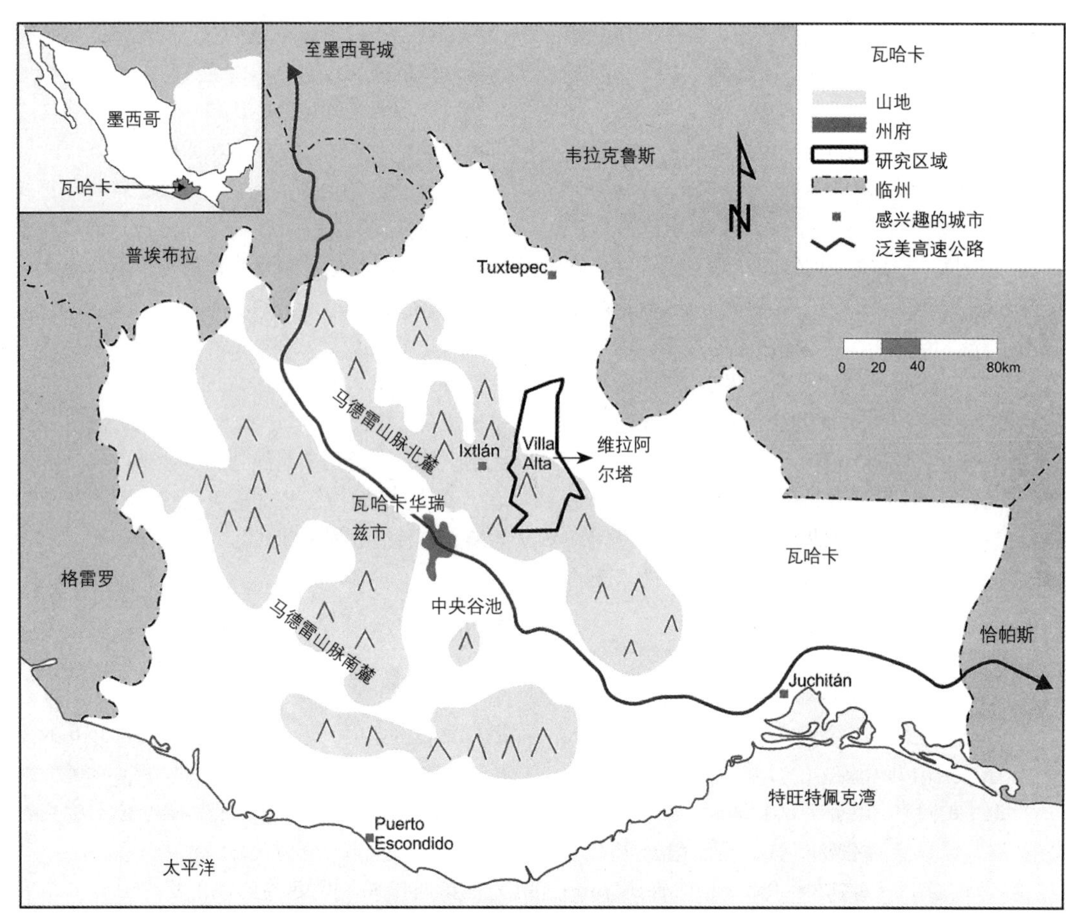


图 1 墨西哥瓦哈卡维拉阿尔塔地图

责合理分配改善社区条件的志愿工作和界定个人职责。主席还要负责筹集用于社区项目和基础设施建设与维护的资金。在一些村庄，这些资金主要来自于移民同乡会的汇款。表 1 反映了文中三个案例社区的一些基本资料[8]。

边缘化指数包括五个维度：很低、低、中等、高、很高。这个程度的得分是四个变量加和得到的，包括受教育程度、住房状况、收入水平和人口分布。分数越高，边缘化程度越高；反之亦然。由三个社区的得分可以看出，三个案例社区 1990 年以来的得分水平一直在中等和高分之间浮动，说明在此期间它们均遭遇严重的边缘化。与其他两个社区相比，Rebesle 的边缘化程度最弱，然而这个结果是否与其曾经盛行的集体行动有关联还

瓦哈卡维拉阿尔塔案例研究社区（*municipios*） 表 1

| 社区名称 | Bsia | Yaba | Rebesle |
|---|---|---|---|
| 移民项目参与 | 4 年 | 1 年 | 拒绝参与 |
| 面积（$km^2$） | 25.5 | 35.7 | 22.9 |
| 人口 | 642 | 2132 | 638 |
| 本地人口 | 559 | 1743 | 575 |
| 民族 | 萨巴特克族，Mixe 族 | 萨巴特克族，Mixe 族 | 萨巴特克族，Chinantec 族 |
| 行政中心（*cabecera*） | 有 | 有 | 有 |
| 本土化管理 | 有 | 有 | 有 |
| 市场 | 无 | 有 | 有 |
| 边缘化指数 | 高（0.51572） | 高（0.59421） | 中等（−0.17532） |

资料来源：Instituto Nacional para Federalismo y el Desarrollo Municipal（2002a，2002b，2002c）。

未可知。鉴于这个时期整个地区的边缘化程度都在不断提高，我们倾向于认为，Rebesle 相对较弱的边缘化程度是他们集体行动的结果。

## 4. 基于社区的规划和扶贫

依据前文的理论框架，对三个案例社区的研究主要涵盖了三个维度，即集体行动、社会资本和社会运动。基于此，接下来的实证研究主要集中于一些变量，如表 2 所示。本文正是依据这些变量对三个案例研究社区进行了评价，并据此分析了社区规划和扶贫之间的关系。表 2 定性总结了这些变量在每个社区的表现情况。

表 2 的评价主要来源于直接观察、访谈和二手资料的分析。尽管表中列出了许多不同特征的变量，但是它们并非相互独立的，也不代表扶贫结果。在动态而复杂的基于社区的规划过程中有些变量确实会相互影响，这个表格只是对其的简单反映。

**与社区规划相关的特质** **表 2**

| 理论探索范围 | | 变量 | *Bsia* | *Yaba* | *Rebesle* |
|---|---|---|---|---|---|
| 集体行动 | | | | | |
| | 集体特征 | 集体规模 | | | |
| | | 社团 | − | + | − |
| | | 同乡会 | − | +/− | + |
| | | 经济同质性 | − | +/− | + |
| | | 种族同质性 | +/− | − | + |
| | 资源系统特征 | 明确的边界 | + | + | + |
| | 制度安排 | 易于理解的规则 | − | +/− | + |
| | | 制裁手段 | + | + | + |
| | | 决策 | + | + | + |
| | 外部环境 | 州政府的角色 | − | +/− | − |
| 社会资本 | | 封闭性 | +/− | − | + |
| | | 稳定 | + | − | +/− |
| | | 社群主义 | + | + | + |
| | | 过去的成功 | − | +/− | + |
| | | 社会网络 | − | +/− | + |
| | | 信任 | + | + | + |
| 社会运动 | | 社会变迁 | +/− | + | +/− |
| | | 组织形式 | − | − | + |
| | | 框架 | − | − | + |
| | | 争议积累 | − | − | + |
| | | 机制 | − | +/− | + |
| | | 过程 | − | +/− | + |
| | | 事件 | − | +/− | + |
| | | 政治机遇 | − | + | + |
| | | 障碍、限制 | +/− | − | − |
| | | 威胁 | +/− | − | + |

注：+ 代表特征存在（就二分变量而言）或者是该特征表现较为明显（就连续变量而言），+/− 代表特征表现比较适中，− 表示不存在该特征或者是特征表现不够明显。

### 4.1 Bsia

Bsia位于首府瓦哈卡的东北部93km处，村庄规模相对较小，这种规模特征通常被认为易于产生集体行动。村民大部分人是自耕农，其中44%的人口以种植本区主要农作物为生，其余的则主要是木工或者经营小作坊，或为居民和旅行者服务的小饭馆（Instituto Nacional para el Federalismo y el Desarollo Municipal 2002）。Bsia本地没有市场，大部分居民到附近的Yaba村购买和销售食品、工具、纺织品和生活用品。与另两个案例社区相比，Bsia发展水平一般，民族成分复杂。大部分人口属于萨巴特克族，还有小部分的Mixe和mestizos。由理论框架可知，人口多元化程度越高，各方面利益、期望、理念和行为差异就越大，因而出现集体行动的可能性也越小。

Bsia村民向美国和墨西哥其他地区的迁移出现于1970年代，当时一些村民主要前往洛杉矶和与瓦哈卡州接壤的韦拉克鲁斯州。该村目前是本地区移民率最高的村子之一，因此对其社会资本、封闭性和稳定性造成了一定的影响。据社区领导估计，本村的移民将近有千人。本村居民在外的同乡会组织名叫洛杉矶Bsia，该组织已有20年的历史，并长期致力于向社区汇款，资助社区发展与建设。大部分移民每年五月回家一次，参加村里组织的守护神庆典。他们负责活动中的大部分开销，重申他们作为社区成员的身份，并加强与社区居民的社会关系。这种移民、汇款和一年一度的回乡探亲活动是建立在社区居民和移民之间互信和互惠的基础之上的。这种关系的存在，反驳了以往关于社会资本的研究中，认为流动性，以及本地居民与移民之间的时间和空间隔阂，是社会资本的障碍的观点。

2002年，Bsia移民同乡会开始尝试参与“三合一移民计划”项目。尽管他们发起了参与移民计划项目，同时还为社区参与该项目提供了资助，但是他们并不参与社区的选举和援助项目的选取。Bsia曾有过成功的参与项目的经验：移民同乡会曾成功参与兴建一个大型养殖场和一个村级图书馆。

尽管曾经业绩颇丰，但是社区却面临着完成现有项目的挑战——翻修办公楼，其中最大的问题是国家承诺的款项迟迟没有到位。依据“三合一移民计划”的规定，项目的资金主要来自于两个方面，一方面是移民同乡会的捐助，另一方面是来自于市政府、州政府和联邦政府的拨款。在项目建设的第一阶段，州发展委员会的资金拖了几个月都没有到位，导致社区领导无法按时完工，从而不得不修改原有的计划。

每年年底联邦社会发展部会来到社区考核项目的进展。如果项目没有完成，社会发展部将会撤销其剩余的资助，村庄不得不自己完成项目或者第二年再次申请。因此，州发展委员会资金的延迟，导致Bsia无法按时完成项目建设，不得不重新申请第二年的项目资助，而且还大大挫伤了社区居民的积极性和主动性。实地考察即将结束时，离办公楼的项目建设周期只剩下两个月，社区为保证项目完工，正在努力缩减项目的规模。

社区主席及其管理团队对项目的按时按质完工负责。如果项目无法准时完成，他们将负有不可推卸的责任。据Mutersbaugh的调查（2002），在选举社区主席时，基于个人成就基础之上的荣誉感和自豪感是十分重要的，他们参与公共项目建设的成就成为重要的衡量指标。如果项目进展不够顺利，无论是出于什么原因，都会被认为是一个污点。在此有必要指出，这些社区只有数百居民，他们通过紧密的社会网络，将家庭、朋友和移民联系起来。这一社会网络，成为社区管理公正透明和社区建设项目资金有效合理分配的保证。同样的社会网络，也使社区领导受损的名誉难以修补。在这个案例中，使社区领导名誉受损的是州政府没有按时兑现承诺。

如表2所示，Bsia具备形成集体行动和社会资本的特质：社区规模小，种族同质性强，边界清晰，有社群主义思想，以及强大的社会网络和信任。然而，该社区却没有发起社会运动的迹象。尽管社区已经经历了一定的社会变迁，表现为不断衰败的农业基础、不断增长的贫困和移民数量，但是却没有社区组织能够利用居民的不满，从而发动居民反抗现有体制，以便让居民看到希望。社区成员看上去没法积累抗争，当然，也没有相应的机制、过程和事件，来对抗贫困，或者追究州政府在“三合一移民计划”的责任。由于缺乏所有与社会运动有关的特征，社区规划仅停留在解决当下的物质层面的贫困问题，比如提供新的经济机会，改善信息获知渠道，建设社区基础设施等。Bsia的居民和领导均没有积极利用政治机遇，去通过改善权力关系，来解决导致社区贫困的结构性原因。

### 4.2 Yaba

Yaba位于州府东北部97km处，是三个案例研究社区中人口规模最大的社区，同时其经济的异质性也较强。居民种植玉米、大豆、水果和蔬菜，大部分人主要从事新兴的纺织工业，为本地和旅游市场提供具有地方特色的衣服。于每周六在Yaba举行的集市是三个案例研究社区中最大的，但如同其他地区的市场一样，通往中央谷地的日益便捷的交通，削弱了其集市的影响力。Yaba的种族异质性也较大，有本土的萨巴特克族和Mixe族，还有大量的mestizo族。

Yaba居民向外迁居的历史可以追溯到1970年代，它在墨西哥城和瓦哈卡州府以及洛杉矶都建立了自己的同乡会组织。据社区代表们估计，在最大的同乡会——洛杉矶同乡会中，大约有800到1000个成员。与其他两个社区相同，移民每年定期回乡参与守护神庆典。他们成为庆典得以成功举办的主要资金来源，尽管一年中的大部分时间他们都不在村里。庆典不仅是一个庆祝村民丰收、表彰移民成就的重要平台，也是加强社区居民与移民之间社会关系的主要方式。

在三个案例研究社区中，Yaba参与"三合一移民计划"的时间最短。该社区于2005年参与了两个项目——青年活动中心和用于各种公共活动的室外运动场。在Yaba参与项目之前，移民没有选择项目的投票权，这些项目是首领和其手下提出的。现在，社区领导必须同时将移民纳入决策议程中来。"三合一移民项目"同时也影响了国外的同乡会组织。在该社区参与"三合一移民项目"之前，在洛杉矶的移民总共有三个组织，每个组织都对应于Yaba的一个特定邻里，彼此互不联系。但在社区开始实施这两个项目后，三个组织走到一起，成立了Yaba移民同乡会，从而扩大了侨汇的影响力，壮大了组织，并提升了该组织在项目中的领导力。它们的联合同时预示着基于互惠利益的集体行动的可能。

Yaba与"三合一移民项目"的联系，首先得益于瓦哈卡移民服务机构的代表将信息带到村庄；其次，社区代表与执政党州府官员的非正式关系，使得项目得以顺利进行。社区在两个项目上得到的资助达10万美元（120万比索），在2005年全州排名第三，同时是Bsia办公楼项目资金的2倍。由于资金充足，这个村子没有经历Bsia所遇到的困难。但是，项目也存在一些问题。在访谈中，社区代表说他们对规划审批阶段曾遭遇阻力感到吃惊。项目共经历了四轮规划修正，正如当地一名官员所说："坦白讲，我们不知道用这个规划能做什么。"一位社区代表认为虽然项目在审批阶段花费了大量的时间和精力，但充足的资金和与州政府坚实的关系，保证了项目的顺利完成。

尽管Yaba有充足的资金和人脉关系来保证项目的完成，社区领导仍然面临压力。诚然，与Bsia不同，Yaba并不存在资金问题，但社区领导（*presidente*）仍然担心项目无法按时完工。他的助手指出，这只是项目开展的第一年，事实上，看上去社区愿意把这个项目看作是一个学习过程。如果项目无法按时完工，社会发展部将撤销资助计划，他们假设下一届领导会在下一个项目周期开始时简单地申请同一个项目。这里有很强的社区意识，支持这个项目以及社区领导的努力。事实上，Yaba社区希望通过"三合一移民项目"支持未来的几个项目建设，包括排水系统、森林再生项目、兴建新的学校和路面硬化。

如表2所示，Yaba有一些与集体行动和社会资本有关的特征，但是与其人口和社会经济的变迁不同，它发起社会运动的潜力有限。例如，没有组织打算代表民意，社区也没有发生抗争能力、机制、或事件等反映社会运动的迹象。Yaba社区领导对政治机遇的把握仅仅基于维持现有的政治地位，以及通过现有的网络与州政府合作，而不是提出反对意见。而且，社区成员和领导缺乏宏观经济社会和地理背景所带来的社区贫困加剧的忧患意识。因此，他们的社区规划战略只是尽可能地充分利用"三合一移民计划"，让这一宏伟的项目落实到减轻社区和物质层面的贫困。

### 4.3 Rebesle

Rebesle位于瓦哈卡州府东北部120km处，只有一条双车道的高速公路与州府和中央谷地联系。社区人口规模与Bsia差不多，都比较小。该社区在三个社区中经济同质性最高，638个居民中约有60%的人口从事农业生产，主要种植大豆、玉米、蔬菜、水果等。每周三社区都有一次集市，包括附近一些村庄的居民在这里进行一些生活必需品的交换。该社区的人口也是三个社区中同质性最高的，主要是萨巴特克族和Chinantec。Rebesle同乡会对社区的发展影响力巨大。社区较小的人口规模、经济和种族的同质性使得集体行动的酝酿成为可能。然而，该社区没有参加"三合一移民计划"。

在三个社区中，Rebesle居民的移民历史最长，他们自第二次世界大战时期通过参与美国政府的短期劳工项目开始了移民历史。那时，社区的人口也达到了历史顶峰，有1125人（Ramos–

Pioquinto 2003，29页）。在那个时期，严重的干旱影响了农作物的种植，因此当地居民也开始去墨西哥城寻找工作。1951年，第一个同乡会——*Unión Fraternal de Rebesle* 在墨西哥成立。同时，参与美国政府短期劳动项目的移民也开始在南加利福尼亚定居，那个项目于1964年终结。1974年，定居在洛杉矶及其周边的移民成立了第二个同乡会——*Unión Social de Rebesle*。1974年，最后一次移民浪潮在瓦哈卡中央谷地定居并建立了第三个同乡会——*Frente Unificado de Rebesle*。这三个同乡会目前依然在运营，且定期为社区发展贡献力量。在过去的50年间，他们的汇款资助了Rebesle大部分基础设施的建设（Ramos–Pioquinto 2003）。

如同在Bsia和Yaba一样，同乡会通过两种途径资助Rebesle社区发展。第一，移民每年夏天会回乡参与社区举办的守护神庆典，在为期几天的庆典中，他们负担了几乎所有费用，他们支付食物、音乐家和其他费用。这个庆典不仅加强了社区居民和移民之间的交往和互动，而且成为社区领导表达来年计划的重要契机。第二，Rebesle确立了一种称为 *cuota* 的制度，依据个人财产水平决定资助社区发展的数额。每个居民资助数额（*cuota*）的大小随项目成本的不同而变化[9]。该制度简单易行：由于移民在国外往往收入颇丰，他们资助的数额也往往较大，但与其年收入相比却是较小的。三个同乡会组织的密切联系与移民的定期返乡，保证了社区决策层能够更加公开透明公正地分配项目建设的资金。

移民资助的第一个项目是建于1945年的一个小学。第一个同乡会于1951年正式成立。自此，同乡会资助了许多社区建设，包括翻修办公楼、一个建于18世纪的教堂和一个小教堂，修建社区主干道以及社区联系高速公路的道路，建设中心商业设施（社区中最大的建筑）和庆典中用于准备和销售食品的厨房，以及安装电子设备等。2002年，在三个同乡会的资助下，社区斥资41000美元修复了社区公墓，其中85%的资金来自于洛杉矶同乡会（Ramos–Pioquinto 2003，43页）。三个同乡会的资助数额由于位置不同，通常差别很大，来自美国的移民一般贡献最大。移民的资助要远远大于社区本身所募得的资金。

项目的计划和实施有特定的流程。每年年初，在社区主席和其成员的选举完成后，社区成员投票决定来年的新建项目。项目确定后，主席分配各同乡会负责捐助的数额。尽管移民没有项目的决策权，他们仍需履行他们的义务。项目建设过程中，官员负责管理账目，购买材料，记录每笔交易。社区领导的轮岗制和责任分配制（cargo assignments），保证了社区居民能够依据个人能力的大小为社区做出相应的贡献。

传统的社区治理制度 *usos ycostumbres*，将对没有履行义务的社区居民包括移民给予惩罚。社区领导将会把那些没有为社区发展提供资助的居民驱逐出社区，与他们断绝来往。与对社会资本进行文献综述后所得出的结论相反，这种传统的惩戒方式十分奏效，它督促移民无论如何都要履行其资助社区发展的义务，无论他们是否在很远的地方，或与社区的接触有限。因此，移民与社区建立的长期关系的纽带使得集体行动成为可能。

有些学者认为，一些地区对移民参与资助社区发展的义务和责任的期望给移民们带来巨大的压力（Kearney and Besserer 2004；Mutersbaugh 2002）。这些移民发现他们很难每年定期回乡并履行其义务。大多数情况下移民们选择通过朋友或亲属来履行其义务。与其他两个社区不同，Rebesle社区的移民历史悠久，这种替代是可以接受的。比如，社区许多在任和前任领导本身就是返乡移民，因此他们能够理解移民所承受的社会经济压力以及为社区所做出的贡献。

尽管社区移民同乡会历史悠久，且他们了解"三合一移民计划"，但社区代表们仍然拒绝参与该计划。在访谈中，社区代表们认为该计划的确有吸引力，但是他们担心项目在庞大且无尽的官僚政治中搁浅，这将对社区的时间和资源造成极大的浪费。他们同样害怕参与项目会导致他们在社区规划和决策中的决定权被架空。总之，社区更希望保持自己的主导地位，而不是通过参与项目来获取更多的资金支持。

此外，正如一位社区代表所言，地方政府与州（*municipio–state*）的关系是一种利益互换的政治游戏。比如，一个社区领导发现，一个设有牙医诊所的新商业建筑，就是作为政治支持的交换礼物。Rebesle的社区领导曾经支持过左派政治势力民主革命党（Partido de la Revolución Democrática—PRD）。被调查者同时认为州政府在资源的分配过程中效率低下，且存在不公平现象。据一位社区领导说："如果联邦政府资助我们修建长500m的公路，我们自己可以修建1000m。他们会购买最低劣的原材料，雇用最廉价的承包商，同时将多余的钱中饱私囊，徒留一条更短的路。"

社区虽然没有与州政府合作过，但Rebesle的社区领导致力于联合其他19个社区，通过侨汇建设更宏伟的项目。其中之一就是建设覆盖Rebesle和其周边地区的排水系统。正如一位社区领导所言："我们需要团结所有的社区，形成一个整体一起做事，否则我们什么也做不成。"

总之，如表2所示，Rebesle具备许多集体行动和社会资本的特质，同时，还具备发起一场初步的社会运动的可能。社区领导将他们长期移民的历史和汇集的侨汇作为缓解贫困、摆脱州府控制的重要机制。他们已经在通过社区规划来缓解物质层面的贫困方面做了许多工作，这些经验使得社区领导和居民在拒绝参与"三合一移民计划"时底气十足。社区领导已经意识到农村经济的衰退会威胁到居民的生活质量，因此试图通过汇集的侨汇来缓解社区中的贫困问题。他们拒绝参与移民计划不仅保留了他们在社区规划过程中的绝对控制权，同时还对更大规模的政府改革和政治变革造成压力。

## 5. 结论

无论是在专业实践领域还是学者研究领域，国际发展规划和消除贫困的视角均已经从集权式的、自上而下的方式上转移。目前偏重的方式是分权的、广泛的公众参与，对社区背景知识的了解以及来自社区、公民社会、国家和私人企业等多个参与主体的协作。人们普遍认为，这种范式的转变可以培养地方能力，赋权于居民，促进民主进程，并且提高成效。然而，不幸的是，用社区规划和地方参与的方式来减少贫困没能实现预期的目标，因而遭到越来越多的批评。本文提出应对社区规划有着更加深入细致的理解，并阐明不同形式的社区规划在扶贫能力上的巨大差异。

研究基于三个致力于通过移民汇款来实施社区规划的墨西哥社区展开。第一个社区Bsia成功运用社区规划来有效地缓解了各种物质层面的贫困。Bsia具备许多通过文献分析预测将会支持集体行动和社会资本的特质：群体规模小，同质性强，强大的社群主义思想和互信。然而，社区最近参与了国家的"三合一移民计划"，州政府承诺的资金迟迟不能到位，却要求社区必须严格按期完成，这事实上阻碍了社区规划的进程。这一意外，破坏了社区的领导力，也削弱了社区未来进行集体行动的能力。

第二个社区Yaba在集体行动和社会资本方面表现出的特征最少。那里人口稠密，多元化极强，而封闭性和稳定性极差。Yaba参与"三合一移民计划"的经历简单。由于与执政党关系密切，该社区获得了州政府的大量资助，因此，Yaba积极地参与了国家的"三合一移民计划"。正因为如此，该社区的外部联系以及宏观政治环境的影响掩盖了社区在集体行动方面的一些特征的缺失。因此，Yaba虽然在改善贫困者的物质境遇方面表现得十分成功，然而，由于它过分依赖外部政治环境，其未来的扶贫前景还未可知。

第三个社区Rebesle，不仅具有极强的集体行动和社会资本特征，还有与社会运动有关的初步特征，该社区曾有过基于社会网络和信任的成功的集体行动的历史。然而社区拒绝参与"三合一移民计划"，试图寻求在规划和发展过程中完全意义上的独立。社区不参加这一计划的原因是认为国家实施项目效率低下且容易导致腐败。Rebesle和其他两个社区一样，在物质层面减少贫困方面取得了实质性的进展，而且，它还更进一步——不仅拒绝参加国家的"三合一移民计划"，还联合其他社区进行抵制——这是发起社会运动的初级阶段。他们集体行动的能力使他们成为三个社区中唯一一个能够与国家面对面重新界定权力关系的社区。

我们现在转向一些通过文章验证的关键特征。群体规模、经济同质性和种族异质性指标不是案例研究最有力的解释因子。这三个社区的规则制度、惩罚措施和决策过程也很相像，因此可以作为控制变量。鉴于这三个社区均有大量的外迁移民，因此物理流动性也不能成为强有力的因子。因此，一些更有说服力的解释性因子是社区曾经在集体行动方面取得的成功、强大的社会网络和信任。在第三个案例研究社区Rebesle，这些因素促使社区能够发起社会运动，包括组织形式、机制和过程。最后，尽管政治机会、障碍和威胁等因素，与其他因素如移民外迁模式、历史上成功的集体行动等相结合扮演了很重要的作用，它们共同产生的合力确实使案例研究社区在扶贫方面取得了不同的成效。

本文构建了一个理论框架，同时界定了一些解释变量用来分析社区规划和扶贫的关系。三个社区在满足贫困者基本需求方面均取得了实质性的突破，然而只有Rebesle拒绝参与国家的资助计划，支持进步政党，同时还联合了其他社区的力量，再加上Rebesle保有的几十年的社会网络，因此其集体行动能力最强。除了对关键解释变量的深刻洞察外，案例研究还十分强调理解不同社区规划形式对扶贫成果的影响。研究对传统的协作式规划的可行性提出质疑，倡导在广泛的社会变革的背景下，需要更激进的社区规划来减少贫困。本文的目的不在于探讨哪种规划形式更好，而是指出需要详细了解不同形式的社区规划在不同社区有着不同的减贫能力，而这种能力是镶嵌在不同社会政治背景中的。

**作者鸣谢：**

本文作者非常感谢 Scott Bollens、Kristen Day 以及三位匿名评阅人的意见。本文的一切责任由作者自负。

**注释：**

1 本文中涉及的 community，village 和 municipios 的意思是一样的。

2 更多关于分权的法律和宪法改革的讨论，请参考 Rodríguez（1997）。

3 1970 年代此类的扶贫项目包括 PIDER、INDECO、INPI、CONASUPO 和 COPLAMAR（Cossio and Winder 1985；Fox 1992）。

4 关于墨西哥和美国之间移民史的综合研究参阅 Massey、Durand 和 Malone（2002）。关于瓦哈卡州中央谷地的移民研究，参阅 Cohen（2004）。

5 文献中同乡会（hometown associations）和移民会（migrant associations）的意思是一样的，都是指为来自某地的移民通过各种方式支持家乡建设提供服务的组织，这些组织也会为居住在国外的移民提供各种服务。参考 Alarcón（2000）和 Orozco（2003）所作的关于墨西哥同乡会的调查。

6 作者对 Catherine Griffiths 为本文所做的图表表示感谢。

7 参阅 Parnell（1988）关于瓦卡哈州维拉阿尔塔地区村庄法则的人类学研究。

8 本文中所列村庄的名字为化名。

9 Cohen's（1999）关于生活在瓦哈卡中央谷地的萨巴特克族的生活研究中，提到了相似的社区系统，叫做 *cooperación*。

**参考文献：**

[1] Abers，R.N.2000.*Inventing local democracy: Grassroots politics in Brazil*.Boulder，Colorado：Lynne Reinner.

[2] Agrawal，A.2001.Common property institutions and sustainable governance of resources.*World Development 29*（10）：1649-72.

[3] Agrawal，A.，and C.Gibson.2001.*Communities and the environment: Ethnicity，gender and the state in community-based conservation*.New Brunswick，NJ：Rutgers University Press.

[4] Alarcón，R.2000.*The development of home town associations in the United States and the use of social remittances in Mexico*.Washington，DC：Inter-American Dialogue.

[5] Alvarez，S.E.1990.*Engendering democracy in Brazil: Women's movements in transition politics*.Princeton：Princeton University Press.

[6] Baland，J.M.，and J.P.Platteau.1996.*Halting degradation of natural resources: Is there a role for rural communities?* Oxford：Oxford University Press.

[7] Beall，J.，and N.Kanji.1999.*Households，livelihoods and urban poverty.Urban Governance，Partnership and Poverty Series，Theme Paper 3*，1-38.London：Department of Social Policy and Administration，London School of Economics.

[8] Beard，V.A.2002.Covert planning for social transformation in Indonesia.*Journal of Planning Education and Research 22*（1）：15-25.

[9] ____.2003.Learning radical planning：The power of collective action.*Planning Theory 2*（1）：13-35.

[10] ____.2007.Household contributions to community development in Indonesia.*World Development 35*（4）：607-25.

[11] Beard，V.A.，and A.Dasgupta.2006.Collective action and community-driven development in rural and urban Indonesia.*Urban Studies 43*（9）：1-17.

[12] Beer，C.2004.Electoral competition and fiscal decentralization in Mexico.In *Decentralization and democracy in Latin America*，ed.A.Montero and D.Samuels，180-200.Notre Dame：University of Notre Dame Press.

[13] Bromley，D.W.，D.Feeny，M.A.McKean，P.Peters，J.Gilles，R.Oakerson，C.F.Runge，and J.Thomson，eds.1992.*Making the commons work: Theory，practice and policy*.San Francisco：ICS Press.

[14] Carpenter，J.P.，A.G.Daniere，and L.M.Takahashi.2004.Social capital and trust in South-east Asian cities.*Urban Studies 41*（4）：853-74.

[15] Chambers，R.1994.The origins and practice of participatory rural appraisal.*World Development 22*（7）：953-69.

[16] Chambers，R.1997.*Whose reality counts? Putting the first last*.London：Intermediate Technology Publications.

[17] Cinnéide，M.，and M.Keane.2004.Mexico：Regenerating participatory planning and development

processes.In *New Forms of Governance for Economic Development*, 119–62.Paris: Organization for Economic Cooperation and Development (OECD).

[18] Cleaver, F.1999.Paradoxes of participation: Questioning participatory approaches to development. *Journal of International Development 11* (4): 597–612.

[19] Cohen, J.1999.*Cooperation and community: Economy and society in Oaxaca*.Austin: University of Texas Press.

[20] ____.2001.Textile, tourism and community development.*Annals of Tourism Research 28* (2): 378–98.

[21] ____.2004.*The culture of migration in southern Mexico*.Austin: University of Texas Press.

[22] Cohen, J., and L.Rodríguez.2005.Remittance outcomes in rural Oaxaca, Mexico: Challenges, options and opportunities for migrant households. *Population, Space and Place 11* (1): 49–63.

[23] Coleman, J.S.1990.*Foundations of social theory*. Cambridge, MA: Belknap Press of Harvard University Press.

[24] Conway, D., and J.Cohen.2003.Local dynamics in multi-local, transnational spaces of rural Mexico: Oaxacan experiences.*International Journal of Population Geography 9* (2): 141–61.

[25] Cooke, B., and U.Kothari, eds.2002.*Participation: The new tyranny?* London: Zed Books.

[26] Cossio, I.A., and D.Winder.1985.Rural community development in Mexico: Issues and trends. *Community Development Journal 20* (2): 144–54.

[27] Daniere, A., L.M.Takahashi, and A.NaRanong.2002. Social capital, networks, and community environments in Bangkok, Thailand.*Growth and Change 33* (4): 453–84.

[28] Dasgupta, P., and I.Serageldin.2000.*Social capital: A multifaceted perspective*.Washington, DC: World Bank.

[29] Davis, M.2006.*Planet of slums*.London: Verso.

[30] de Hass, H.2005.International migration, remittances and development: Myths and facts.*Third World Quarterly 26* (8): 1269–84.

[31] Desai, M.2002.Multiple mediations: The state and the women's movements in India.In *Social movements: Identity, culture and the state*, ed.D.S.Meyer, N.Whittier, and B.Robnett, 66–84. Oxford: Oxford University Press.

[32] Diani, M., and D.McAdam.2003.*Social movements and networks: Relational approaches to collective action*.Oxford: Oxford University Press.

[33] Dirección General de Población de Oaxaca.2000. Marginación municipal Oaxaca 2000.Oaxaca: DIGEPO.

[34] Escobar, A.1992.Planning.In *The development dictionary: A guide to knowledge as power*, ed.W.Sachs, 132–45.London: Zed Books.

[35] Escobar, A., and S.E.Alvarez, eds.1992.*The making of social movements in Latin America: Identity, strategy, and democracy*.Boulder, CO: Westview.

[36] Evans, P., ed.2002.*Livable cities? Urban struggles for livelihood and sustainability*.Berkeley: University of California Press.

[37] Fox, J.1992.*The politics of food in Mexico: State power and social mobilization*.Ithaca: Cornell University Press.

[38] Fox, J., and J.Aranda.1996.*Decentralization and rural development in Mexico: Community participation in Oaxaca's municipal funds program*.La Jolla: Center for U.S.–Mexico Studies, University of California, San Diego.

[39] Friedmann, J.1987.*Planning in the public domain: From knowledge to action*.Princeton: Princeton University Press.

[40] ____.1989.The Latin American barrio movement as a social movement: Contribution to a debate. *International Journal of Urban and Regional Research 13* (3): 501–10.

[41] Fung, A., and E.O.Wright, eds.2003.*Deepening democracy: Institutional innovations in empowered participatory governance*. London: Verso.

[42] Gibson, C.C., M.A.McKean, and E.Ostrom, eds.2000. *People and forests: Communities, institutions and governance*.Cambridge, MA: MIT Press.

[43] Gibson, C.C., E.Ostrom, K.Andersson, and S.Shivakumar.2005.*The Samaritan's dilemma: The political economy of development aid*.Oxford: Oxford University Press.

[44] Goodwin, J., and J.M.Jasper.2004.*Rethinking social movements: Structure, meaning and emotion*. Lanham, MD: Rowman and Littlefield.

[45] Grindle, M.2000.The social agenda and the politics of reform.In *Social development in Latin America*, ed.J.Tulchin and A.Garland, 17–52.Boulder: Lynne Rienner.

[46] Grootaert, C.1998.*Social capital: The missing link?* Environmentally and Socially Sustainable Development Network, Working Paper 3.Washington,

DC: World Bank.

[47] Grootaert, C., and T.van Bastelaer, eds.2002.*The role of social capital in development: An empirical assessment.*Cambridge: Cambridge University Press.

[48] Hardin, G.1968.The tragedy of the commons.*Science 162* (3859): 1243–8.

[49] Heller, P., K.N.Harilal, and S.Chaudhuri.2007. Building local democracy: Evaluating the impact of decentralization in Kerala, India.*World Development 35* (4): 626–48.

[50] Hickey, S., and G.Mohan.2005.Relocating participation within a radical politics of development. *Development and Change 36* (2): 237–62.

[51] Hutchinson, J., and A.C.Vidal, eds.2004.Using social capital to help integrate planning theory, research and practice.Symposium.*Journal of the American Planning Association 70* (2): 142–92.

[52] Instituto Nacional para el Federalismo y el Desarollo Municipal.2002a.*Enciclopedia de los municipios de México: Estado de Oaxaca, San Bartolomé de Zoogocho.*http: //www.elocal.gob.mx/work/templates/enciclo/oaxaca/municipios/20120a.htm (accessed October 22, 2005).

[53] Instituto Nacional para el Federalismo y el Desarollo Municipal.2002b.*Enciclopedia de los municipios de México: Estado de Oaxaca, San Mateo Cajonos.* http: //www.elocal.gob.mx/work/templates/enciclo/oaxaca/municipios/20246a.htm (accessed October 22, 2005).

[54] Instituto Nacional para el Federalismo y el Desarollo Municipal.2002c.*Enciclopedia de los municipios de México: Estado de Oaxaca, Villa Hidalgo Yalalag.* http: //www.elocal.gob.mx/work/templates/ enciclo/oaxaca/municipios/20038a.htm (accessed October 22, 2005).

[55] Kearney, M., and F.Besserer.2004.Oaxacan municipal governance in transnational context.In *Indigenous Mexican migrants in the United States*, ed.J.Fox and G.Rivera-Salgado, 439–66.San Diego: UC Press.

[56] Kollock, P.1998.Social dilemmas: The anatomy of cooperation.*Annual Review of Sociology 24*: 183–214.

[57] Larsen, L., S.L.Harlan, B.Bolin, E.J.Hackett, D.Hope, A.Kirby, A.Nelson, T.R.Rex, and S.Wolf.2004.Bonding and bridging: Understanding the relationship between social capital and civic action.*Journal of Planning Education and Research 24* (1): 64–77.

[58] López, F., L.Escala Rabadán, and R.Hinojosa-Ojeda.2001.*Migrant associations, remittances and regional development between Los Angeles and Oaxaca, Mexico.*North American Integration and Development Center, Research Report Series 10.Los Angeles: University of California at Los Angeles.

[59] Lowell, B., R.de la Garza, and M.Hogg.2000. Remittances, U.S.Latino communities and development in Latin American countries.*Migration World Magazine 28* (5): 13–21.

[60] Manor, J.1999.*The political economy of democratic decentralization.*Washington, DC: World Bank.

[61] Mansuri, G., and V.Rao.2004.Community-based and-driven development: A critical review.*The World Bank Research Observer 19* (1): 1–39.

[62] Massey, D.S., J.Durand, and N.J.Malone.2002. *Beyond smoke and mirrors: Mexican immigration in an era of economic transition.*New York: Russell Sage Foundation.

[63] Mayoux, L.2001.Tackling the down side: Social capital, women's empowerment and micro-finance in Cameroon.*Development and Change 32* (5): 435–64.

[64] McAdam, D., S.Tarrow, and C.Tilly.2001. *Dynamics of contention.*Cambridge: Cambridge University Press.

[65] Meyer, D.S.2004.Protest and political opportunities. *Annual Review of Sociology 30*: 125–45.

[66] Meyer, D.S., N.Whittier, and B.Robnett.2002. *Social movements: Identity, culture and the state.* Oxford: Oxford University Press.

[67] Miraftab, F.2004.Making neo-liberal governance: The disempowering work of empowerment. *International Planning Studies 9* (4): 239–59.

[68] Miraftab, F., and S.Wills.2005.Insurgency and spaces of active citizenship: The story of Western Cape Anti-eviction Campaign in South Africa.*Journal of Planning Education and Research 25* (2): 200–17.

[69] Molinar Horcasitas, J., and J.Weldon.1994. Electoral determinants and the consequences of national solidarity.In *Transforming state-society relations in Mexico: The national solidarity strategy*, ed.W.Cornelius, A.Craig, and J.Fox, 123–41.La Jolla: Center for U.S.-Mexico Studies, University of California, San Diego.

[70] Mutersbaugh, T.2002.Migration, common property, and communal labor: Cultural politics and agency in a Mexican village. *Political Geography 21* (4):

473–94.

[71] Narayan, D., R.Patel, K.Schafft, A.Rademacher, and S.Koch- Schulte.2000.*Voices of the poor: Can anyone hear us?* Oxford: Oxford University Press.

[72] Narayan, D., and L.Pritchett.1999.Cents and sociability: Household income and social capital in rural Tanzania.*Economic Development and Cultural Change 47* (4): 871–98.

[73] Olson, M.1965.*The logic of collective action: Public goods and the theory of groups*.Cambridge, MA: Harvard University Press.

[74] Ordóñez Barba, G.2002.El estado de bienestar social en las democracias occidentales: lecciones para analizar el caso mexicano.*Región y Sociedad 14*(24): 99–145.

[75] O' Rourke, D.2002.Community–driven regulation: Toward an improved model of environmental regulation in Vietnam.In *Livable cities? Urban struggles for livelihood and sustainability*, ed.P.Evans, 95–131. Berkeley: University of California Press.

[76] Orozco, M.2003.*Hometown associations and their present and future partnerships: New development opportunities?* Washington, DC: Inter–American Dialogue.

[77] Ostrom, E.1990.*Governing the commons: The evolution of institutions for collective action*. Cambridge: Cambridge University Press.

[78] ____.1995.Constituting social capital and collective action.In *Local commons and global interdependence: Heterogeneity and cooperation in two domains*, ed.R.O.Keohane and E.Ostrom, 125–60.London: Sage Publications.

[79] ____.2005.*Understanding institutional diversity*. Princeton: Princeton University Press.

[80] Parnell, P.C.1988.*Escalating disputes: Social participation and change in the Oaxacan highlands*. Tucson: The University of Arizona Press.

[81] Peattie, L.R.1968.*The view from the barrio*.Ann Arbor, MI: University of Michigan Press.

[82] Portes, A.1998.Social capital: Its origins and applications in modern sociology.*Annual Review of Sociology 24*: 1–24.

[83] Putnam, R.D.1993.*Making democracy work: Civic traditions in modern Italy*.Princeton, NJ: Princeton University Press.

[84] Rakodi, C., and T.Lloyd–Jones, eds.2002.*Urban livelihoods: A peoplecentered approach to reducing* poverty.London: Earthscan Publications.

[85] Ramos–Pioquinto, D.2003.*Testimonio de la primera celebración del da del migrante Zoogochense*.Pamphlet, Oaxaca City.

[86] Rivera–Salgado, G., and L.Escala Rabadán.2004. Collective identity and organizational strategies of indigenous and mestizo Mexican migrants.In *Indigenous Mexican migrants in the United States*, ed.J.Fox and G.Rivera–Salgado, 145–78.San Diego: UC Press.

[87] Rodríguez, V.1997.*Decentralization in Mexico: From Reforma Municipal to Solidaridad to Nuevo Federalismo*.Westview: Boulder.

[88] Ruiz García, A.2002.*Migración Oaxaqueña: Una aproximacin a la realidad*.Oaxaca: Coordinación Estatal de Atención al Migrante Oaxaqueño.

[89] Sandercock, L.1998.*Toward cosmopolis: Planning for multicultural cities*.Hoboken, NJ: Wiley and Sons.

[90] Sanyal, B.2007.The myth of development from below. Seminar presented in the Department of Planning, Policy and Design at the University of California at Irvine on March 1.

[91] Scott, J.C.1998.*Seeing like a state: How certain schemes to improve the human condition have failed*. New Haven, CT: Yale University Press.

[92] Secretaría de la Función Pública.2005.*Reglas de la operacin del programa 3x1 para migrantes 2005*. http: //www.microrregiones.gob.mx/ 3x1.asp?page3x1/ 3x1a.htm (accessed November 20, 2005).

[93] Shatkin, G.2000.Obstacles to empowerment: Local politics and civil society in metropolitan Manila, the Philippines.*Urban Studies 37* (12): 2357–75.

[94] Sidel, J.T.1997.Philippine politics in town, district and province: Bossism in Cavite and Cebu.*Journal of Asian Studies 56* (4): 947–66.

[95] Silvey, R., and R.Elmhirst.2003.Engendering social capital: Women and workers and rural–urban networks in Indonesia's crisis.*World Development 31* (5): 865–79.

[96] Smith, S.S.2000.Mobilizing social resources: Race, ethnic and gender differences in social capital and persisting wage inequalities.*The Sociological Quarterly 41* (4): 509–37.

[97] Snow, D.A., S.A.Soule, and H.Kriesi, eds.2004. *The Blackwell companion to social movements*. Oxford: Blackwell Publishing.

[98] Stein, S., and T.L.Harper.2003.Power, trust, and planning.*Journal of Planning Education and Research 23* (2): 125–39.

[99] Takahashi, L.M., and G.Smutny.2001.Collaboration

among small community-based organizations: Strategies and challenges in turbulent environments. *Journal of Planning Education and Research 21* (2): 141-53.

[100] Tarrow, S.G.1998.*Power in movement*.2nd ed.Cambridge: Cambridge University Press.

[101] Tendler, J.1997.*Good government in the tropics*. Baltimore: John Hopkins University Press.

[102] Wade, R.1988.*Village republics: Economic conditions for collective action in south India*. Cambridge: Cambridge University Press.

[103] Ward, P.M., and V.Rodríguez.1999.New federalism, intragovernmental relations and co-governance in Mexico.*Journal of Latin American Studies 31* (3): 673-710.

[104] Weiss, J., and H.Montgomery.2005.Great expectations: Microfinance and poverty reduction in Asia and Latin America.*Oxford Development Studies 33* (3/4): 392-416.

[105] Wetterberg, A.2007.Crisis, connections, and class: How social ties affect household welfare. *World Development 35* (4): 585-606.

[106] Wise, R.D., and H.Rodríguez Ramírez.2003. The emergence of collective migrants and their role in Mexico's local and regional development.*Migracióny Desarollo*.http: //www.migracionydesarrollo.org (accessed September 10, 2005).

[107] Woolcock, M.1998.Social capital and economic development: Toward a theoretical synthesis and policy framework.*Theory and Society 27* (2): 151-208.

[108] Woolcock, M., and D.Narayan.2000.Social capital: Implications for development theory, research, and policy.*The World Bank Research Observer 15* (2): 225-49.

[109] World Bank.2003.*Development strategy for the Mexican southern states*.Washington, DC: World Bank.

[110] Yunus, M.1998.*Banker to the poor: The autobiography of Muhammad Yunus, founder of the Grameen Bank*. London: Aurum Press.

Arts and Culture in Urban or Regional Planning: A Review and Research Agenda

# 城市与区域规划中的艺术和文化：文献回顾与研究展望

Ann Markusen Anne Gadwa 文

秦波 宋清越 译

【摘要】人们对创意城市和文创经济已有一定认识，但对其在各类城市和区域范围内到底起什么作用却并不清楚。本文回顾将艺术与文化作为城市和区域发展对策的相关研究进展，探索文化规划相关规范，审视其中因果关系的证据，并分析文化规划中的利益相关者、政府部门分割及公民参与。两类策略——特定文化产业区和旅游导向的文化投资——都展示了研究如何能更好地指导实践。在指导城市文化发展上，研究者应仔细审视和分辨各种策略的影响、风险和机会成本，以及相关的投资、税收和支出模式，以免社区和政府错过了“创意城市”的大好机会。

【关键词】文化规划；艺术规划；文化政策；创意城市；艺术影响；绅士化；文化产业区；旅游业

自从20世纪80年代中期，创意城市和文创经济的概念和观点首次出现在欧洲，国家、城市以及小城镇已经将文化规划和设计作为推动社会和社区发展的主要策略，这也包括推动邻里、社区以及中心城区的复兴。2005年左右，这种做法达到了一个高潮，很多社区启动文化规划，为文化产业区设计和提供激励，建立和扩大文化设施容量，并设计了新的专有艺术税种以应付上述开支。

但是，我们并不知道到底是什么因素对不同城市和区域的文创产业发展起到作用。没有明确目标、依赖不成熟的理论、缺乏公众参与以及不愿要求和评价业绩效果使得决策者难以坚定地执行政策。缺乏不同策略、投资、税收以及支出模式相对应的影响、风险和机会成本的翔实研究，社区和政府可能正在错过引导文化产业发展的良机。更糟的是，未实施的规划以及那些支付低利用率设施而需要未来偿还的抵押贷款具有很大的风险。一些政策只是变相的房地产升值措施（Kunzman 2004），导致了拆迁，引起了文化产业空间分散并最终损害其生命力。

文中，笔者对艺术文化与城市区域发展的现有文献进行回顾，并指出能够大力帮助规划师和其他决策者制定策略和分配资源的研究方向。从探讨文化政策制定中一些潜在的标准开始，回顾文献中艺术文化活动和经济发展之间的因果关系。

之后笔者提出了一个理解地方文化规划实践的框架，讨论美国地方政府中令人费解的承担文化规划责任公共部门的制度结构安排，并审视了文化规划利益相关者的政治经济关系。笔者呼吁更多的研究来探索制定和执行地方文化规划和政策的不同策略及其影响结果，比如不同利益相关者的参与程度、不同的公共部门制度和资金结构安排。

最后，笔者深入地分析两种广为使用的策略：（1）拥有大型表演和视觉艺术空间的特定文化产业区与较小规模的非营利性、商业化、拥有社区文化场馆的分散型“自然式”文化产业区；（2）旅游导向的与服务本地的文化投资。对这些策略，笔者提出尚未经检验的观点和假设以供未来研究之用。

在这些讨论中，重点在于现状研究的结果以及未解决的问题。笔者基于已发表的研究、我们自己的文化政策案例研究（包括洛杉矶、旧金山、明尼阿波利斯—圣保罗和一些更小的地方）以及同全美及国外城市文化规划师和政策制定者的大量访谈和讨论。本文并不是一个全面的文献综述，尤其是缺乏那些帮助我们理解特定地区文化规划

**作者简介：**

Ann Markusen是美国明尼苏达大学汉弗莱公共事务学院教授，并且是区域和产业经济学项目的负责人。她的研究关注点包括经济发展、艺术和文化政策、城市产业和职业结构以及研究方法。

Anne Gadwa是迈卓斯艺术咨询（Metris Arts Consulting）的所有者和负责人，她拥有明尼苏达大学汉弗莱公共事务学院城市和区域规划方面的硕士学位。她研究社区、经济发展、艺术空间与艺术活动之间的联系。

**译者简介：**

秦波，中国人民大学城市规划与管理系讲师，主要研究方向为城市空间结构、城市可持续发展和GIS在城市研究中的应用；

宋清越，中国人民大学商学院硕士研究生。

本文原载于*Journal of Planning Education and Research*，2010，Vol.29（3）：379—391

及挑战丰富内涵的案例。相反地，本文重心在于阐明驱动创意城市发展的一般性假说，以及如何用现有数据、比较案例以及新方法验证这些假说。

## 1. 文化规划的标准与目标

与其他规划领域一样，文化规划师这一概念包含所有参与促成艺术与文化活动的政策制定者和专业人士。这些规划师将他们的策略和建议建立在一个或多个潜在的标准上，无论是否明示，这些标准与目标相链接。这些标准反映了社区的价值观，因为社区是多样并涵盖多种利益冲突的，这些价值观也可能是多元相异的。大多数文化规划工作至今仍未能阐明其可监测的标准与相关目标，从而妨碍了研究者评估文化规划的效果（Evans 2005）。鉴于这众所周知的局限，我们来分析那些在相关文献中显而易见的标准和目标。

在有关文化的职能与创意城市的开创性文献中（Bianchini et al.1988；Landry，2003；Landry et al.1996；Mt.Auburn Associates，2000；Perloff，1985；Perloff and Urban Innovation Group 1979；New York and New Jersey and the Cultural Assistance Center 1983），至少可以辨别出三组基本标准和目标（Garcia 2004）：经济影响，更新影响（周边邻里或地区的影响），以及文化影响。早期的欧洲文献更注重老工业城市中文化投资的更新影响（Evans 2005）。美国虽然也有一些研究局部复兴（主要是中心城区）的文献，但早期著作更多地考虑地区经济中艺术文化部门所扮演的经济角色，即其在就业、产出、公共部门税收上所起的作用。

在文化城市和文化区域的文献中，很少有作者解析了文化规划的标准和目标。这些标准和目标在研究非空间文化政策的社会科学学家和人类学者那里得到了最好的阐释，比如强烈主张文化敏感性和艺术能力重要性的文献（Nussbaum 2001）。抛弃了经济微积分法主宰决策的做法，世界银行（1999）与研究发展中国家的学者们（如Yudice 2007）说明文化投资是如何确定特定群体的身份认同，通过跨文化的沟通形成社会凝聚力，为社会与政治评论提供渠道，在社区中树立自尊，抵制恐惧感与不安全感，以及为灵魂提供快乐、美感与营养。Jackson、Kabwasa-Green 和 Herranz（2006）最近发表一项开创性研究，即开发一些指标来反映以上这些方面。

这里暂且放下持续增长、复兴以及左脑原则不谈，而来讨论更熟悉的原则——效率与公平。效率原则至今仍待彻底探究，这反映了经济发展规划总体表现不佳（Bartik and Bingham 1997）。而有关文化城市的文献则令人惊讶的既没有成本收益评价，也不承认对比方案的机会成本。然而，文化规划中不同方案必须能够互相比较并需要与其他公共部门的需求比较。

很多从事文化规划的人常常提到公平原则，他们强调所有人都应该平等地获得文化机会的重要性。对于籍贯、年龄、性别、种族、人种和宗教不同的团体，文化发展的具体对策通常有所不同，这给文化规划师在考虑对象群体这些差异时带来严肃而困难的责任。

所有的城市和区域文化规划措施都应该从一个明确的声明开始，说明其基本原理与相关目标的若干原则。不仅好的治理实践需要明确的原则与目标，研究者也需要能更有效地评估政策的效果。比如，城市文化产业区的提案应该阐明一些预期的经济、邻里以及文化目标，比如就业机会、地产估价和入住率、小企业收入、邻里的视觉特征、提升文化体验和多元选区的价值以及给其他团体和邻里带来的负面效应。平等原则要求城市明确哪些人会从提案中受益以及如何补偿利益受损的团体（比如土地因公益用途而被征用的财产所有者）。效率原则要求以两个因素为标准判断所有提案，分别是收益成本估算以及所耗用公共资金和工作人员时间的机会成本。

研究者应该依据标准和目标对结果进行分析、批判和评估。尽管过去已有对这种指导方针的呼声（Lim 1993），但是直到今天只有很少的文化规划研究试图理解这些标准或开发衡量绩效的工具。比如，各种艺术和文化投资的经济影响（包括就业、产出和税收）研究（如 Americans for the Arts 2007）被没有根据的假设和推断所困扰。这包括①未充分阐明艺术是一项可出口的基本部门；②像对待新开支一样对待所有开支，而不是仔细分析文创产业的成本构成，其实其中一部分支出是由地方的其他产业部门所用；③不承认非营利艺术支出是通过公共部门资本和运营方面的支持，这也是政府补贴；④未能将非营利机构得到的免除税收计入在内（Stewart 2008；Sterngold 2004；Seaman 2000）；甚至连文化影响的最佳研究都没有明确提出平等和效率的问题，比如 the Beyers et al.（2004）和 Beyers and GMA 研究公司（2006）关于西雅图工业与文化中心的研究。

## 2. 艺术与文化在经济发展中的导向作用

在美国，文化艺术部门在区域和邻里尺度上刺激经济增长的能力，是文化规划中最常援引的基本原理之一。随着美国公共艺术基金的繁荣（国家艺术基金会、国家艺术委员会、地区艺术委员会、城市文化事务部门以及艺术慈善项目），有关艺术文化活动是城乡经济发展重要组成的论点，拓展了一项至少从20世纪60年代开始沿用的策略。在那段时期，既是文化发展也是城市更新的基金完成大量的新中心城区艺术设施投资，比如纽约的林肯中心广场（Kreidler，1996）。这些投资意图在于扩大文化供给以及"振兴"毗邻环境。比如，为了修建林肯中心广场而夷平了周边邻里，这正是西区故事的主题。

在随后的数十年里，对艺术文化活动投资的经济效益又有了一些新的因果解释：文化产业有助于去工业化和高度专业化城市及地区经济基础的多样化（例如 Pratt 1997）；文化工作者拥有很高的自我雇佣率以及相当多的人力资本，他们从出口产品和服务中直接赚取收入，而且提高了当地非文化产业的生产率（如 Markusen and King 2003；Markusen and Schrock 2006）；文化创意和艺术家的存在吸引了其他公司，也吸引了高人力资本的居民（如 Florida，2002a，2002b）。有关艺术文化的物质投资有助于复兴邻里及街区的因果解释（Bianchini et al.1988；Landry et al.1996），现在也用来解释艺术家和波西米亚人扮演了相似角色（Lloyd，2002，2005；Lloyd and Clark 2001）。

在这一节，我们要分析已被用于检验这些主张的各种证据，以及这些证据如何既反映了理论也反映了潜在的标准和立场。笔者提醒注意过去研究工作中存在的缺陷，并呼吁通过新的技术或新的研究对象加强对现有对策的研究。不同规模和大小的城市或社区，应当有不同的研究策略。

研究者和支持机构已运用艺术文化的经济影响评估来支持一项主张，即艺术文化部门对区域经济的就业、产出以及公共部门税收非常重要。经济影响评估将投资和花费在文化设施（如 Beyers and GMA Research Corporation，2006）或特定文化产业（如 Beyers et al. 于2004年在西雅图音乐方面的研究；Saas 于2006年在电影激励措施上的研究）上的所有资金进行加总，之后用乘数效应计算其带来的就业、税收以及总支出。作为因果关系的探索，这些研究普遍高估了初始投资或激励吸引地区外部（或基本部门）收入的程度而未能反映消费者（或者是电影制作人）的其他动因。通过现场访谈的方式，Beyers and GMA 研究公司（2006）特别严谨的研究发现，观光者是特地从外县来参观西雅图中心的。但其他一些研究，比如 Audience Research & Analysis（2006）有关纽约现代艺术博物馆改装的研究，就做了不准确的假设，如所有的新泽西观光者都是"城镇外居民"。艺术影响的研究也没能考虑所吸引的艺术文化花销是否只是从地区经济中其他部门转移过来（替代效应），这是 Noll 和 Zimbalist（1997）在他们有关运动设施的同类研究中指出的深刻观点。因此，关于电影制作业税收激励和补贴经济影响的观点受到了 Christopherson 和 Rightor（2008）的批评。

研究者除了应对替代效应采取更多研究，并定量研究艺术文化投资吸引外部收入的多少，也应展开对其他标准的研究，比如效率与公平。现有的影响效果类研究并未包含与效益相关的产出成本收益分析，也没有涵盖投资于其他公共事业的机会成本评估，也没有对实施后果公平方面的分析。一位研究者认为"文化导向更新项目的高成本和高关注度与其实际更新效果的强度与质量并不相符"（Evans 2005，960页）。通过研究，艺术文化部门的自我审查工作应能够设法解决现存的不足。

公平的问题可以通过独立经营的（而不是自我管理和自我营销的）艺术文化参与度研究设法解决，这些研究运用调查来确定那些乐于使用各类艺术文化空间、设施和项目人群的年龄、种族以及收入特征。区域参与度研究（极大地受限于非营利性艺术文化场地的出席率）发现接受了更高教育的人（从而可能有更高的收入）会更频繁地涉足艺术与文化场所（Schuster 2000）。运用更广义的参与度和场所概念，Stern（2005）发现费城的参与形式更多样化，而且并未集中于大型的公共非营利性艺术投资场所。正如 Schuster 和 Stern 的研究展示出的那样，参与度研究可以在任何空间尺度上开展。

因果关系理论中，研究者认为一些城市或地区因为快速发展的文化产业（Pratt 1997）或因为具备了更密集的文化产业（如 Currid 2006）及工作（Markusen and Schrock 2006），所以更迅速地增加了就业机会。这一假定其实尚未经充分验证。总的来说，这些研究人员使用的准经济学比较分析方法只是描述性的工作或者只是揭示相关关系，这些都不能建立和检验有关文化对经济发展贡献的因果模型。

例如，Scott（2005）关于传媒产业与好莱坞的著作和Currid（2007）有关纽约时尚、艺术和音乐的著作都是对高度集中文化产业的详尽描述，包括最基础的运行机制。当他们用区位商（一种比较方法）来说明这些产业在他们各自的城市或地区中的高比例时，他们并没有指出这些产业导致了多少份额的就业增长或地产增值，他们也没有探究如果缺少文化产业会发生什么。相似的，Markusen和Schrock（2006）用区位商和艺术家净迁移率来揭示美国大都市的文化专业化研究，并不能解释总的绩效。所有使用区位商的研究都有推论错误的风险。比如，芝加哥的艺术家人数只占劳动人口的平均水平。相对而言，纽约、洛杉矶和旧金山的艺术家则占有很高份额。这可能只是反映了芝加哥依然有大量的蓝领劳动力，而蓝领在其他艺术家较多的大都市中则被削弱了。

为加强这方面研究，研究者应该使用解释力更强的方法，比如建立和测试多元回归模型。艺术家和文化产业在地方的集聚以及跨城市和区域的分布，可以视作复杂的多时段决策过程模型，其解释变量包括不同的公共投资和花费、公司区位和扩张决策，以及艺术家和文化工作者迁徙。举一个简单的例子，Florida（2002a）用截面相关分析检验了大城市中文化活动吸引其他公司和高收入工作者的观点，然而Glaeser（2004）和Markusen（2006）则提出了有关因果关系方向和缺失变量的问题。

越来越多、更好的数据可用于检验多元模型和探测公平方面的效果，但大多是二手数据。美国人口统计局的美国社区调查（ACS）是链接产业和职业计量模型与工作者详细特征的重要数据来源。跟之前一样，人口统计公开的5%微观样本数据和1%ACS年度数据是唯一基于居住地的就业数据（而不是像商业数据源那样基于工作地的就业数据）。这些数据使得研究者能够通过文化职业（如视觉艺术家、音乐家、作家和设计师）和文化产业（如广告、电影／电视／媒体、出版和表演艺术）的收入、年龄、种族、移民身份、移民模式、住房所有权等社会经济数据，将个体数据与家庭数据相链接。ACS和人口统计的"长表"数据覆盖面更广，它包括自我雇佣工作者和失业工作者在内的艺术文化就业数据，而不是仅仅基于公司层面的统计数据。这一点非常重要，因为文化产业中的自我雇佣率很高（Markusen，Schrock，and Carneron，2004）。

以上提及的文献中并没有针对公共文化政策影响的研究。准试验法为检验有文化投资的地方是否比没有文化投资的地方发展得更好提供了途径。这种方法已在更小、更乡村的乡镇和区域研究中被巧妙地应用，但却很难应用到复杂的大城市中（Isserman and Beaumont 1989）。包含多种发展推力（如总体产业格局、交通通达性、生活成本、以大学为基础的研究活动、获得高等教育）的因果模型已经指出高科技活动在推动都市增长中的作用（如Markusen，Hall，and Glasmeier，1986）。采用类似方法对文化政策和投资进行扎实仔细的研究会增强我们对于文化政策和投资实际效果的理解。刚刚讨论的因果模型和数据建议主要针对大都市或区域尺度而不是邻里或街区尺度的研究。

在邻里尺度上，特定文化设施的存在或引入、文化工作者或消费者的大量涌入，都可以用来建模和验证其对周边的房产价值、零售业、建筑空置率、就业和收入的影响。在一项基于城市一手数据并考虑其他增长因素的研究中，Sheppard（2006）发现一个在美国马萨诸塞州北亚当斯地区老纺织厂新开发的大型艺术中心MASS MoCA，使附近的房产价值增加了大约20个百分点，这是支持邻里财富创造效应的证据。然而，这项研究并没有揭示相关房地产增值的受益人，也没有揭示这一过程中被拆迁或因为高价而离开家园的人群信息。

在一个不断变化的邻里中理清一项文化干预政策的影响是艰巨的挑战。Gadwa（2009）在她针对艺术家工作－居住空间的研究中，说明了研究者是可以运用包括新商店的形成和住宅空置率在内的一系列经济（以及社会和物质）指标，来追踪邻里变化以验证这些为艺术家提供的空间是否在邻里尺度上为经济复兴发挥作用。这一研究框架包括大量的实地调查、房产特征价格评估、财政（税）的影响分析以及比较该邻里和整体区域在多个指标上的表现趋势。该研究框架可以用于评估其他文化设施建设带来的影响，或用于评估小范围建设（新的住房、体育设施、会议中心等）对总体带来的影响。

有关经济发展影响的实证研究也许是最完备最有深度的，但其中也存在有如绅士化一类的争论。Zukin（1982）在一本开创性著作中将曼哈顿作为研究案例，认为艺术活动和艺术家经常被开发商用为绅士化改造的理由。Stern和Seifert（1998）

则指出这种现象并不存在于总体房地产压力较低的城市中，他们分析了费城94个经历了经济复兴（定义为20世纪80年代贫穷减少和人口增加）的人口统计区，并问道：①这些邻里的复兴是否与艺术组织的出现相关；②拆迁是否出现在过程中。他们发现拥有更多艺术组织和艺术参与的邻里更可能实现复兴，且复兴过程中没有明显的种族或民族搬迁迹象。而且相对其他邻里复兴工具，文化投资更有利于培养社会资本的凝结和联系。这些调查结果表明文化投资增长和公平的目标本身并不抵触。研究者可以通过将Stern和Seifert的分析扩展到其他有着不同房地产发展压力或不同时期（比如房地产萧条期）的地区，以探索其调查结果的广泛有效性。

总之，关于文化设施、文化产业、文化工作者和地区经济发展之间因果关系的理论仍然比较粗超、未经验证。其实，传统经济影响研究可在以下方面予以深化，比如通过更严格的标准来量化一项特定艺术文化投资吸引外来收入的程度，对替代效应相关的仔细分析，通过成本收益分析和参与度研究给予效率与公平更多关注。为了验证文化产业和职业在地方创造就业的作用，研究者可以开发更全面的因果关系模型并用多元分析予以验证。研究者可以用准实验模型控制掉其他的发展力量来检验文化投资的影响，尤其是在小型城镇中。在邻里尺度上，定性和定量混合的方法可用来追踪一系列经济指标的变化，并对文化政策所起的作用提供有说服力的因果关系证明。当前对文化政策效果的认识太声张，对未来深入研究的要求十分迫切。

## 3. 城市文化结构和外部利益相关者的作用

变化的城市官僚体制和规划以及多样化的外部情况，都对文化规划策略有重大影响。文化事务和投资的管理职责分散在多个地方公共部门机构，而且职能分布在美国各城市差异很大，即使在那些相似规模的城市中也是这样。本节提出了一个框架来理解文化规划如何在地方运行，分析公共部门文化发展能力和执行力的变化，以及研究不同规模、不同利益、不同权利的利益相关者。国家也通过很多专门机构实施文化政策，但总体上它们并不像城市那样制定和实施文化规划，因此笔者将讨论局限于后者。本文指出学者可以重视的进一步研究机会，说明何种结构、策略和政治联盟会改善实现文化规划目标的前景，并提出这样做的话要注意对不同规模城市的影响。

### 3.1 地方公共部门制度和资助结构

不同地方政府在文化规划中使用的制度结构和资金渠道差异很大。城市拥有推动文创经济发展的有效工具——土地利用和重建规划、大量待开发土地和建筑的所有权、基础设施供给以及财政收入，比如专项税以及各种社区发展和经济发展基金。大多数城市政府甚至包括一些小型乡镇正在实施不同的文化规划和文化政策，这为研究者提供了深入比较各种制度和资助结构的机会。

目前，美国大多数城市政府中的文化事务管理职责分布于一系列复杂的机构中。这些机构已经演变了几十年，而且由于城市是州政府的创造物，因此城市间机构设置差异非常之大。一些城市（如洛杉矶和旧金山）拥有全市性的艺术基金，由支撑公共艺术设施（博物馆、演出艺术中心）的专项税以及给予艺术家和艺术组织的补助金项目来维持。一些城市有文化税收专区，从房产、销售或香烟税中为特定设施、特定区域筹集资金。大多数城市都有支持公共艺术的项目，包括委托式的公共艺术和对文化集会的支持。一些城市支持社区文化中心，而且通过土地和空置建筑周转、贷款基金、对停车道和街景的投资等方式资助艺术家集聚区、工作／居住综合楼和演出场所。一些城市已经委托制定和实施文化规划，或者将文化要素置于总规之中。

在大多数城市中，文化规划和管理职责碎片化分散于各个重要机构中，如文化事务管理机构、城市规划机构、经济发展管理机构，还有负责公众设施、安全、公园、图书馆的机构以及教育委员会也涉及其中。很多大城市（纽约、芝加哥、洛杉矶）有文化事务部门，员工由艺术和文化事务专家组成。在其他城市，如明尼阿波利斯，官方文化事务管理的能力有限，因为其员工只有一个或少数几个隶属于经济发展机构的人员，而且预算资金额度很小。近些年，因为纳税人的不满、公众安全的优先保障、市中心重建和商业招聘等都影响了文化事务在公共财政支出中所占的份额，减少了文化事务相关部门和机构的资源。根据Grodach和Loukaitou-Sideris（2007）的调查报告，许多城市已将文化规划与管理归入经济发展管理机构。

很多政策工具推动或阻碍了城市中文化空间的创造，不少工具属于城市规划部门并由拥有城市规划学位的人经管，他们所受到的培训可能包含也可能不包含城市设计领域及文化政策领域的内容。艺术家中心和工作／居住综合楼、举办艺术博览会和艺术节的许可、包含文化空间和设施的城市重建计划，都必须遵守当前土地使用和区划条例或必须受其影响。一些城市很难建设艺术家的工作／居住综合楼，因为严格的区划法律不允许商业用途和居住用途混合使用（Johnson，2006），明尼阿波利斯就是一个例子。大多数城市中，文化政策几乎没有什么地位，或几乎不能影响城市规划部门以及它们的土地利用管理和对城市未来的愿景。

经济发展管理部门（以及通常单独的经济发展局）是城市机构中最能影响文化空间创造的部门。就像城市公共土地和建筑的管理者，城市的经济发展机构就重新利用建筑和重建做决策，并拥有由其处置、相当可观的资金去展开楼宇复修、棕色地块清理、企业区提议、商业走廊建设、人力发展以及其他联邦和州经济发展机构的资金转手等行为。像城市规划部门一样，它们以一地块一地块的方式工作——罕有小区范围的规划，尽管存在总规和指定文化产业区。大多数经济发展机构是促进发展的力量，并和私有土地所有者、开发商和房地产利害人密切接触。在很多城市，大型的艺术和文化机构已囊括了大部分的城市可开发土地、停车场的份额以及对州文化整合的支持，尽管旧金山的邻里艺术和文化中心获得了比大多数其他城市更大的份额。

其他地方机构也起到一些作用。很多城市通过公园、娱乐和学区管理部门实施文化项目。公共设施管理部门也可能对文化设施负责，并通过建设停车场等方式资助它们。公众安全部门负责游行的审批和公共空间的使用规则。最近一项由旧金山艺术工作队（San Francisco Arts Task Force 2006）完成的报告展示了支持艺术工作相关城乡管理机构之间的复杂网络图，显示了资助渠道是如何通过这个网络开展工作的，并提出了具有挑战性的、重新配置和加强艺术投资的建议。

城市规模影响公共文化工作的范围。超大城市，如纽约、洛杉矶和芝加哥，拥有完全不同的文化事务部门，而且有大量工作人员（按上文顺序有 50 至 90 名雇员）、较大的预算并负责大型公共艺术场地。在小城市，文化事宜通常由更易建立和维系的公共—私人—社区三方合作推动。甚至在一些很小的村镇，城市议会和地方政府机构超越传统的边界和做法来推动艺术驱动的中心城复兴——例子包括明尼苏达州的纽约米尔斯（Markusen and Johnson 2006）、莱恩斯伯勒（Borrup 2006a）以及其他一些明尼苏达社区（Cuesta，Gillespie，and Lillis 2005；Metropolitan Regional Arts Council 2006）。例如，在小小的纽约米尔斯，市议会为一个位于主路上的老式两层维多利亚式店面支付翻修费用，该店面由其所有者以 1 美元捐赠给纽约米尔斯区域文化中心；而且在持久的基础上，市议会将支付一位非营利中心主管一半的薪金，因为她也担任该镇的旅游局局长。

在地区和国家尺度上不同制度和税收结构影响文化规划的相关研究对政策制定者非常有用。但文化管理机构以及当前所依赖财政支出的混乱局面使其很难全面概括或者很难决定哪些城市是相对成功以及为什么成功。然而，研究者可以将公共艺术和文化对经济和文化发展结果的因果影响进行理论化并予以检验，比如艺术家（以及非白人艺术家以度量公平性）和文化产业就业的相对人数和净流入人数、艺术参与度以及文化生命力指标等（Jackson，Kabwasa-Green，and Herranz 2006）。假设的影响因子也许包括文化事务相关部门的规模差异；文化事务是否被置于其他部门中，比如规划或经济发展部门，抑或者是独立机构；管理部门中职能的统一或是分散；专项税收的规模（相对于通常的基金）；以及艺术文化规划中公民参与程度（通过听证会、街坊组织和艺术委员会）。阐释这些因果关系变化的跨时间比较研究会特别受欢迎。这类文献大多出现对发展中国家经济发展轨迹制度因素的研究，这些国家面临的挑战更大。比较研究有助于回答下列类型的问题：作为不成功市长竞选的一部分，20 世纪 90 年代重塑明尼阿波利斯在艺术文化事务中重要角色这个雄心勃勃的尝试的失败，导致了那十年后的几年中可观察到的艺术家外迁吗（Bye and Herman 1993；Markusen and Schrock 2006）？

这种研究议程应该试图将意图与结果联系起来。这方面的一个范例是兰德公司的定性研究（McCarthy，Heneghan Ondaatje，and Novak 2007），它比较了 11 个不同中等规模城市中对非营利艺术组织以及更大文化规划目标的公共和私人支持机制。

## 3.2 利益相关者

艺术和文化领域正分裂成竞争的商业、非营利和社区部门，而且各个部门间很少通力协作。尽管艺术家能够突破这些部门的分隔（Markusen et al.2006），但每个部门处于领导地位的机构却很少就共同的问题和政策事宜一起工作（W.J.Ivey 1999；Arthurs，Hodsoll，and Lavine 1999；Pankratz 1999）。此外，建筑建设行业也积极地参与到运用艺术与文化来赚钱和培养市民自豪感的活动中。当选的官员可能声援或忽略文化规划。市民预计参与文化规划项目的程度与该项目提供给个人及社区的热情成正比，如艺术爱好者或族裔文化群体的情况；或与对市民直接影响的大小成正比，如居民和企业主与一项文化投资活动密切相关。由于每个选区的目标和动机差别很大，所以他们往往在文化规划中相互竞争。研究政治和各种利益相关者的利益是如何影响城市文化的提议、方案和计划将改进规划和政策的形成和制定。

商业部门包括一些营利性公司，其产品大部分由文字和符号组成（Hesmondhalgh 2002），保守地说包括建筑、设计、传媒、广告、出版、录音、电影、电视、广播（Markusen et al.2008）。商业文化部门还包括艺术市场（画廊、艺术博览会、在线网站）、营利性表演艺术场所（剧场、音乐俱乐部、餐馆）和将作品直接卖给公众或网络并从中抽取佣金的艺术家。在大多数地区，文化产业成员并未在公共政策和规划事宜上联合起来。受制于一些底线问题（Vogel 2007），各部门领导者忙于关键的管制问题，如知识产权保护和电信服务这些全国性而不是州际或地方的问题（B.Ivey 2005）。但也有例外，比如电影业就为激励措施出价。尽管通过文化电影的成功而赚大钱的个人可能帮助并游说城市支持他们最喜欢的（通常是大型、精英的）文化组织，但这些组织的管理者对城市文化政策并不感兴趣。虽然地理学家和社会学家做了特定文化产业城市分布及影响的优秀研究，但他们并没有反映商业部门领导者和积极分子是否以及如何积极参与公共部门的城市规划策略（如，Lloyd and Clark 2001；Lloyd 2002，2005；Power 2002；Power and Scott 2004；Rantisi 2004；Rothfield et al.2007）。

与文化企业相反，非营利文化组织在城市和州文化规划中占有举足轻重的地位。大多数博物馆、乐团会堂、歌剧院、艺术中心、剧院和社区文娱设施都由非营利组织运行（Gray and Heilbrun 2000；Heilbrun and Gray 1993；Wyszomirski 1999），一些艺术家工作室、工作现场楼和许多艺术家服务组织，包括工会和专业协会，也是如此。它们为了州或地区艺术文化预算、新的税收来源以及文化设施资金而游说，其中最大的那些机构来主导这些诉求活动。然而除了这群旗舰组织也是文化政策的主导者之外，包括大学和小型非营利组织在内（Dempster 2004；Perry and Wiewel 2005）的机构，他们都对城市发展和规划的结合了解甚少，只专注于资金方面的政策而不是参与创意城市的讨论和有关土地利用、开发及文化产业区的复杂纷争。

在社区（有时也称为非正式、非法人或者参与式）部门，文化活动是由正式的营利或非营利组织之外的经营者组织。社区文化活动包括由种族或团体组织的节日，在人们家里或公园举办的艺术交流和演出集会，以及艺术服务、课程或产品的社区交易网络。以社区为基础的前沿研究高度赞扬这个部门，赞扬其艺术形式的合法性、跨越阶级和文化的能力、不断变化的特点、为社区和个人提供的服务，以及其作为一个非营利艺术部门研发平台所起的作用（Alvarez 2005；Jackson，Herranz，and Kabwasa-Green 2003；Peters and Cherbo 1998；Peterson 1996；Wali，Severson，and Longoni 2002；Wali et al.2006；Walker，Jackson，and Rosenstein 2003）。社区文化团体可能会遇到资金、个性冲突、延误和经营赤字等问题，这使其脆弱且难以维持。总的来说，这些团体太过忙碌以至于无法参与城市或地区的文化政策，并被排除在大部分游说组织之外。

此外，地方建筑建设行业——开发商、建筑业、房地产经纪人、银行、报纸以及生计依赖于城市空间形态形成和维持的其他各方——形成了一个积极关注文化空间发展的联盟。在很多情况下，城市重建机构以达成交易为目标的工作模式以及缺乏广泛和更民主的文化联盟，造成地方建筑建设行业的利益（尤其是开发商的利益）主导了文化规划。

最后，市议会和市长的更替可能会更加重视文化政策，也可能将其忽略，这样艺术文化政策可能会突然地与前任政府大相径庭。长期艺术观察者总结说，战略性城市文化规划的进展需要一个能将艺术和文化视为城市社会经济发展重要领域而且身居高位的倡议者——一位市长或一位市议员。这方面的例子有很多，比如，圣路易斯1971年先锋式的文化赋税区，是公民领袖霍华德贝尔的心血结晶（Bassity 2008）。如果当时市议员乔尔沃赫斯没有落实佩罗夫和城市创新集团（1979）的研究，洛杉矶的艺术发展就不会享有款待税中的专门份额。波特兰对艺术基础设施的建设坚持了25年以上，受到议会成员麦克林德伯格和萨姆亚当斯的先后引导。

市民和利害相关者在文化规划上的参与在一定范围上存在着。一些城市，比如明尼阿波利斯，有以市民为基础的艺术文化委员会，这些委员会并没有实权，而且最大的文化机构拒绝参与进来，因为这些机构有专业的说客以及直达政治家和城市参谋后门的途径。小型艺术机构主管和个别艺术家在委员会中来了又走，感觉是在浪费时间。然而，城市文化事务官员、规划主管以及选举出来的要员可以在设计参与机制中起到非常有力的作用，以确保各个选区都能在资源分配范围内。比如，公共部门可以通过运用监管工具和资源鼓励三个文化部门间的沟通和联合规划。一些城市，尤其是西雅图，已经成功地打破了商业性和非营利性部门之间的壁垒。在市政府内部，西雅图的电影与音乐主管市长支持一整套电影和音乐项目，囊括了非营利、商业和社区的活动以及演员。在区域尺度上，新英格兰市议会自 1998 年起，就成立了跨越私营部门和非营利部门界限的新英格兰创意经济同盟（Markusen et al.2008；Mt.Auburn Associates 2000）。

对于选区在文化规划中的作用以及如何取得符合选区利益和使用的效果，还有很多研究要做。可惜有关城市经济发展中政治问题的优秀研究总体上为数不多，Wolman 和 Spitzley（1996）的概述以及 Dewar 对明尼苏达州一个商业奖励计划富有洞察力的研究是两个例外。对城市旅游业的研究的更为完善，也许能够提供好的方法和模型可借鉴，然而两者之间因果比较分析也很少。

当然，建立一组定性的比较案例研究还是有可能的（尽管比较费时）。这些案例研究可以解决以下这些问题：由特定利益相关者主导的文化规划是否会影响其结果？参与广泛的文化规划过程能够确保更公平和空间上更分散的公共文化服务和收益吗？受拥戴的被选要员是成功的先决条件吗，或者草根阶层的文化规划举措能否在没有领导力的情况下取得成功？文化利益诉求能够和其他力量结盟吗（就像 2008 年明尼苏达州成功通过宪法修正案那样：清洁用水、野生动植物、文化或历史遗产等各派联合赢得销售税中的半个百分点专项）？

## 4. 城市或区域文化策略

除了评估与标准和目标相关的效果、检验已建立的因果关系经济理论以及指出利益相关者的参与和制度或者是资金提供的结构如何影响效果以外，研究者可以通过评价特定文化策略的功效来帮助有意寻求创意城市方案的文化规划师和地区。在本节，我们探讨两种城市文化规划策略——文化产业区和文化旅游业——分析它们的目标、逻辑以及实际效果，并指出优秀研究的贫乏。其他的前沿研究包括对文化产业公司针对性激励、为个体艺术家和相关文化工作者提供支持、支持艺术组织的公共运营或项目、对艺术文化设施的资金支撑（有时由公共所有并运营）以及规划条例的变更（比如分区、低收入住房、租金控制和历史保护）这些政策的实际效果以及推动文化活动发展的潜力。

### 4.1 文化产业区与分散的马赛克

城市和州应该划定并发展集聚文化活动的文化产业区，还是应该鼓励文化活动的分散式马赛克布局，使其分散在众多社区和小城镇中？文化产业区被定义为“易识别、有标签、混合使用的城市区域，其高度集中的文化设施充当稳定强大的吸引力”（Frost-Kumpf 1998，10）。文化产业区通常集中了大型艺术事业机构，从规划和宣传文件到分区条例中都有体现。它们通常未经对相关资源使用或效果的分析就在创意城市的议程中成为了现实（Brooks and Kushner 2001；Evans 2005；Frost-Kumpf 1998）。中心城区发展的利益和城市艺术联盟经常跳上文化产业区的战车（Whitt 1987）。据说，设立这种文化产业区的原因包括：集聚会赢得规模经济，能从区域外吸引更多游客（效率和增长目标），并且可以复兴日益恶化的中心城区，防止其进一步的下降。

美国历史上的文化产业区实例包括旧金山的市民中心、纽约的林肯中心和西雅图中心。第一个可追溯至城市美化年代，林肯中心是一个大型城市更新项目，而西雅图中心则是 1962 年世界博览会的遗留物。在每个案例里，大型表演艺术空间都坐落在一个单独的指定区域中，与社区和居民相脱离。观众和表演者都必须乘坐汽车或公共交通工具参加和准备演出。相关活动，包括饮食或购物，要么在文化设施内部解决要么到下一个出行的目的地。

发展文化产业区的做法已因多种原因而受到质疑。文化产业区的认定和实施表明其他邻里没有文化吸引力或没有文化活力从而只能在城市内部重新定向投资。雅各布（1961）批评大规模的城市更新，并以曼哈顿为例赞扬了由特色文化邻里构成的多样性。Borrup（2006b）批判了倾向于集中区发展的偏见，并用美国的案例研究阐明了小规模、分散式文化发展的潜力。Stern 和 Seifert（1998，2007）的理论指出"自然"文化产业区"作为个体决策的结果——创造者和参与者、生产者和消费者——彼此接近的布局"（2007，2 页）而有机地进化，并指出基于公平的考虑，小型集聚和分散布局可能更可取。这些研究者强调了生活的品质与文化政策的公平目标，但并没有设法解决效率和增长的目标。尽管一个新的、分散的文化场所可能促进数个邻近其他场所的出现——比如电影院可能会鼓励咖啡馆和书店的设立——但尚未明确这些集聚只是经济活动在地区间的重新分布，还是使当地消费和文化工作得到了净增加。

城市规划师和领导会受益于对集中式和分散式文化资本投资进行比较的实证研究。目前，有关文化产业区的文献仍然是描述性，基于案例研究而不是基于评价研究（如 Galligan 2008）。芝加哥分散的艺术区（Wali，Severson，and Longoni 2002；Wali et al.2006）和硅谷案例展示了艺术参与的扩大化（Alvarez 2005；Moriarity 2004）。Stern 和 Seifert（1998）的费城案例研究表明，新的文化发展可以在不拆迁低收入阶层和长期居民的情况下稳定和振兴邻里，同时增加参与的多样性。但这些案例研究中没有一个比较了当资源在空间上集中时会发生（或已经在别处发生）的效果。

为更好地制定政策和规划，应该有更多的研究来评估大量案例地区和城市实施文化规划政策之前和之后的效果，并在模型中加入其他非文化的干预因素。为确切查明在城市或大都市内的效果，跨时间分析必须跟踪发展不好的以及发展好的文化节点，并比较公共投资和其他因素对各个节点的影响。为了在比较文化投资和其他公共投资，以及在看起来更高一级的文化干预上指导城市规划师和决策制定者，研究者应当从事大量的城市（或大都市）间的比较研究，这不是个简单任务。

### 4.2 文化旅游业

城市和州应该投资文化旅游项目以吸引区域外的游客，或者应该将其投向市民和居民吗？目前，很多大城市和州正把自己标榜为文化目的地，不只是在营销上如此，也体现在往旗舰式公共建筑新投入大量资金，通常是由世界级建筑师设计（Evans 2003；Grodach 2007；Hammett and Shoval 2003）。他们瞄准那些会乘飞机出席新的大型剧院、歌剧院、博物馆，入住酒店，并豪掷千金在餐厅用餐的富有观光者。如果预期的惠顾并没有成为现实，非营利性艺术组织将不得不缩减业务运营（相当多的地区性交响乐团在过去的十几年中解散了），而市政府仍然必须为并未产生预期收入的设施偿付债券。文化旅游业是一项昂贵的策略，其基于出口基本部门理论，该理论主张只有销售到地区之外的产品才能产生净收入和净增长。

寄希望于区域外的人支持和惠顾文化机构有多少合理性呢？最优秀的艺术影响研究已经就出席大型文化机构或中心的人的特征给出了确凿的数据。在洛杉矶县（KPMG Peat Marwick 1994）、西雅图国王县（Beyers and GMA Research Corporation 2006）和纽约市（Audience Research & Analysis 2006）的各个研究中，研究者测算了有多少是从县外或市外来的出席者，有多少是专程来到这些特定公共事件或场所的，以及访问期间平均在每个聚会上花费多少。每个研究中文化旅游者的比例从 10% 到 20% 不等。即使这样还是高估了的，因为在西雅图和纽约的案例中周边郡县的出席者也被认为是城市外的游客。尽管研究者发现城市外的游客在游览文化目的地时的花费是本地居民的两倍，本地居民或出于其他原因（参会、家庭）来到这个城市的游客则占据了绝大多数的访问，而这些人也可能和家人朋友在一起或者待在宾馆里。这样的话，将当地和区域的居民作为文化政策的目标可能比游客更重要。

面向当地消费者的看法建立在挑战出口基本理论定性研究的假设和见解基础之上。通过提高当地文化吸引力，一个城市或地区可以获取更大份额的现有居民可支配收入，否则这些可支配收入也会花费在进口产品、别处的休闲、娱乐上。这也有助于将要出口的新产品或服务项目的发展，而且会吸引那些认为生活品质比工作和生意区位更重要的新居民（Markusen 2007；Markusen and Schrock 2009）。开发一个销售给当地和周边地区的独特艺术产品，并将其视为一项策略，从长远来看会吸引更多游客。这些相异的假设值得检验。多城市（吸引旅游者的程度不同）效果的比较研究会帮助文化规划师做出更好的决策。

## 5. 文化规划研究议程的要点

创意城市的纷繁争论已经震动了城市和小城镇，令其在文化战线上竞争。比如在密歇根，"有型城市"的动议由于有州政府的资金支持，使各种大小的城镇都争抢着将自己风格化为有型城市（Peck 2005）。尽管有这样的利益和动力，文化规划师却依然在没有任何关于收益确凿证据的情况下，在城市和区域的尺度上着手工作。我们提出可作为关键机会的四个方面的问题，让研究者加强在文化规划理论和实践上的理解。

第一，研究者应该根据内在及外在的标准和目标去解构、批判并评估文化规划的效果。比如，文化产业区的规划考虑了公平吗？文化项目是一项有效率的投资吗？或者公众的钱花在了几项之中更好的文化项目甚至一项完全在创意城市领域之外的项目上了吗？

第二，研究者也应该探讨常常被用来支持文化项目的基本逻辑——即其可以推动经济发展的因果关系理论。那些研究其经济影响的文献应该承认并估计替代效应，并阐释一个给定的艺术或文化投资给地方经济带来影响的程度。之前的比较性描述和相关性分析在区域尺度上可通过更高级的多元模型予以加强，在小城镇尺度通过准实验模型予以加强，在邻里尺度通过定量定性混合方法予以加强。

第三，研究者应该超越用发展指标去衡量一个文化规划是否产生了预期的结果，研究过程到底如何影响产品。比如，我们能概括地说不同利益相关者的不同参与程度转化为不同种类的文化投资吗？地方哪一种制度或资助结构在什么样的地理尺度上是最有效率的？

第四，不同的文化策略各有什么优点和缺点？我们提出的理论化观点表明，从公平和效率两方面来说，最小的聚集以及分散是比集中式文化产业区更好的策略，但这些假设需要严谨的验证。过往的研究说明文化旅游策略很可能只带来一些（如果有的话）经济发展效益，而且只是为那些大城市和一些高度专业化的中等城市带来效益。其他的文化规划工具，从以文化产业公司为目标的激励措施到规划条例，比如分区、低收入住房、租金控制和历史保护，代表了其他重要的研究前沿。

文化规划师和公民领袖急需本文指出的这些研究问题的答案。没有这方面的知识，很多人都只是在"如果我们盖了，他们就会来"的心态下开展工作。决策者通常更喜欢昙花一现的游客而不是把当地居民当做顾客，在长期以后可能成为昂贵摆设的大规模艺术设施上过度投资，专注于特定地区（其中也涉及很多房地产开发利益）而不是早已存在的马赛克状分布的文化发展，也未能建成能令艺术家、小型艺术组织和多个独特的文化社区都参与到文化规划中来的政策制定框架。最糟糕的是，州和地方的文化规划成为了特定房地产利益、文化产业和文化精英的俘虏，以至于顾问允诺的宏大计划往往成了门面装饰。在欧洲和发展中国家，国际顾问成为文化发展策略的外部催化剂（Evans 2001），往往强化了空间分异和社会排斥（Evans and Foord 2003）。这些争论本身就是严谨研究验证的主题。笔者希望这一对广泛和跨学科研究议程的号召会有助于更好的知识和实践。

**作者鸣谢：**

特别感谢 Karen Chapple，Greg Schrock 和 Weiping Wu 以及一些匿名评论者对文章较早版本的评论，并感谢 Mary Lou Middleton 在编辑上的支持。

**参考文献：**

[1] Alvarez，M.2005.*There's nothing informal about it：Participatory arts within the cultural ecology of Silicon Valley*.San Jose，CA：Cultural Initiatives Silicon Valley.

[2] Americans for the Arts.2007.*Arts and economic prosperity：The economic impact of nonprofit arts and cultural organizations and their audiences，III*. Washington，DC：Americans for the Arts.

[3] Arthurs，A.，F.Hodsoll，and S.Lavine.1999.For-profit and not-forprofit arts connections：Existing and potential.*Journal of Arts Management，Law，and Society* 29（2）：80-97.

[4] Audience Research & Analysis.2006.*The Museum of Modern Art：An economic impact study*.New York：Audience Research &Analysis.

[5] Bartik，T.J.，and R.D.Bingham.1997.Can economic development programs be evaluated? In *Dilemmas of urban economic development*，ed.R.D.Bingham and R.Mier，246-77.Thousand Oaks，CA：Sage.

[6] Bassity，Leah.2008.Perspectives on cultural tax districts.Presented at the seminar proceedings，Western States Arts Federation and the Washington State Arts Commission，Seattle，WA.

[7] Beyers，W.B.，A.Bonds，A.Wenzl，and P.Sommers.2004. *The economic impact of Seattle's music industry*.Seattle，WA：City of Seattle，Office of Economic Development.

[8] Beyers，W.B.，and GMA Research Corporation.2006. *Seattle center economic impact assessment*.Seattle，

WA: Seattle Center.

[9] Bianchini, F., M.Fisher, J.Montgomery, and K.Worpole.1988.*City centres, city cultures: The role of the arts in the revitalisation of towns and cities*.Manchester, UK: Centre for Local Economic Development Strategies.

[10] Borrup, T.2006a.*The creative community builder's handbook: How to transform communities using local assets, art, and culture*.St.Paul, MN: Fieldstone Alliance.

[11] Borrup, T.2006b.Cultural and economic equity through community development: Best practices and models for action.Paper presented at the American Collegiate Schools of Planning annual meetings, Ft.Worth, TX.

[12] Brooks, A., and R.Kushner.2001.Cultural districts and urban development.*International Journal of Arts Management* 3: 4–14.

[13] Bye, C., and D.Herman.1993.*Minneapolis CultureTalks*.July 16.Minneapolis, MN: City of Minneapolis.

[14] Christopherson, S., and N.Rightor.2008.The creative economy as big business: Evaluating state strategies to lure film makers.Paper presented at the North American Regional Science Association meetings, New York.

[15] Cuesta, C., D.Gillespie, and P.Lillis.2005. *Bright stars: Charting the impact of the arts in rural Minnesota*.Minneapolis, MN: McKnight Foundation.

[16] Currid, E.2006.New York City as a global creative hub: A competitive analysis of four theories on world cities.*Economic Development Quarterly* 20 (4): 330–50.

[17] Currid, E.2007.*The Warhol economy: How fashion, art and music drive New York City*.Princeton, NJ: Princeton University Press.

[18] Dempster, D.2004.American medicis: The training and patronage of professional artists in American universities.Paper presented to the 104th National American Assembly, Creative Campus: The Training, Sustaining, and Presenting of the Performing Arts in American Higher Education, New York.

[19] Dewar, M.1998.Why state and local economic development programs cause so little economic development.*Economic Development Quarterly* 12 (1): 68–87.

[20] Evans, G.2001.The World Bank and world heritage: Culture and sustainable development? *Tourism Recreation Research* 26 (3): 83–86.

[21] Evans, G.2003.Hard–branding the cultural city—From Prado to Prada.*International Journal of Urban and Regional Research* 27 (2): 417–40.

[22] Evans, G.2005.Measure for measure: Evaluating the evidence of culture' s contribution to regeneration. *Urban Studies* 42 (5–6): 959–83.

[23] Evans, G., and J.Foord.2003.Cultural planning in East London.In *Culture and settlement: Advances in art and urban futures*, vol.3, ed.N.Kirkham and M.Miles, 15–30.Bristol, UK: Intellect Books.

[24] Fainstein, S., and D.Gladstone.1999.Evaluating urban tourism.In *The tourist city*, ed.D.R.Judd and S.S.Fainstein, 21–34.New Haven, CT: Yale University Press.

[25] Florida, R.2002a.Bohemia and economic geography. *Journal of Economic Geography* 2: 55–71.

[26] Florida, R.2002b.*The rise of the creative class*.New York: Basic Books.

[27] Frost–Kumpf, H.A.1998.*Cultural districts: The arts as a strategy for revitalizing our cities*.Washington, DC: Americans for the Arts.

[28] Gadwa, A.2009.Evaluating the impacts of Artspace Project's developments: A roadmap for moving forward.Master's paper, University of Minnesota.

[29] Galligan, A.2008.The evolution of arts and cultural districts.In *Understanding the arts and creative sector in the United States*, ed.J.Cherbo, R.A.Stewart, and M.J.Wyszomirski, 129–42.New Brunswick, NJ: Rutgers University Press.

[30] Garcia, B.2004.Cultural policy in European cities: Lessons from experience, prospects for the future. *Local Economy* 19 (4): 312–26.

[31] Glaeser, E.2004.Review of *The rise of the creative class*, by Richard Florida.post.economics.harvard.edu/faculty/glaeser/papers.html.

[32] Gray, C.M., and J.Heilbrun.2000.Economics of the nonprofit arts: Structure, scope and trends.In *The public life of the arts in America*, ed.J.M.Cherbo and M.J.Wyszomirski, 202–25.New Brunswick, NJ: Rutgers University Press.

[33] Grodach, C.2007.Urban redevelopment and the arts: Flagship cultural projects in Los Angeles and San Francisco.Working paper, School of Urban and Public Affairs, University of Texas at Arlington.

[34] Grodach, C., and A.Loukaitou–Sideris.2007. Cultural development strategies and urban revitalization: A survey of U.S.cities.*International Journal of Cultural Policy* 13 (4): 349–70.

[35] Hammett, C., and N.Shoval.2003.Museums as flagships of urban development.In *Cities and visitors: Regulating people, markets and city space*,

ed.L.Hoffman, S.Fainstein, and D.Judd, 217–36. Malden, MA: Blackwell.

[36] Heilbrun, J., and C.M.Gray.1993.*The economics of art and culture: An American perspective*.New York: Cambridge University Press.

[37] Hesmondhalgh, D.2002.*The cultural industries*. London: Sage.

[38] Ioannides, D.2006.Commentary: The economic geography of the tourist industry: Ten years of progress in research and an agenda for the future. *Tourism Geography* 8 (1): 76–86.

[39] Isserman, A., and P.Beaumont.1989.New directions in quasiexperimental control group methods for project evaluation.*Socio-Economic Planning Sciences* 23: 39–53.

[40] Ivey, B.2005.America needs a new system for supporting the arts.*Chronicle of Higher Education* 51 (22): B6–B9.

[41] Ivey, W.J.1999.Bridging the for–profit and not–for–profit arts.*Journal of Arts Management, Law, and Society* 29 (2): 97–100.

[42] Jackson, M.–R., J.Herranz, and F.Kabwasa–Green.2003.*Art and culture in communities: Systems of support*.Policy Brief No.3 of the Culture, Creativity and Communities Program.Washington, DC: Urban Institute.

[43] Jackson, M.–R., F.Kabwasa–Green, and J.Herranz.2006. *Cultural vitality in communities: Interpretation and indicators*.Washington, DC: Urban Institute.

[44] Jacobs, J.1961.*The death and life of great American cities*.New York: Vintage.

[45] Johnson, A.2006.Minneapolis zoning code: Live/work recommendations.Master's paper, University of Minnesota.

[46] KPMG Peat Marwick.1994.*The arts: A competitive advantage for California*.Washington, DC: KPMG Peat Marwick, Policy Economics Group.

[47] Kreidler, J.1996.Leverage lost: The nonprofit arts in the post–Ford era.*In Motion Magazine*.http: //www.inmotionmagazine.com/lost.html.

[48] Kunzman, K.2004.Culture, creativity and spatial planning.Abercrombie lecture, Department of Civic Design, Liverpool, UK.

[49] Landry, C.2003.*The creative city: A toolkit for urban innovators*.London: Earthscan.

[50] Landry, C., F.Bianchini, R.Ebert, F.Gnad, and K.Kunzman.1996.*The creative city in Britain and Germany*.London: Anglo–German Foundation for the Study of Industrial Society.

[51] Lim, H.1993.Cultural strategies for revitalizing the city: A review and evaluation.*Regional Studies* 27 (6): 589–94.

[52] Lloyd, R.2002.Neo–Bohemia: Art and neighborhood redevelopment in Chicago.*Journal of Urban Affairs* 24 (5): 517–32.

[53] Lloyd, R.2005.*Neo-Bohemia: Art and commerce in the postindustrial city*.London: Routledge.

[54] Lloyd, R., and T.Nichols Clark.2001.The city as an entertainment machine.In *Critical perspectives on urban redevelopment, Research in urban sociology*, vol.6, ed.Kevin Fox Gotham, 357–78. Oxford, UK: JAI.

[55] Markusen, A.2006.Urban development and the politics of a creative class: Evidence from the study of artists.*Environment and Planning A* 38 (10): 1921–40.

[56] Markusen, A.2007.A consumption base theory of development: An application to the rural cultural economy.*Agricultural and Resource Economics Review* 36 (1): 1–13.

[57] Markusen, A., S.Gilmore, A.Johnson, T.Levi, and A.Martinez.2006.*Crossover: How artists build careers across commercial, nonprofit and community work*.Minneapolis: University of Minnesota, Hubert H.Humphrey Institute of Public Affairs, Project on Regional and Industrial Economics.

[58] Markusen, A., P.Hall, and A.Glasmeier.1986. *High tech America: The what, how, where and why of the sunrise industries*.Boston: Allen and Unwin.

[59] Markusen, A., and A.Johnson.2006.*Artists' centers: Evolution and impact on careers, neighborhoods, and economies*.Minneapolis: University of Minnesota, Hubert H.Humphrey Institute of Public Affairs, Project on Regional and Industrial Economics.

[60] Markusen, A., and D.King.2003.*The artistic dividend: The arts' hidden contributions to regional development*.Minneapolis: University of Minnesota, Hubert H.Humphrey Institute of Public Affairs, Project on Regional and Industrial Economics.

[61] Markusen, A., and G.Schrock.2006.The artistic dividend: Urban artistic specialization and economic development implications.*Urban Studies* 43 (10): 1661–86.

[62] Markusen, A., and G.Schrock.2009.Consumption–driven regional development.*Urban Geography* 30 (4): 1–24.

[63] Markusen, A., G.Schrock, and M.Cameron.2004. *The artistic dividend revisited*.Minneapolis:

University of Minnesota, Hubert H.Humphrey Institute of Public Affairs, Project on Regional and Industrial Economics.

[64] Markusen, A., G.Wassall, D.DeNatale, and R.Cohen.2008.Defining the creative economy: Industry and occupational approaches.*Economic Development Quarterly* 22 (1): 24–45.

[65] McCarthy, K.F., E.Heneghan Ondaatje, and J.L.Novak.2007.*Arts and culture in the metropolis: Strategies for sustainability*.Santa Monica, CA: RAND.

[66] Metropolitan Regional Arts Council.2006.*Thriving arts: Thriving small communities*.St.Paul, MN: Metropolitan Regional Arts Council.

[67] Moriarity, P.2004.*Immigrant participatory arts: An insight into community-building in Silicon Valley*.San Jose, CA: Cultural Initiatives Silicon Valley.

[68] Mt.Auburn Associates.2000.*The creative economy initiative: The role of the arts and culture in New England's economic competitiveness*.Boston: New England Council.

[69] Noll, R., and A.Zimbalist.1997.The economic impact of sports teams and facilities.In *Sports, jobs, and taxes: The economic impact of sports teams and stadiums*, ed.R.Noll and A.Zimbalist, 55–91. Washington, DC: Brookings Institution.

[70] Nussbaum, M.2001.*Upheaveals of thought: The intelligence of emotions*.Cambridge, UK: Cambridge University Press.

[71] Pankratz, D.1999.The collaborating arts: Final report from the American Assembly meeting of 13 November 1998.*Journal of Arts Management, Law, and Society* 29 (2): 107–21.

[72] Peck, J.2005.Struggling with the creative class. *International Journal of Urban and Regional Research* 29 (4): 740–70.

[73] Perloff, H.1985.Using the arts to improve life in the city.In *The art of planning: Selected essays of Harvey S.Perloff*, ed.L.Burns and J.Friedmann, 47–66.New York: Plenum.

[74] Perloff, H., and the Urban Innovation Group.1979. *The arts in the economic life of a city*.New York: American Council for the Arts.

[75] Perry, D., and W.Wiewel.2005.*The university as urban developer: Case studies and analysis*. Cambridge, MA: Lincoln Land Institute.

[76] Peters, M., and J.M.Cherbo.1998.The missing sector: The unincorporated arts.*Journal of Arts Management, Law, and Society* 3 (2): 115–29.

[77] Peterson, E.1996.*The changing faces of tradition: A report on the folk and traditional arts in the United States*.Research Division Report 38.Washington, DC: National Endowment for the Arts.

[78] Port Authority of New York and New Jersey and the Cultural Assistance Center.1983.*The arts as an industry: Their economic importance to the New York-New Jersey metropolitan region*.New York: Port Authority of New York and New Jersey and Cultural Assistance Center.

[79] Power, D.2002. "Cultural industries" in Sweden: An assessment of their place in the Swedish economy. *Economic Geography* 78 (2): 103–27.

[80] Power, D., and A.J.Scott, eds.2004.*Cultural industries and the production of culture*.New York: Routledge.

[81] Pratt, A.1997.The cultural industries production system: A case study of employment change in Britain, 1984–91.*Environmental and Planning A* 29: 1953–74.

[82] Rantisi, N.2004.The designer in the city and the city in the designer.In *Cultural industries and the production of culture*, ed.D.Power and A.Scott, 91–109.New York: Routledge.

[83] Rothfield, L., D.Coursey, S.Lee, D.Silver, and W.Norris.2007.*Chicago, music city.Summary report on the music industry in Chicago*.Chicago: University of Chicago, Cultural Policy Center.

[84] Saas, D.R.2006.*Hollywood east? Film tax credits in New England*.Policy Brief 06–3.Boston: New England Public Policy Center, Federal Reserve Bank of Boston.

[85] San Francisco Arts Task Force.2006.*Findings and recommendations*.San Francisco: San Francisco Arts Task Force.www.sfgov.org/site/uploadedfiles /sfac /Arts Task Force / supporting/2006/ SF_ArtsTaskForceReport. pdf.

[86] Schuster, M.2000.*The geography of participation in the arts and culture*.National Endowment for the Arts, Research Division Report 41.Santa Ana, CA: Seven Locks Press.

[87] Scott, A.2005.*On Hollywood: The place, the industry*.Princeton, NJ: Princeton University Press.

[88] Seaman, B.A.2000.Arts impact studies: A fashionable excess.In *The politics of culture: Policy perspectives for individuals, institutions and communities*, ed.G.Bradford, M.Gary, and G.Wallach, 266–85.New York: New Press.

[89] Sheppard, S.2006.The creative economy and quality

of life in rural areas and small cities.Paper presented at the Northeastern Agricultural and Resource Economics Association conference, Mystic, CT.

[90] Stern, M.2005.The dynamics of cultural participation. Working Paper 2005-1, Social Impact of the Arts Project, Philadelphia.http: // www.sp2.upenn.Edu /SIAP / DOChome.

[91] Stern, M.J., and S.C.Seifert.1998.*Community revitalization and the arts in Philadelphia*.Philadelphia: University of Pennsylvania, Social Impact of the Arts Project.

[92] Stern, M.J., and S.C.Seifert.2007.*Cultivating "natural" cultural districts*.Philadelphia: Reinvestment Fund.

[93] Sterngold, A.H.2004.Do economic impact studies misrepresent the benefits of arts and cultural organizations?*Journal of Arts Management, Law, and Society* 34 (3): 166-87.

[94] Stewart, R.A.2008.The arts and artist in urban revitalization.In *Understanding the arts and creative sector in the United States*, ed.J.Cherbo, R.A.Stewart, and M.J.Wyszomirski, 105-28.New Brunswick, NJ: Rutgers University Press.

[95] Vogel, H.2007.*Entertainment industry economics: A guide for financial analysis*.Rev.ed.New York: Cambridge University Press.

[96] Wali, A., N.Contractor, H.Green, S.Mason, R.Severson, H.McClure, and J.Ostergaard.2006. Artistic, cultural and social network assets of recent Mexican immigrants in Chicago.Paper presented at the American Collegiate Schools of Planning annual meetings, Ft.Worth, TX.

[97] Wali, A., R.Severson, and M.Longoni.2002.*Informal arts: Finding cohesion, capacity and other cultural benefits in unexpected places*.Chicago: Chicago Center for Arts Policy at Columbia College.

[98] Walker, C., M.-R.Jackson, and C.Rosenstein.2003. *Culture and commerce: Traditional arts in economic development*.Washington, DC: Urban Institute.

[99] Whitt, J.A.1987.Mozart in the metropolis: The arts coalition and the urban growth machine.*Urban Affairs Quarterly* 23 (1): 15-36.

[100] Wolman, H., and D.Spitzley.1996.The politics of local economic development.*Economic Development Quarterly* 10 (2): 115-50.

[101] World Bank.1999.Culture counts: Financing, resources and the economics of culture in sustainable development.World Bank conference proceedings, Washington, DC.

[102] Wyszomirski, M.J.1999.Creative assets and cultural development: How can research inform nonprofit-commercial partnerships? *Journal of Arts Management, Law, and Society* 29 (2): 132-41.

[103] Yudice, G.2007.Economia da cultura.Paper presented at the International Seminar on Cultural Diversity, Ministerio da Cultra do Brazil, Sao Paulo.

[104] Zukin, S.1982.*Loft living: Culture and capital in urban change*.Baltimore: Johns Hopkins University Press.